하루쯤 서울 산책

걷고 맛보고 감각하며
서울 여행하기

하루쯤 서울 산책

걷고 맛보고 감각하며 서울 여행하기

저자 홍천수 김용순 이영명 이학균 서경옥 홍송이
박재희 서정희 최석구 정은주 진미금 김동국

초판 1쇄 발행일 2017년 2월 25일
2쇄 발행일 2017년 6월 1일

기획 및 발행 유명종
편집 이지혜
디자인 이다혜
조판 신우인쇄
용지 에스에이치페이퍼
인쇄 신우인쇄

발행처 디스커버리미디어
출판등록 제 300-2010-44(2004. 02. 11)
주소 서울시 종로구 사직로8길 34 경희궁의 아침 3단지 오피스텔 431호
전화 02-587-5558
팩스 02-588-5558

ISBN 979-11-958388-4-4 03980

하루쯤 서울 산책

걷고 맛보고 감각하며
서울 여행하기

홍천수 김용순 이영명 이학균
서경옥 홍송이 박재희 서정희
최석구 정은주 진미금 김동국

디스커버리미디어

하루쯤 서울 산책

SEOUL

서울과 수도권 지하철 노선도

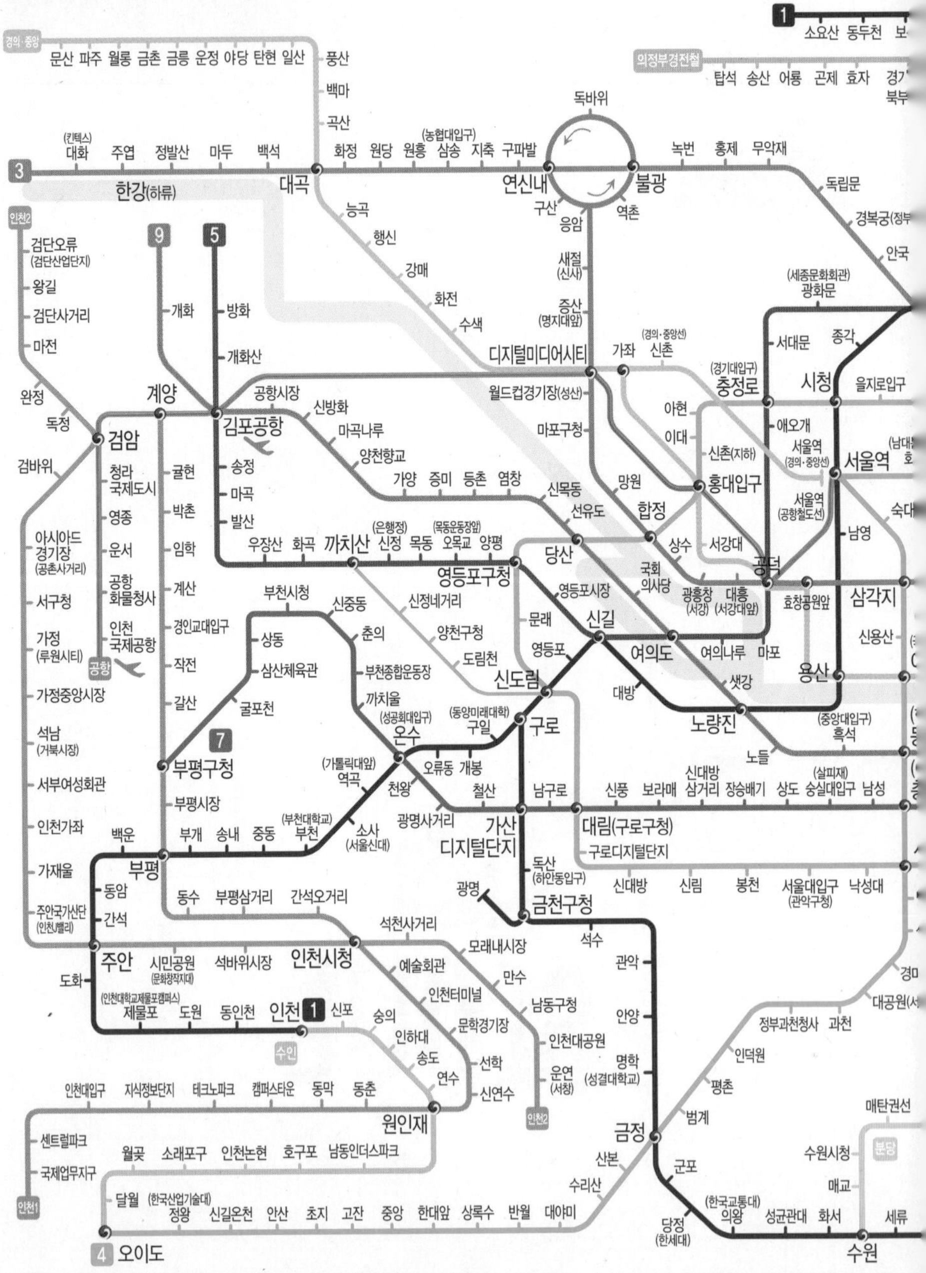

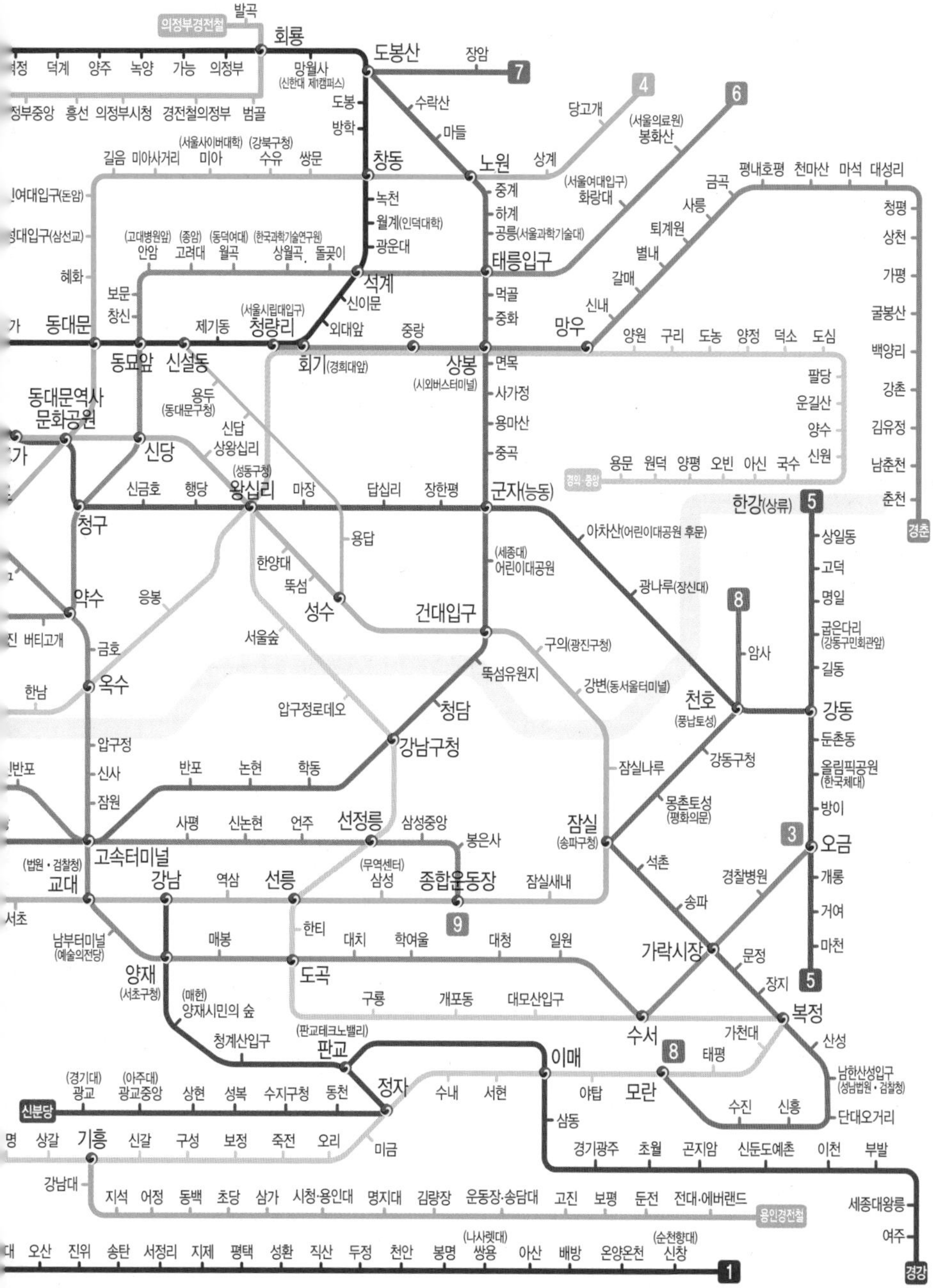

발곡
의정부경전철
회룡
도봉산
장암
7
4
6
녹정
덕계
양주
녹양
가능
의정부
망월사
(신한대 제1캠퍼스)
도봉
방학
수락산
마들
당고개
(서울의료원)
봉화산
정부중앙
흥선
의정부시청
경전철의정부
범골
(서울사이버대학)
(강북구청)
길음
미아사거리
미아
수유
쌍문
창동
노원
상계
(서울여대입구)
화랑대
금곡
평내호평
천마산
마석
대성리
여대입구(돈암)
중계
하계
공릉(서울과학기술대)
사릉
청평
대입구(삼선교)
(고대병원앞)
(종암)
(동덕여대)
(한국과학기술연구원)
안암
고려대
월곡
상월곡
돌곶이
녹천
월계(인덕대학)
광운대
퇴계원
상천
혜화
석계
태릉입구
별내
가평
보문
신이문
먹골
갈매
창신
(서울시립대입구)
제기동
청량리
외대앞
중랑
중화
신내
굴봉산
동대문
망우
양원
구리
도농
양정
덕소
도심
동묘앞
신설동
회기(경희대앞)
상봉
(시외버스터미널)
면목
백양리
용두
(동대문구청)
사가정
팔당
강촌
동대문역사
문화공원
운길산
신답
용마산
양수
김유정
상왕십리
신당
중곡
신원
(성동구청)
용문
원덕
양평
오빈
아신
국수
남춘천
경의·중앙
신금호
행당
왕십리
마장
답십리
장한평
군자(능동)
한강(상류)
5
춘천
청구
용답
아차산(어린이대공원 후문)
상일동
경춘
(세종대)
어린이대공원
고덕
한양대
뚝섬
광나루(장신대)
명일
약수
응봉
성수
건대입구
8
버티고개
금호
서울숲
구의(광진구청)
굽은다리
(강동구민회관앞)
암사
길동
뚝섬유원지
옥수
강변(동서울터미널)
한남
천호
(풍납토성)
청담
강동
압구정로데오
둔촌동
압구정
강남구청
강동구청
반포
신사
반포
논현
학동
잠실나루
올림픽공원
(한국체대)
잠원
몽촌토성
(평화의문)
방이
사평
신논현
언주
선정릉
삼성중앙
잠실
(송파구청)
3
봉은사
오금
고속터미널
(법원·검찰청)
교대
(무역센터)
삼성
석촌
개롱
강남
역삼
선릉
종합운동장
잠실새내
경찰병원
서초
송파
거여
9
한티
남부터미널
(예술의전당)
매봉
대치
학여울
대청
일원
마천
가락시장
문정
양재
(서초구청)
도곡
장지
5
(매헌)
양재시민의 숲
구룡
개포동
대모산입구
복정
수서
가천대
(판교테크노밸리)
청계산입구
판교
산성
이매
8
태평
(경기대)
(아주대)
남한산성입구
(성남법원·검찰청)
광교
광교중앙
상현
성복
수지구청
동천
정자
수내
서현
야탑
모란
신분당
수진
신흥
단대오거리
삼동
명
상갈
기흥
신갈
구성
보정
죽전
오리
미금
경기광주
초월
곤지암
신둔도예촌
이천
부발
강남대
지석
어정
동백
초당
삼가
시청·용인대
명지대
김량장
운동장·송담대
고진
보평
둔전
전대·에버랜드
세종대왕릉
용인경전철
(나사렛대)
(순천향대)
여주
대
오산
진위
송탄
서정리
지제
평택
성환
직산
두정
천안
봉명
쌍용
아산
배방
온양온천
신창
1
경강

걷고 보고 맛보며 서울을 느끼자

어릴 적 아버지께 건네 받은 종합선물세트는 알록달록 반들반들 비닐에 쌓여있었다. 비닐을 벗기고 박스를 열면서 내가 좋아하는 과자가 잔뜩 들어있기를 기대했었다. 뻔한 결론이지만 해태제과에서 만드는 대표 과자들이 모두 들어있었다. 사브레, 버터링, 오징어땅콩 그리고 맛동산이 있었고, 빠다코코낫과 꼬깔콘, 초코파이와 고래밥은 없었다. 선물세트는 해태, 롯데, 오리온이 대표적이었는데 회사별로 모두 사기 전에는 종합선물세트라는 이름에 맞지 않게 아쉬운 구석이 남을 수 밖에 없었다. 왜 내가 원하는 과자만으로 세트를 구성 할 수는 없을까? 막연한 궁금증이 있던 시절이었다.
사람들은 서울을 여행의 종합선물세트라고 한다. 오랜 역사가 있고, 일년 내내 다양한 축제가 열리며, 강과 산이 어우러진 금수강산의 중심이기 때문이다. 하지만 넘쳐나는 서울의 여행 정보를 접하면서 어릴 때 가졌던 의문이 불현듯 떠올랐다. 이런 의문을 가진 작가들이 모여 걷고, 보고, 먹고, 느끼며 이 책을 만들었다. 오래된 동네, 요즘 절정인 핫 스트리트, 고궁, 박물관, 미술관, 서울 도성, 골목길, 남산, 한강, 공원, 북한산 둘레길까지 각자가 원하는 과자를 하나씩 담아 알록달록 반들반들하게 포장하여 진정한 서울 여행 종합세트를 만들었다.

내가 그의 이름을 불러 주기 전에는
그는 다만 하나의 몸짓에 지나지 않았다

내가 그의 이름을 불러 주었을 때
그는 나에게로 와서 꽃이 되었다

-김춘수의 시 〈꽃〉 중에서

이 책을 오래되었으나 새로운 서울의 매력을 경험하고자 하는 독자에게 조심스레 권하고 싶다. 저자가 서울을 만나 서로에게 의미 있는 존재가 되었듯 모든 독자들에게도 서울이 꽃으로 피어나길 기원한다.

2017년 2월, 봄을 기다리며
홍천수 김용순 이영명 이학균 서경옥 홍송이
박재희 서정희 최석구 정은주 진미금 김동국

목차

하루쯤 고궁 산책

하루쯤 문화 산책

행복한 걷기 여행

서울 도성 순례

01 bucket list

오래된 동네 산책

삼청동, 인사동, 가회동, 정동길, 성북동……. 아름다운 한옥과 근대를 품은 동네에선 은은하게 그리움이 묻어나고, 골목길에 흐르는 서정 깊은 이야기는 음악처럼 다가와 마음을 촉촉이 적셔준다. 추억의 책장 같은 기억과 감성, 스토리를 품은 옛 동네로 시간 여행을 떠나자. 당신의 발길이 닿는 순간, 오래된 동네의 풍경은 한편의 서정시처럼 마침내 완성된다.

02 bucket list
핫 스트리트 즐기기

홍대 앞 철길 공원 연트럴파크에 가보았는가? 서울의 브루클린으로 떠오르는 성수동은 어떤가? 서울에서 가장 글로벌한 동네 이태원과 경리단길은? 서울의 핫 스트리트는 이곳 말고도 또 있다. 가로수길은 세로수길로 확장중이고, 부암동엔 문화와 푸른 공기가 흐른다. 그리고 여의도는 침묵을 깨고 다시 떠오르고 있다. 잠자는 감각을 깨워줄 핫 스트리트로 당신을 초대한다.

03 bucket list
사계절
한강 즐기기

한강은 자연이 내린 축복이다. 반짝반짝 빛나는 한강은 더 없이 예쁘고 사랑스럽다. 비라도 내면 흑백 영화의 한 장면처럼 서정적이다. 자전거를 타며 바람을 가르고, 연인과 손잡고 소풍을 가자. 유람선을 타고 무지개 분수와 환상 야경을 즐겨도 좋다. 벚꽃, 유채꽃, 메밀꽃, 코스모스가 계절을 바꾸며 매혹적인 풍경을 연출해준다. 낭만의 강변으로 산책을 떠나자.

04 bucket list
하루쯤 고궁 산책

경복궁, 창덕궁, 창경궁, 덕수궁, 경희궁……. 서울은 오래된 고도임을 웅변하듯 도심 곳곳에 고궁을 품고 있다. 경복궁은 웅장하고, 창덕궁은 건축미가 돋보인다. 창경궁과 덕수궁은 고요하나 사연이 많은 슬픈 궁궐이다. 고궁 나들이는 시간 여행인 동시에 역사 산책이고, 문화 체험이자 옛 이야기를 만나러 가는 길이다. 봄부터 가을까지 이어지는 고궁 달빛 기행도 잊지 말자.

05 bucket list
하루쯤 문화 산책

산소 같은 하루를 보내고 싶다면 주저 말고 문화 산책을 떠나자. 국립중앙박물관은 칙칙폭폭 5천년 시간 여행을 떠나게 해주고, 예술의 전당은 당신 가슴에 촉촉한 감성을 가득 안겨줄 것이다. 건축과 디자인, 예술을 아울러 품고 싶다면 지하철을 타고 DDP로 가자. 문래예술촌은 서울의 소호이고, 서대문독립공원은 겨레와 민주주의를 되새기게 해준다.

06 bucket list

걷기 여행과 서울 도성 순례

걷는 것이야 말고 가장 인간적인 몸짓이다. 프랑스의 미학자 롤랑 바르트는 이처럼 멋진 말로 걷기 여행을 예찬했다. 북한산둘레길, 남산둘레길, 월드컵공원, 청계천, 서울숲, 항동 철길, 올림픽공원……. 걷기 여행의 세계로 당신을 초대한다.지금까지 당신이 본 서울은 땅에서 본 서울이다. 도성 순례를 떠나는 순간, 당신은 마치 새처럼 서울을 하늘에서 내려다볼 수 있다. 높은 빌딩도, 고궁도, 한강도 당신 발아래에 있다.

오래된 동네 산책

삼청동과 소격동
북촌
인사동과 안국동
계동과 원서동
서촌
정동길
성북동길
북정마을
이화동
평창동

삼청동과 소격동

예술의 거리를 걷는 즐거움

트렌치코트를 입고 집을 나서면 왠지 삼청동길을 걷고 싶어진다. 안국역 1번 출구로 나와 동십자각 지나 삼청로에 들어서면, 숨통이 탁 트인다. 경복궁 돌담길을 따라 삼청동까지 이어지는 문화의 거리에는 국립현대미술관 서울관을 비롯하여 크고 작은 미술관과 국립민속박물관이 마주하고 있다. 국립현대미술관을 지나면 길은 '청와대로'와 '삼청동길'로 갈라진다. 경복궁 담을 따라 쭉 가면 청와대가 나오고, 오른쪽 길로 들어서면 데이트 코스로 유명한 삼청동이다.

삼청동 아래 동네는 소격동과 사간동이다. 조선시대에 소격서昭格署와 사간원司諫院이 있던 동네라 붙여진 이름이다. 은행나무 가로수가 색깔을 달리하며 아름다움을 뽐내는 삼청동과 소격동은 낭만과 예술의 거리이다. 연인들은 추억을 만들고, 여행자들은 행복을 만끽한다.

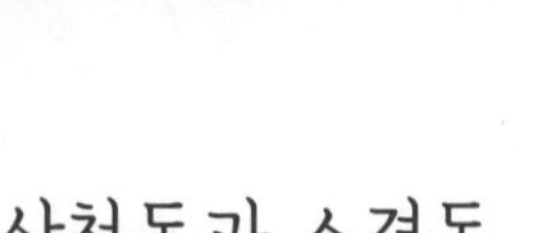

찾아가기 **지하철 3호선 안국역에서 도보 7분**

갤러리 현대

한옥 레스토랑이 있는 갤러리

사간동에 있는 갤러리 현대는 1970년 4월 '현대화랑'으로 첫 문을 열어 상업 화랑의 역사를 주도해왔다. 1972년에는 이중섭의 첫 유작전을 비롯하여 비디오 아티스트 백남준의 국내 첫 퍼포먼스를 선보이기도 했다. 이밖에 장 미셸 바스키아, 데미안 허스트 등 쟁쟁한 해외 작가들의 작품도 전시하였다. 갤러리 현대의 건축은 기하학적 구성이 돋보인다. 길가 쪽 건물이 본관이고 근처에 신관이 있다. 본관 뒤뜰에는 한옥 레스토랑 겸 갤러리인 '두가헌'이 있다. 두가헌은 영친왕의 생모인 순빈 엄嚴씨가 궁에 들어가기 전 살던 생가였다. 2004년 젊은 건축가 최욱이 리모델링하였다. 유홍준 전 문화재청장이 매우 아름다운 집이란 뜻을 담아 '두가헌斗街軒'이라 이름 지었다. 벽돌로 지은 러시아식 2층 갤러리와 왕가의 품격이 넘치는 오래된 한옥 레스토랑이 마주 보고 있다. 이국적이면서도 예스러운 멋을 자아낸다.

갤러리 현대 주소 종로구 삼청로 54 전화 02-734-6111 찾아가기 지하철 3호선 안국역 1번 출구에서 도보 5분 관람시간 10:00~18:00 휴관 월요일, 신정, 구정, 추석 당일

두가헌 전화 02-3210-2100 추천메뉴 구운 가리비 요리, 한우 채끝 등심 구이, 구운 야채를 곁들인 양갈비 구이 주차 가능

종친부 경근당과 옥첩당

옛 건물의 정취가 그윽하다

국립현대미술관 서울관 뒤편에 있는 종친부 건물은 궁궐을 제외하고 서울에 남아 있는 몇 안 되는 옛 건물 중 하나이다. 종친이란 국왕의 부계 친척을 말하며 품계만 있고 벼슬은 없는 명예직이었다. 종친부는 조선 왕조의 모든 왕의 어보와 영정 보관, 왕과 왕비의 의복 관리, 종실의 관혼상제, 종친의 인사 문제, 종친 간의 분규 등의 사무를 맡아보던 관청이다. 원래 10동 남짓한 규모였으나 현재는 경근당과 옥첩당만 남아 있다. 군부독재시절 군 간부를 위한 테니스장을 만든다고 강제로 정독도서관으로 옮겨지는 수난을 겪었다. 다행히 미술관 공사중 종친부의 옛 구조물이 발견되어 다시 옮겨와 그 자리에 복원하였다. 복원된 건물에 국립고궁박물관이 소장하고 있던 현판도 다시 걸었다. 경근당 현판은 고종의 친필이다. 경근당 앞에 서면 경복궁과 인왕산의 아름다운 모습을 눈에 담을 수 있다.

주소 종로구 삼청로 30 찾아가기 국립현대미술관 서울관 내

국립현대미술관 서울관
오래된 동네에 어울리는 미술관

국립현대미술관 서울관은 옛 기무사령부 건물을 리모델링하여 2013년 개장하였다. 차분하고 아름다운 건축물이 오래된 동네와 잘 어울린다. 서울관은 원래 종친부 앞에 들어선 경성의학전문학교 부속병원 건물이었다. 1928년 일제강점기 때 지은 건물로 근대 건축의 효시였다. 1971년 기무사령부당시 보안사령부 건물로 바뀌었다. 군사독재정권 시절 무소불위의 권력을 휘두르던 기무사는 1981년 종친부 건물을 갑자기 뜯어내 정독도서관 구내로 이전시켜버렸다. 군인들을 위한 테니스장을 짓기 위해서였다. 다행히 기무사 건물이 미술관으로 다시 태어나면서 야만 시대의 음습함은 사라졌다. 미술관은 크게 전시동과 교육동, 그 사이에 있는 야외 전시장으로 나눌 수 있다. 전시동에는 전시실, 프로젝트홀, 소형 영화관, 카페테리아 등이 있고, 교육동에는 디지털 도서관, 북 카페 오설록 등이 있다. 오설록은 미술관 마당과 아름다운 삼청동길이 훤히 보여 전망이 아름답다.

주소 종로구 삼청로 30 전화 02-3701-9500 찾아가기 지하철 3호선 안국역 1번 출구에서 도보 7분
관람시간 **화·목·금·일** 10:00~18:00 **수·토** 10:00~21:00(야간개장 18:00~21:00, 기획 전시 무료)
휴관 월요일, 1월1일 주차 가능

주소 종로구 삼청로 54 전화 02-735-8449
찾아가기 삼청동 초입. 지하철 3호선 안국역 1번 출구에서 도보 8분 관람시간 **월~토** 10:00~18:00 **일·공휴일** 10:00~17:00 주차 가능

국제갤러리

'지붕 위를 걷는 여자'를 만나러 가는 길

국립현대미술관 서울관을 지나 삼청동 초입에 있다. 국제갤러리 앞에 이르러 하늘을 올려다보면 한 여자가 지붕 위를 걷고 있다. 미국 조각가 조나단 브롭스키Jonathan Borofsky의 '지붕 위를 걷는 여자Walking Woman on the Roof'이다. 조나단 브롭스키는 초현실적이고 몽상적인 대형 조각을 설치하는 작가로 유명하다. 서울 신문로 흥국생명 앞에 있는 '망치질하는 사람'도 그의 작품이다. 본관 뒤편으로 복층 구조로 된 신관과 특이한 모양의 K3 건물이 있다. 도자기에서 모티브를 얻었다는 K3 건물은 51만개의 스테인리스스틸 고리로 만든 그물망이 건물 외벽을 완전히 덮고 있다. 삼청동 한옥들과 대조를 이루고 있어 눈길을 끈다. 본관 1층에는 카페가, 2층에는 인테리어가 인상적인 '더 레스토랑The Restaurant'이 있다. 경복궁을 바라보며 맛있는 식사를 즐길 수 있다.

기기국 번사창

최초의 근대 공장 건물

기기국 번사창機器局 飜沙廠은 삼청동 한국금융연수원 뒤편에 있다. 현존하는 가장 오래된 창고형 벽돌조 건물로, 최초의 근대적 공장 건물이다. 동양과 서양의 건축 양식을 절충한 건물이라 그 의미가 크다. 조선시대 삼청동에는 화약도감火藥都監과 여기에 딸린 화약고 별창別倉이 있었다. 1884년 별창 자리에 최초의 신식 병기 생산 공장 번사창이 들어서면서 이곳은 무기고를 겸한 화약 제조소가 되었다. 건물 벽체는 화재를 대비해 벽돌로 쌓았다. 출입문은 화강석으로 아치를 틀었으며 측문은 붉은 벽돌 띠로 장식하였다. 창문은 수평과 활꼴 아치를 혼용한 중국풍이다. 지붕 사이의 삼각형 환기창은 무기를 만들 때 발생하는 열과 오염물을 배출하는 역할을 했다. 일제강점기엔 세균 및 동물실험실로, 미군정 때는 중앙방역연구소로 사용됐다. 서울시 유형문화재 제51호이다.

주소 종로구 북촌로5길 48 전화 02-2011-5799 찾아가기 삼청파출소에서 도보 4~5분 주차 금융연수원 주차장 이용
기타 금융연수원 내에 위치하고 있어 경비실의 허락을 받고 들어가야 한다.

북촌8경
아름다운 돌계단 길

삼청동에서 북촌한옥마을로 가는 지름길은 대부분 계단이다. 계단이 여러 군데지만 북촌8경 돌계단 길이 단연 운치가 있다. 삼청파출소와 총리 공관을 지나면 길 왼쪽으로 그 유명한 음식점 삼청동수제비가 나온다. 여기에서 길 건너편을 바라보면 카페 '오가다 삼청점'이 보인다. 카페 옆 골목길로 들어서면 '맑은 하늘 길'이라는 작은 표지판이 보인다. 북촌의 백미인 북촌8경 돌계단 길이다. 커다란 천연 암석을 깎아 만든 계단식 길로, 한 계단 한 계단 오르노라면 오랜 세월의 더께가 느껴진다. 계단 양쪽으로는 오래된 집들이 옹기종기 모여 있다. 담벼락과 옥상 화분에서 철따라 예쁜 꽃들이 피어난다. 계단을 다 오르면 북악산과 인왕산의 아름다운 모습이 한눈에 들어온다. 신기하게도 높은 곳에 오르니 하늘이 더 높아 보인다. 맑은 하늘 길이라 그런가보다.

찾아가기 삼청파출소에서 도보 3~4분, 카페 '오가다 삼청점' 옆 골목

북촌전망대
고풍스러운 북촌을 한눈에 담자

북촌전망대는 가정집을 개조해 만든 사설 전망대이다. 막다른 골목 안쪽에 있지만 표지판을 따라가면 쉽게 찾을 수 있다. 입장료를 내면 음료를 무료로 마실 수 있다. 카페처럼 꾸며져 있는데 테라스나 실내에서 창 밖 풍경을 쉽게 감상할 수 있다. 북촌전망대에서 내려다보는 한옥 지붕의 모습은 마치 매혹적인 조형물 같다. ㅁ자 모양, ㄷ자 모양의 기와지붕이 한 치의 어긋남도 없이 조화를 이루며 서로 얼굴을 맞대고 있다. 시선을 멀리 돌리면 N서울-타워와 종로타워까지 눈에 들어와 과거와 현재가 어우러진 서울 풍경을 완성시켜준다.

주소 종로구 북촌로11다길 22-3 전화 070-8819-2153 찾아가기 정독도서관에서 도보 4분. 안국역 1번 출구에서 도보 9분. 운영시간 09:00~20:00 입장료 3000원

스미스가 좋아하는 한옥 운치 넘치는 한옥 이태리 음식점

금호미술관 옆 골목에 있는 운치 있는 한옥 레스토랑이다. 1860년대에 지은 한옥을 개조하여 꾸몄는데, 서양 음식과 한국의 전통 한옥이 어우러져 서로 다른 것끼리의 융합이 얼마나 독특하고 아름다운지 보여준다. 서까래와 나무 기둥을 그대로 살려 놓았는데도, 묘하게도 이곳에서 식사를 하면 유럽의 오래된 레스토랑에 온 기분이 든다. 본채에서는 파스타나 피자, 스테이크 등 이탈리아 요리를 맛볼 수 있고, 별채는 카페로 운영되고 있다. 정원이 널찍하여 결혼식 장소로 이용되기도 한다. 메뉴는 신선한 샐러드, 토마토소스가 뿌려진 파스타, 화덕피자, 리조또, 육즙이 살아있는 스테이크 등이 있다. 멋진 분위기에 취해 식사하다 주위를 둘러보면 문득 근대로 돌아간 기분이 느껴진다. 신식 문물을 빨리 받아들인 멋쟁이 유학생이라도 된 듯 살짝 우쭐해진다. 밤에는 조명이 아름다워 더욱 낭만적이다.

주소 종로구 삼청로 22-7 전화 02-722-6505 찾아가기 안국역 1번 출구에서 도보 6~7분 추천메뉴 화덕피자, 파스타
예산 2~3만원 영업시간 11:30~15:00, 17:00~22:00(주말, 공휴일 11:30~21:00) 휴무 명절 주차 가능

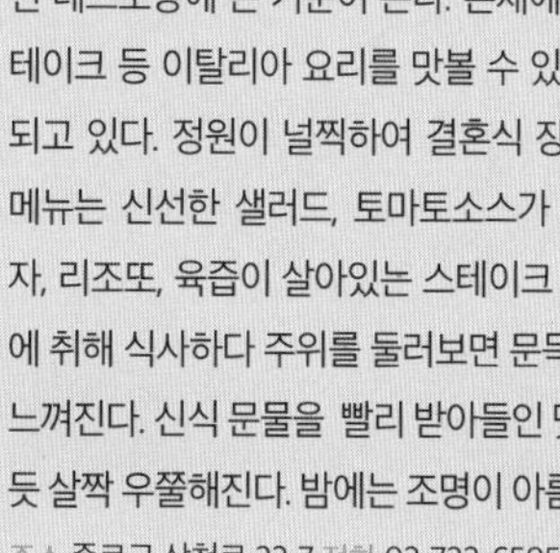

르브리에 프랑스식 브런치카페

삼청교회 앞에 있는 프렌치토스트얇은 식빵 조각에 달걀, 우유, 설탕을 골고루 묻혀 구워내는 음식 전문 브런치 카페이다. 문 앞에 있는 예쁜 자전거 한대가 푸른 들판을 달리고 싶은 충동을 느끼게 한다. 꽃과 작은 소품으로 꾸민 실내가 로맨틱해 마음이 살랑거린다. 이곳은 식빵부터 차별화를 추구하기 위해 브리오슈Brioche, 버터와 달걀을 많이 넣고 만든 과자 풍의 빵를 둥근 모양으로 구워낸다. 여기에 특제 레시피로 만든 계란물과 다양한 재료가 섞이면서 평범하지 않은 프렌치토스트를 탄생한다. 달콤한 맛을 내는 '수크레'는 디저트 개념으로 먹고, 짭쪼롬한 '살레'는 식사용으로 어울린다. 모든 메뉴는 마치 프랑스 요리처럼 예쁜 모습으로 담겨 나와 시각적인 만족까지 느끼게 한다. 겉은 바싹하고 속은 샹송처럼 부드럽게 감겨드는 촉촉함이 아주 좋다. 오래된 동네에서 이국의 맛을 즐기고 싶다면 르브리에 앞에서 걸음을 멈추어보자.

주소 종로구 삼청로 75-8 전화 010-9702-2115 찾아가기 삼청파출소 건너편에서 삼청공원 방향으로 도보 3~4분
영업시간 11:30~22:00(브레이크 타임 15:30~16:30) 휴무 월요일 추천메뉴 에그팟, 르브리에타워, 큐브그라탱, 르브리에브런치, 자몽에이드 예산 1만2천원~1만6천원

라디오 엠Radio M 소격동의 낭만 카페

국립현대미술관 서울관에서 정독도서관으로 가는 길가, 트렁크 갤러리 옆에 있다. 진한 청색 외관이 유럽의 어느 카페 같다. 1층과 2층, 지하로 구성되어 있다. 1층과 2층에서는 미술관 옆 운치 있는 거리를 내다보며 커피를 마실 수 있다. 차와 케이크 같은 디저트도 즐길 수 있다. 라디오 엠의 엠M은 모던 뮤직 뮤지엄Modern Music Museum의 의미를 담고 있다. 이름처럼 라디오 박물관과 카페의 경계를 넘나드는 공간이다. 카페 곳곳에 오래된 클래식 라디오가 작품처럼 전시되어 있다. 모두 수십 년, 또는 100년 정도 된 라디오들로, 카페 주인이 수십 년 동안 발품 팔아 모은 것이다. 오래된 라디오가 당신을 음악 방송을 청취하던 추억의 어느 순간으로 데려다줄 것이다. 주소 종로구 삼청로2길 37-2 전화 02-737-4669 찾아가기 국립현대미술관 북쪽 끝. 정독도서관에서 경복궁 방향으로 도보 1분 영업시간 11:00~22:00 금·토 11:00~23:00(연중무휴)

차 마시는 뜰 햇살 드는 고옥의 전통 찻집

북촌8경과 코리아목욕탕 길 사이 언덕에 있다. 소박한 고옥에서 뜰을 내다보며 차를 마실 수 있어 분위기가 그만이다. 다듬잇돌, 나무 장식장, 다기 같은 소품이 운치를 더해준다. 마당 가운데가 화단이어서 어느 쪽에 자리를 잡든 마당의 꽃과 나무를 볼 수 있다. 꽃차, 연잎차, 산야효소차, 백초차 등 가정에서 접하기 힘든 한약재와 꽃을 이용해 만든 차를 두루 마실 수 있다. 차는 항아리에 담아둔 물로 끓이는데, 차를 우릴 때면 세파에 찌든 마음까지 녹아내리는 기분이 든다. 꽃차뿐만 아니라 한국, 중국, 일본 등 각 나라의 특색이 배여 있는 다양한 차, 주문과 동시에 찌기 시작하는 단호박시루떡도 인기가 좋다. 여름에는 얼음을 동동 띄운 꽃 얼음차가 더위를 식혀준다. 현대인의 입맛을 고려해 더치커피도 판매한다.

주소 종로구 북촌로11나길 26 전화 02-722-7006 찾아가기 삼청파출소에서 도보 4분 영업시간 11:00~22:30
예산 8천원~1만5천원 추천메뉴 꽃잎차, 고욤잎차, 유자빙수, 단호박시루떡

북촌

고즈넉한 한옥 마을의 정취

지하철 3호선 안국역에서 나와 북촌로를 따라 헌법재판소 방향으로 걸어가면 북촌의 중심 가회동의 이정표 역할을 해주는 돈미약국이 나온다. 그 약국 옆 골목으로 들어서면 북촌의 매력 포인트 북촌4경부터 5, 6, 7경이 모여 있는 한옥 밀집 지역이다.

가회동은 조선 초기에 한성부의 북부10방 중의 하나였던 가회방嘉會坊에서 유래되었다. 북악 자락 북촌은 풍수지리적으로 배산임수의 조건을 잘 갖추고 있는 살기 좋은 곳이었다. 궁궐과 관청이 가까이 있어 권문세가와 왕족들이 모여 살았다. 지금은 권문세가의 집들은 거의 사라지고 일제강점기에 지은 한옥들이 남아 있다.

밤이 되면 한옥이 더욱 아름답다. 가회동 골목길을 걷노라면 은은한 달빛 아래 드러나는 처마 곡선이 마음을 촉촉이 적셔온다. 촘촘한 창살 사이로 불빛이 새어 나오면, 마음이 동하여 시 한 편 짓고 싶어진다.

찾아가기 **지하철 3호선 안국역 2번 출구에서 5~10분**

북촌5경, 6경, 7경
어린 시절 만났던 그 골목길

안국역 2번 출구에서에서 북촌로를 따라 6~7분쯤 오르면 가회동의 이정표 역할을 하는 돈미약국이 나온다. 약국 옆으로 난 골목으로 들어가면 본격적으로 한옥 밀집 지역이다. 잡귀를 물리치기 위해 심는다는 아름드리 회화나무가 서 있는 곳에서 오른쪽 길로 조금 오르면 북촌5경과 6경이 펼쳐진다. 올려다보면 한옥의 아름다운 처마선이 보이고북촌5경 5경 언덕을 올라 내려다보면 남산을 배경으로 과거와 현대의 풍경이 겹쳐진 서울을 볼 수 있다. 북촌 6경이다. 북촌에서 가장 아름다운 풍경으로, 멋진 모습을 카메라에 담으려는 국내외 여행객으로 늘 붐비는 곳이다. 한옥을 리모델링하여 만든 한옥호텔 취운정翠雲亭과 MBC 드라마 <개인의 취향>으로 알려진 상고재여랑재도 이곳에 있다. 북촌7경은 6경에 비해 좀 더 여유롭고 소박한 골목이다. 한적한 골목길에 서면 어린 시절의 추억이 떠오른다. 아련했던 기억이 가회동 골목에서 자꾸 되살아난다.

주소 종로구 북촌로 11길
찾아가기 북촌로 돈미약국에서 도보 3분

북촌4경

마음의 고향 같은 골목길

북촌5경으로 가는 길목에 회화나무가 있다. 이 갈림길에서 오른쪽으로 가면 5경과 6경에 이르고, 왼쪽으로 가면 북촌4경이 나온다. 5경과 6경에 비해 찾는 이가 적어 분위기가 한적하고, 길은 좁고 비탈지다. 지대가 높아 이곳에 서면 가회동 31번지 일대 한옥마을을 한눈에 담을 수 있다. 곡선임에도 나름의 질서가 느껴지는 빛바랜 색감의 기와지붕들은 마치 넘실대는 파도처럼 보이기도 한다. 그 위로 개화기 상류층 양옥집 이준구 가옥이 호화 유람선처럼 떠있다. 좁아졌다 넓어지고 끊어질듯 다시 이어지는 미로 같이 얽혀 있는 골목길은 어린 시절의 추억을 떠올리게 해준다. 소꿉놀이를 하던 아이들이 노는 게 재미있어 해가 진 뒤에도 집에 갈 생각을 잊고 있었던 그곳, 옛 정취가 서려 있는 북촌4경은 우리들이 그리워하는 마음의 고향이다.

주소 종로구 북촌로 11나길(가회동 31번지 언덕 일대) 찾아가기 북촌로 돈미약국에서 도보 4분

주소 종로구 창덕궁길 191
전화 02-722-0756(갤러리 02-741-0724)
찾아가기 지하철 3호선 안국역 2번 출구에서 북촌로 따라 도보 8분
관람시간 10:00~19:00 주차 가능

이도yido

탐나는 현대 생활 도자기

가회동성당에서 북촌로를 따라 조금 더 올라가면 길 오른쪽으로 도자기 판매점 이도yido가 보인다. 도예가 이윤신 씨가 설립한 수공예 도자 브랜드로, 생활 도자와 조형 작품, 공예 작품을 전시 판매하고 있다. 그릇을 돋보이도록 하기 위하여 최대한 심플하게 꾸며 놓았다. 1층에는 도예가들이 직접 물레를 돌려가며 손으로 만든 그릇을 판매하는 '이도 포터리'가 있다. 현대적인 멋을 구현해낸 생활자기는 볼수록 정갈하고 품격이 느껴진다. 2층에는 다양한 공예품을 만날 수 있는 '이도 핸즈'가 있다. 단아하고 실용적인 식기, 독특한 커피 잔, 머그잔 등을 판매하고 있다. 3층은 다양한 전시가 열리는 갤러리다. 은은한 조명 아래 전시된 도자에서 기품이 느껴진다. 지하에는 다양한 브런치를 즐길 수 있는 '카페 드세라'가 있다. 원두 본연의 풍미와 향을 살린 커피와 음식을 이도의 수공예 잔과 접시에 담아 내온다.

가회동성당

한옥과 양옥의 아름다운 공존

북촌에 성당이 있다는 게 의아스럽지만 역사를 거슬러 올라가면 매우 자연스러운 일이다. 중국인 신부 주문모가 1794년 조선으로 들어와 머물렀던 곳이 북촌 최인길의 집이었다. 그는 역관 최인길에게 한국말을 배웠고, 1795년 부활대축일에는 정약종, 황사영 등 초기 천주교 신자들과 모여 조선 최초로 미사를 올렸다. 공소가 있던 가회동에 본당이 들어선 해는 1949년이다. 기와와 양철, 초가가 공존하는 독특한 성당이었다. 한국 전쟁 때에 '인민일보' 사무실로 사용되다가 초토화되자 전쟁 후 양옥으로 다시 지었다. 1955년에는 조선의 마지막 황실 가족인 의친왕이 이곳에서 세례를 받기도 했다. 현재의 가회동성당은 2013년 신축되었다. 양옥과 한옥이 조화를 이루고 있는 아름다운 성당이다. 마당을 사이에 두고 왼쪽에 한옥 사랑채가 있고 오른쪽에 양옥 본당이 있다. 두 건물이 다정한 이웃처럼 보인다.

주소 종로구 북촌로 57

전화 02-763-1570

찾아가기 지하철 3호선 안국역 2번 출구에서 북촌로 따라 도보 7분

대장장이 파브로 이탈리아식 화덕 피자

한옥을 리모델링해 만든 피자집이다. 피자집임에도 삶의 흔적이 묻어나는 실내 분위기가 정겹게 다가온다. 소문 듣고 찾아온 사람들은 좁은 탁자에 앉아서도 모두 행복한 표정을 짓고 있다. 이 집의 주인장은 금속 공예가인데, 가게 이름 파브로Fabbro가 '대장장이'를 뜻하는 이탈리아어라는 것을 알고 나면, 그 일맥상통함에 고개가 끄덕여진다. 실내에는 주인장이 불로 달구고 두들겨 만든 금속 소품들이 전시되어 있다. 얇은 도우에 루꼴라, 고르곤졸라, 바실, 오레가노로 토핑한 피자를 이탈리아에서 직수입한 화덕에 구워 내온다. 미국식 피자에 비해 바삭하고 담백한 맛이 난다. 피자는 둥근 철판에 담겨 나오는데, 따뜻함을 유지하기 위해 팬을 달굴 알콜 램프를 켜준다. 피자가 나오면 너나 할 것 없이 사진 찍기에 바쁘다. 서촌에 분점이 있다.

주소 종로구 북촌로11길 3
전화 02-765-4298 찾아가기 지하철 3호선 안국역 2번 출구에서 북촌로 따라 도보 5분
영업시간 12:00~22:00 예산 1만2천원~2만원
추천메뉴 깔쪼네, 루꼴라 피자, 대장장이 하우스 샐러드 주차 불가

북스쿡스 서양 문화가 담긴 한옥 카페 겸 레스토랑

안국역 2번 출구에서 7분 정도 걸어가면 가회동성당이 나오고 그 건너편 길가에 북스쿡스가 있다. 북스쿡스는 런던의 '북스 포 쿡스'books for cooks를 벤치마킹하여 만든 카페 겸 레스토랑이다. 한옥 마당을 개조해 만든 넓은 키친에는 세계 각지의 앤틱 찻잔들이 벽면을 가득 채우고 있다. 귀엽고 로맨틱한 2단 3단 트레이Tray, 요리를 담는 쟁반들이 눈길을 사로잡는다. 북스쿡스에서는 로열 앨버트나 포트메리온 같은 찻잔으로 차를 마시고, <아메리칸 쉐프>라는 영화 때문에 유명해진 쿠바 샌드위치를 먹으며, 영화 속 주인공이 된 것 같은 기분을 즐길 수 있다. 쿠킹 크래스를 열어 홍차 문화를 알리는 활동도 하고 있다. 이곳은 또 영국 홍차 문화의 꽃인 '애프터눈 티'도 유명하다. 연잎밥과 한우 불고기, 비빔밥은 외국인에게 사랑을 받고 있다. 돌잔치나 출판기념회 같은 작은 파티 장소로도 사용되고 있다.

주소 종로구 북촌로8길 5 전화 02-743-4003 찾아가기 지하철 3호선 안국역 2번 출구에서 북촌로 따라 도보 7분
영업시간 10:00~22:00 추천메뉴 샌드위치, 트리클 타르트(해리포터 타르트), 한우 불고기, 비빔밥
예산 1만원~5만원 휴무 명절, 매달 넷째 주 일요일 주차 가능

인사동과 안국동

예술과 낭만이 거리마다 흐르고

인사동에 들어서면 대추와 계피와 향긋한 커피 향이 코끝으로 스며든다. 오래된 물건에선 그리움이 묻어나고, 여기에 예술의 향기와 젊음의 낭만이 더해지면 인사동 풍경이 완성된다. 도화서圖畵署가 있던 곳이니 200년 전엔 김홍도와 신윤복이 이 골목을 걸었으리라. 도화서 자리에 예술의 거리가 들어섰으니 혹시 땅의 운명이 따로 있는 게 아닌가 싶다.

안국동은 인사동 북쪽에 있다. 한양의 52개 행정 구역 가운데 적선, 서린, 가회와 더불어 아직도 이름을 보존하고 있다. 인현왕후의 서러운 이야기가 흐르는가 하면, 순종이 가례를 올린 곳이기도 하다. 옛 이야기는 길을 따라 삼청동으로, 가회동의 북촌한옥마을로 올라간다. 봄이 오면 동네가 더 아름답다. 벚꽃이 연분홍빛으로 물들이는데 그 풍경이 화양연화 같다. 꽃잎을 밟으며 사뿐사뿐 걷는 호사를 누릴 수 있다.

찾아가기 지하철 3호선 안국역, 1호선 종각역 하차

쌈지길

개성과 감성이 공존하는 데이트 코스

담쟁이 넝쿨로 둘러싸인 인사동의 명소이다. 쌈지길은 길이 아니라 개성 있는 ㅁ자 모양의 4층 건축물이다. 인사동의 골목길을 건물 안으로 옮겨와 나선형으로 연결해 쌓아 올렸다. 디자이너의 감성이 살아있는 수공예품들을 구경하면서 사진도 찍고 또 맛있는 음식도 즐길 수 있는 곳이다. 골목 같은 통로를 거닐며 상점들을 들여다보는 재미가 쏠쏠하다. 1층에는 디자이너 아트 숍과 테이크아웃 먹거리 상점이 있다. 평범한 풀빵에다 똥이란 이름을 과감히 붙인 '똥빵'은 어른 아이 할 것 없이 줄서서 사먹는다. 2층에는 공예품 숍이 즐비하다. 디자인, 실용성, 기능성, 전문성을 겸비한 다양한 숍이 많다. 3층에는 커플 티셔츠를 판매하는 '아띠'와 스카프 전문 매장 '신영미 아트갤'이 눈길을 끈다. 4층은 하늘정원이다. 하늘 아래 공원 같다. 연인들의 사랑을 담은 태그Tag가 수북하게 걸려 있는 '사랑의 담장'이 유명하다.

주소 종로구 인사동길 44
전화 02-736-0088
찾아가기 지하철 3호선 안국역 6번 출구에서 2분. 1호선 종각역 3-1번 출구에서 7분
영업시간 10:30~20:30
휴업 설날과 추석 당일

경인미술관과 찻집 다원

처마 밑에서 여유를 즐기다

수도약국 옆 인사동 10길로 들어가면 정원이 있는 경인미술관이 나온다. 입구로 들어서면 고택에나 있을 법한 커다란 항아리가 눈길을 끈다. 마당을 사이에 두고 특색 있는 5개의 전시관과 아틀리에가 있다. 제3전시관과 찻집 다원이 있는 한옥 건물은 새로 지은 것이다. 본래 조선조 철종 소생인 영혜옹주의 부마이자 태극기를 만든 역사적 인물 박영효의 저택이 있던 곳이었다. 저택은 1983년부터 경인미술관으로 사용되다가, 1996년 서울 정도 600년 기념사업의 일환으로 남산한옥마을로 옮겨졌다. 전통 찻집 '다원'은 운치 있는 분위기로 많은 사랑을 받고 있다. 여름이 되면 녹음이 우거지고 가을이 되면 감이 빨갛게 익어간다. 음악이 은은하게 흐르고, 처마 밑에선 잔잔한 풍경 소리가 여유와 낭만을 더해준다. 고가구와 좌식 차탁이 놓여 있는 실내는 더없이 포근하다. 유리창 너머로 정원을 내다보며 차와 전통 음료, 떡, 다과, 커피를 즐길 수 있다.

주소 종로구 인사동10길 11-4
전화 **다원** 02-730-6305
미술관 02-733-4448~9
찾아가기 지하철 3호선 안국역 6번 출구에서 3분. 1호선 종각역 3-1번 출구에서 7분
영업시간 **다원** 10:00~22:50(연중무휴)
경인미술관 10:00~18:00(명절 휴무)

마루

생동감 넘치는 복합문화공간

쌈지길 지나 종로 쪽으로 1분쯤 내려오면 마루가 나온다. 두 개의 건물을 연결해서 만든 마루는 쇼핑몰, 박물관, 음식점, 카페가 공존하는 복합문화공간이다. 본관 1층은 먹을거리와 쉼터가 있는 곳이다. 엿가게 '잇더엿'과 수제 잼 가게 '쨈있지' 등 재미있는 상호가 많다. 2층에는 차 전문매장과 감성 카페가 있다. 3층에는 시계, 피규어, 캐리어를 판매하는 삼점이 있고, 본관 4층부터 6층까지는 '뮤지엄 김치간'이 있다. 김치 관련 영상과 디지털 콘텐츠로 김치의 모든 것을 공부할 수 있도록 꾸며 놓은 곳이다. 쿠킹 클래스에선 외국인과 어린이가 김치 담그기 체험을 할 수도 있다. 신관은 쇼핑몰이다. 쌈지길과 비슷한 곳인데 분위기는 좀 더 모던하고 고급스럽다. 전통 공예품, 리빙 상품, 문화 상품, 천연 염색 옷가게, 디자이너 브랜드 숍, 액세서리 체험 공방 등이 있다.

주소 종로구 인사동길 35-6 전화 02-2223-2500 찾아가기 지하철 3호선 안국역 6번 출구에서 4분. 1호선 종각역 3-1번 출구에서 6분 영업시간 10:30~20:30(연중무휴. 카페는 22:00, 식당은 23:00까지)

목인박물관
나무 조각 전문 박물관

조계사 건너편 템플스테이통합정보센터 뒤편에 있다. 나무 조각상 전문 박물관이다. 1950년대 지은 가정집을 개조했다. 길가에 있는 목조 건물이 신관이고 골목 안 콘크리트 건물이 본관이다. 1층 갤러리에서는 1년에 두세 번 목인박물관 소장품인 민화나 불화, 무신도, 목각 인형을 전시하는 특별전을 연다. 2층 박물관에서는 종교, 주술, 관혼상제 등 우리나라 사람들의 일상을 담은 다양한 목조각상을 상설 전시하고 있다. 특히 상여를 장식하는데 사용하는 갖가지 모양의 용수판이 많이 전시되어 있다. 전시장 안에 있는 수화기를 들면 상여꾼들이 죽은 사람의 넋을 위로하기 위하여 부르는 '상여소리'를 들을 수 있다. 옥상정원에선 차를 마시며 다양한 옹기와 석상을 여유롭게 돌아볼 수 있다.

주소 종로구 인사동 11길 20 전화 02-722-5066 찾아가기 지하철 3호선 안국역 6번 출구에서 4분. 1호선 종각역 3-1번 출구에서 4분 관람시간 10:00~18:00 관람료 일반 5천원, 19세 미만 · 65세 이상 3천원 휴관 일요일, 월요일, 설·추석 연휴

조계사
도심 속의 정토

서울 한복판에 있는 조계종의 행정 중심 사찰이다. 일주문 안으로 들어서면 은은한 풍경 소리가 마음에 와 닿는다. 쫓기듯 살아온 일상이 순간적으로 멀게 느껴진다. 석가모니를 모신 대웅전은 웅장하고 화려하다. 전라도 정읍에 있던 보천교 십일전을 1938년 이전하여 대웅전으로 삼았다. 이때 조계사의 절 이름은 태고사였다. 조계사라고 불리기 시작한 것은 1954년부터이다. 꽃문양으로 장식한 벽과 문살은 마당에 있는 회화나무와 조화를 이루어 마치 꽃이 피어 있는 듯 아름답다. 부처님 오신 날이 되면 연등을 설치하고 불을 밝힌다. 때맞춰 '동자승 단기 출가 체험식'도 진행한다. 동자승 삭발식은 웃음과 울음이 뒤섞이는 감동을 보여준다. 외국인 템플스테이 프로그램도 운영하고 있다.

주소 종로구 우정국로 55 전화 02-768-8600 찾아가기 지하철 3호선 안국역 6번 출구에서 4분. 1호선 종각역 2번 출구에서 4분 예불시간 04:00, 10:00, 18:00 주차 가능

감고당길
운치 있는 돌담길

감고당길율곡로3길은 풍문여고에서 정독도서관이 있는 북촌로5길까지 뻗어 있는 짧은 길이다. 운치 있는 돌담 따라 오르다보면 보도블록이 예쁘게 깔려 있고, 그 위에 벤치가 놓여 있어 더욱 아름답다. 감고당길 중간쯤에는 덕성여자고등학교와 덕성여자중학교 정문이 마주 하고 있다. 학교 담장을 따라 뻗어 오른 우거진 나무들이 봄에는 꽃 피우고 가을에는 노랗게 물들어 산책길의 묘미를 더해준다. 아담한 카페와 레스토랑, 갤러리들이 길의 운치를 더해준다. 손에 호떡이나 닭꼬치를 들고 있어도 흉이 되지 않는 길이어서 더욱 애정이 간다. 감고당感古堂은 조선 19대왕 숙종이 인현왕후의 친정을 위해 지어준 건물이다. 인현왕후가 폐위된 후 이곳에 살았고, 뒤에 인현왕후 집안 사람 명성황후가 여주에서 올라와 이곳에서 살다가 왕비로 책봉되었다. 감고당은 여주 명성황후 생가 옆으로 이전 복원되었다. 찾아가기 안국역 1번 출구에서 2분

별궁길
단아하고 아름다운 옛길

안국역 1번 출구에서 나와 윤보선 가옥 방향으로 접어드는 길을 별궁길윤보선길이라 한다. 한의원과 카페, 이불가게, 소품숍이 늘어서 있다. 화동침구의 쇼윈도에 전시된 이불에는 노란 꽃이 활짝 피어 있다. 별궁길은 1881년 조선의 마지막 왕 순종의 가례를 위해 안국방 소안동에 지은 '안동별궁'에서 따온 이름이다. 안동별궁은 궁녀와 나인의 거처로 쓰이다 폐궁되었다. 일제강점기인 1936년 민간에 매각되었고, 별궁 자리에 풍문여고가 들어섰다. 별궁길 끄트머리엔 100년이 넘은 안동교회가 나온다. 교회 맞은편에는 오랜 세월 북촌을 지켜온 윤보선 전 대통령의 고택이 있다. 고택은 개방을 하지 않아 늘 문이 굳게 닫혀 있다. 담쟁이 넝쿨이 덮여 있는 '갤러리 담'의 옥상에 가면 윤보선 고택을 들여다 볼 수 있다.
찾아가기 안국역 1번 출구에서 50m

정독도서관
겸재가 인왕제색도를 구상한 곳

조선시대에 궁중에 필요한 화초를 키우던 장원서가 이곳에 있었다. 겸재 정선은 비 개인 오후 이 정원에 서서 인왕산을 바라보며 그 유명한 인왕제색도를 구상했다. 성삼문과 개화파 김옥균의 집도 이곳에 있었으며, 1976년까지 경기고등학교도 이곳에 있었다. 야트막한 경사를 따라 차례로 들어선 도서관 1, 2, 3동 건물이 웅장하면서도 단단한 느낌을 준다. 보존 가치도 뛰어나 근대건축등록문화재 제2호로 지정되었다. 게다가 아주 낭만적인 곳이다. 봄이면 벚꽃이 흐드러지고, 여름엔 녹음 아래에서 청춘들이 독서를 즐기며, 가을엔 붉은 나뭇잎에 추억을 묻는다. 도서관 맞은편에 한국교육문화박물관이 있다. 조선시대부터 현대까지의 교과서와 교구, 교복, 가방 등을 구경할 수 있다.

주소 종로구 북촌로5길 48 전화 02-2011-5799
찾아가기 안국역 1번 출구에서 5분

아트선재센터
신선하고 실험적인 미술관

젊고 실험적인 현대 미술을 전시하는 사립미술관으로, 감고당길 북쪽 끝에 있다. 1995년 소격동 한옥에서 출발하여, 1998년에 현재 자리에 건물을 신축하여 이전했다. 아트선재센터는 기존에 있던 건물들 사이에 지어져 전시장 모양이 부채꼴이다. 모기업인 대우그룹이 해체되면서 힘든 시기도 있었지만 독창적인 전시 기획과 부대 공간을 활용하는 창조적인 아이디어로 변모를 거듭하여 오늘에 이르렀다. 1층 출입구 옆의 한옥은 미술관 자리에 있던 건물을 옮겨 놓은 것으로, 미술 프로젝트 및 교육 프로그램을 위한 공간으로 활용되고 있다. 지하에는 영화관 시네아트가 있다. 멀티플렉스에서 상영하지 않는 독립영화와 예술영화를 상영한다.

주소 종로구 율곡로3길 87 전화 02-733-8945
찾아가기 안국역 1번 출구에서 4분 관람시간 11:00~19:00
휴관 월요일, 신정, 구정, 추석 주차 불가

된장 예술 툇마루집 된장 맛이 끝내주는 웰빙 밥상

인사동에서 이름난 된장 음식 전문점이다. 인사동길 중간 지점 서호갤러리 뒷골목에 있다. 2층과 지하로 나누어져 있는데 2층은 테이블로, 지하는 툇마루처럼 꾸며져 있다. 실내 곳곳에 놓인 소품이 서정적이고 앤틱 분위기를 풍긴다. 빈대떡에 막걸리를 곁들이면 마음이 저절로 열릴 것 같은 분위기다. 된장비빔밥, 돼지고기볶음, 닭발, 함경도 가자미식혜 등 토속 음식들이 주 메뉴이다. 가장 인기 있는 메뉴는 당연 된장비빔밥이다. 뜨끈한 밥에 된장과 잘게 썬 부추와 치커리를 넣고 쓱쓱 비벼 먹으면 그 맛이 일품이다. 시원한 열무김치, 바삭바삭한 멸치볶음, 짭짤한 장조림 등 밑반찬도 맛깔스럽다. 싱싱한 풋고추 하나 집어 쌈장을 꾹 찍어 먹으면 아삭아삭 씹히는 소리가 입맛을 돋운다. 그야말로 웰빙 밥상이다.

주소 종로구 인사동 4길 5-26
전화 02-739-5683
찾아가기 3호선 안국역 6번 출구에서 5분. 1호선 종각역 11번 출구에서 4분
추천메뉴 된장비빔밥, 된장찌개, 간장게장정식, 양념게장정식, 북어찜구이, 도토리무침
예산 7천원~6만원

조금鳥金 30년 전통 일본식 돌솥비빔밥

안국역 부근 인사동길 초입에 있다. 외관에서 일본식 분위기가 느껴지는 집으로 주 메뉴는 가마메시釜飯라고 하는 돌솥밥이다. 안주로 먹을 수 있는 꼬치와 우동 등의 메뉴도 있다. 하지만 돌솥밥이 단연 인기가 좋다. 주문과 동시에 밥을 짓기 시작하여 20분 정도 기다리면 박달나무 뚜껑이 덮여진 까만 돌솥이 나온다. 새우, 관자, 은행, 죽순, 버섯이 듬뿍 들어간 영양밥이다. 양념간장을 넣어 살살 비벼 먹으면 입안에 갖가지 향이 퍼지며 식욕을 자극한다. 한술 두술 뜨다 보면 어느새 누룽지까지 긁게 된다. 곁들여 나온 된장국과 밑반찬도 깔끔하다. 실내가 넓지 않고 다소 어둡지만 조용하고 아늑한 분위기이다. 여자들이 소모임 장소로 애용하는 곳이다.

주소 종로구 인사동길 60 전화 02-725-8400
찾아가기 3호선 안국역 6번 출구에서 1분. 1호선 종각역 11번 출구에서 7분
추천메뉴 조금솥밥, 숯불꼬치구이
예산 1만5천원~3만원

아름다운 차 박물관 내 마음 풀어 놓듯 찻물을 우려내다

인사동 사거리 남쪽 예촌도예방 골목길 한적한 곳에 있다. 차茶 문화를 널리 알리고자 만든 '복합문화공간'이다. 돌계단을 올라가 나무 대문 앞에 서서 '이리오너라'를 외치면 누군가 달려 나올 것 같지만 기대와는 달리 출입문은 자동 유리문이다. 한국, 중국, 일본, 대만, 스리랑카, 인도, 유럽의 차 약 110종을 갖춘 티숍과 카페, 박물관이 있다. 나무 테이블과 초록 화분이 아기자기한 분위기를 연출하는 곳에서 보이차, 홍차, 꽃잎차 등 다양한 전통차를 맛볼 수 있다. 뜨거운 물속에서 마른 꽃잎이 다시 살아나는 모습을 바라보면 마음까지 설렌다. 내 얼굴도 저 꽃들처럼 싱싱하게 다시 피어날 것 같은 착각이 든다. 아늑한 박물관에선 차와 차 살림 유물을 전시하고 있다. 가야부터 조선시대까지, 그리고 티베트와 중국의 다기류도 구경할 수 있다.

주소 종로구 인사동길 19-11
전화 02-735-6678
찾아가기 3호선 안국역 6번 출구에서 5분. 1호선 종각역 11번 출구에서 4분
관람 10:00~22:00 연중무휴
추천메뉴 보이차, 녹차 가래떡, 녹차빙수, 티스토리 와플
예산 7천원~2만원

계동과 원서동

이곳에서는 시간이 느리게 흐른다

계동길과 원서동길은 정겨운 길이다. 현대사옥부터 중앙고등학교까지 이어지는 길이 계동길이고, 원서동길은 창덕궁 옆길이다. 지금 이름은 창덕궁길이다. 계동의 원래 이름은 제생동이다. 이성계가 세운 의료기관 제생원이 있어서 그렇게 불렸다. 제생동의 음이 변하여 계생동이라 불리다 1900년대 초부터 계생 발음이 기생과 비슷하다고 하여 '생'자를 빼고 계동이라 불리기 시작했다. 계동과 이웃하고 있는 원서동은 창덕궁 후원 서쪽에 있는 동네라고 해서 원서동苑西洞이라 불렸다. 창덕궁 입구에서 빨래터에 이르는 '창덕궁길'은 '원서동 공방길'이라 불리기도 한다. 예전에는 물길이었다. 꽤 오래전 빨래터 흔적만 남기고 복개되었다. 물길과 빨래터 아낙들의 웃음소리는 사라졌지만 창덕궁 돌담은 그대로 자리를 지키고 있다. 계동과 원서동은 고향 마을처럼 편안한 동네이다. 화살같이 흐르는 시간이 이곳에서는 느리게 천천히 흐른다.

찾아가기 지하철 3호선 안국역 3번 출구에서 1~2분

북촌문화센터

북촌의 역사와 가치를 알리다

북촌문화센터는 계동길 현대사옥 주차장 맞은편에 있다. 서울시에서 조성한 한옥으로, 등록문화재 제229호로 지정되어 있다. 북촌 산책 안내 책자를 얻을 수 있고, 행랑채에 있는 홍보전시관에 가면 북촌의 역사와 가치를 사진과 영상으로 만날 수 있다. 북촌문화센터는 본래 조선말 세도가였던 탁지부재무 행정을 관장하던 중앙 관청 재무관 민형기가 살던 집1921년 창덕궁 후원의 연경당을 본 떠 지었다.을 복원한 것이다. 북촌문화센터 한옥은 '계동 마님댁'으로 널리 알려져 있다. 계동 마님은 민형기의 며느리 이규숙을 말한다. 열두 살 때 민형기의 외아들 민경휘와 정혼한 후 이 집에서 1935년까지 살다가 재동으로 이사를 하였다. 훗날 그녀의 구술을 받아 적은 <이 계동 마님이 먹은 여든 살>이라는 책이 발간되어 더 많이 알려졌다.

주소 종로구 계동길 37 전화 02-2133-1371
찾아가기 안국역 3번 출구에서 도보 2~3분

물나무사진관

아날로그의 미학을 노래하다

계동길 허리춤에 이르면 흑백 사진을 고수하는 물나무사진관이 있다. 오래된 느낌이 풍겨나는 건물이어서 무심히 지나치기 쉽다. 원래 양은냄비 공장이 있던 건물이었는데 이후 독서실로 사용되다가 지금에 이르렀다. 물나무사진관은 디지털 사진이 보편화 된 시대에도 흑백 필름을 촬영하고, 현상에서 인화까지 아날로그 방식을 고수하고 있다. 세월이 지날수록 그 가치를 더해가는 사진을 만들겠다는 철학을 가지고 있다. 물나무사진관의 흑백 사진들은 친근한 이웃처럼 느껴진다. 사진을 보고 있노라면 내 안에 감춰져 있던 아날로그 감성이 꿈틀거리며 되살아난다. 증명사진이나 명함판 사진은 찍지 않는다. 웨딩 촬영이나 기념사진 등만 촬영하며 7~8장을 묶어 작은 앨범을 만들어준다. 반드시 예약을 해야 하고 가격도 미리 문의하는 것이 좋다. 사진 아카데미도 운영한다.

주소 종로구 계동길 84-3 전화 02-798-2231
찾아가기 지하철 3호선 안국역 3번 출구에서 계동길 따라 도보 5분

젠틀몬스터의 BATH HOUSE
공중목욕탕이 선글라스 쇼룸으로 바뀌다

주소 종로구 계동길 92 전화 070-4895-1287
찾아가기 안국역 3번 출구에서 계동길 따라 도보 5분

중앙탕은 계동길을 40년 넘게 지켜온 공중목욕탕이었다. 몇 해 전 '육각수 설치 목욕탕'이라는 안내문이 있던 유리 출입문 자리에 구릿빛 출입구가 들어섰다. 중앙탕이 문을 닫고, 지금은 유행을 선도하는 선글라스 브랜드 젠틀몬스터GENTLE MONSTER가 이곳에 쇼룸을 만들었다. 목욕탕이 있던 자리라는 근원적 정체성을 보존하기 위해 '배스하우스'BATH HOUSE라 이름 붙였다. 푸른 타일이 붙어있던 공중목욕탕의 내부를 그대로 살리면서 곳곳에 선글라스를 진열해 놓았다. 목욕탕과 선글라스라는 이질적인 이미지가 더해지면서 묘한 매력을 발산한다. 심지어 예술적이기까지 하다. 원래 2층 건물이었는데 옥상이던 3층을 개조하여 일부는 실내로 만들고 일부는 옥상으로 남겨 놓았다. 옥상에 서면 오밀조밀한 계동 모습이 한 눈에 들어온다.

책방 무사無事
가수 요조의 책방

중앙고등학교 정문에서 창덕궁과 고희동 가옥 쪽으로 조금 걸어가면 오른쪽으로 무사無事라는 조그만 간판이 눈에 들어온다. '홍대 여신'으로 이름을 날렸던 가수 요조yozoh가 운영하는 작은 책방이다. 미용실이 있던 자리에 책방을 냈는데, 처음엔 미용실 간판을 그대로 두고 그 밑에 소박하게 책방 문패를 달았으나, 지금은 민트 색 페인트로 미용실 이름만 지웠다. 책방 문패는 여전히 민트 색 빈 간판 아래에 소박하게 달려있다. "망하지 않고 무사하게 운영했으면 좋겠다"는 뜻을 담아 책방 이름을 '무사'無事로 지었다고 한다. 무사는 책방이라기보다 조그만 카페 같다. 천정에 화분이 달려있고, 오래된 진공관 라디오가 놓여있다. 음악이 흐르고, 긴 머리에 까만 모자를 쓴 주인이 그림처럼 앉아 책을 읽고 있다. 국내외 소설과 시집, 잡지, 교양서를 만날 수 있다.

주소 종로구 창덕궁길 153 영업시간 13:00~18:00 찾아가기 중앙고등학교 정문에서 고희동 가옥 방향으로 1분 이내

중앙고등학교
3·1운동에서 겨울연가까지

중앙고등학교는 계동길 끝자락에 있다. 중앙고등학교의 시원은 1908년 기호흥학회가 설립한 '기호학교'이다. 1915년에 1회 졸업생 김성수가 학교를 인수하면서 크게 발전하였다. 1934년에 지은 본관은 유럽의 명문대학을 연상시키는 석조 건물로 분위기가 우아하고 중후하다. 당시의 이름난 건축가 박동진이 설계하였으며, 사적 281호로 지정되었다. 본관 뒤에는 정원을 사이에 두고 좌우로 1937년 붉은 벽돌로 지은 동관과 서관이 쌍을 이루고 서 있다. 구조나 규모가 유사하여 마치 쌍둥이 건물처럼 보인다. 서관은 사적282호, 동관은 사적283호로 지정되었다. 고색창연한 근대 건축물 속에는 항일정신도 깃들어 있다. 대한제국의 마지막 황제 순종의 인산일因山日, 임금이나 황손의 장례일에 태극기를 흔들며 독립만세를 외치던 학생을 기리는 6·10만세 기념비가 있고, 선생님들이 모여 3·1 운동을 계획했던 옛 숙직실은 '삼일기념관'이 되었으며, 그밖에 3.1운동책원비도 있다. 배용준과 최지우를 한류 스타로 만든 드라마 <겨울연가> 촬영지로 유명하다. 지금도 많은 일본 여성들이 찾고 있다. 항일정신이 서려있는 곳에서 일본 관광객을 보는 기분이 기쁘면서도 아이러니하다.

주소 종로구 창덕궁길 164 전화 02-742-1321

찾아가기 안국역 3번 출구에서 계동길 따라 도보 8분

북촌3경

아름답고 서정적인 골목 풍경

북촌3경은 계동 서쪽 가회동 11번지 일대를 말한다. 계동에서 가회동으로 넘어가는 길목이다. 수많은 기와집을 한눈에 볼 수 있다. 북촌3경의 가장 큰 매력은 정감이 가는 골목길 풍경이다. 옛 담장과 기와집, 한껏 올라간 처마선, 그리고 끊어질 듯 이어지는 골목 풍경이 더 없이 아름답고 서정적이다. 골목길은 아이들이 뛰어놀고, 이웃과 소통하는 만남의 통로였다. 골목길이 뻗어나간 곳을 올려다보면 남산과 서울타워가 눈에 들어온다. 북촌3경엔 박물관과 전통 공방들이 모여 있어 한국 고유의 전통문화를 체험할 수 있다. 가회민화박물관에는 250여 점의 민화와 부적이 전시돼 있다. 한상수자수공방에서는 색실을 꿰어 수놓은 한상수 선생의 작품과 민속품을 관람할 수 있다. 동림매듭공방도 이곳에 있다.

한상수자수박물관 주소 종로구 북촌로12길 29-1 전화 02-744-1545

가회민화박물관 주소 종로구 북촌로12길 17 전화 02-741-0466

동림매듭공방 주소 종로구 북촌로12길 10 전화 02-3673-2778

아라리오 뮤지엄

공간 사옥이 미술관으로

아라리오 뮤지엄등록문화재 제586호은 한국 근대 건축의 걸작이다. 옛 공간사옥으로 지금은 '아라리오 뮤지엄 인 스페이스'로 문패를 바꿔달았다. 공간사옥은 건축가 김수근의 작품으로, 한옥과의 조화를 위해 기왓장 느낌이 나는 검은색 전돌을 주재료로 삼아 지었다. 또 인공적인 건축물과 자연과의 상생을 고려하여 담쟁이 넝쿨을 심어 외벽을 장식하였다. 공생의 미학이 잘 드러난 건물로 건축을 공부하는 이들에게는 성지와 같은 곳이다.

2014년 세계적인 미술품 컬렉터 김창일 아라리오 회장이 인수한 뒤 감각적인 예술 공간으로 변모시켰다. 구관 사옥은 내부 변형 없이 뮤지엄으로, 신관 사옥은 식음료 매장으로 사용하고 있다. 뮤지엄 내부는 반 층씩 높이는 스킵 플로어Skip Floor 방식으로 설계되었다. 구사옥과 신사옥 사이에는 한옥 카페와 원서탑이 있다. 신관에는 베이커리를 비롯해 일본, 프랑스, 이탈리아 레스토랑이 들어서 있다.

주소 종로구 율곡로 83
전화 02-736-5700
찾아가기 지하철 3호선 안국역 3번 출구에서 도보 3분 입장료 4천원~1만원
관람시간 10:00~19:00
휴관 월요일
주차 불가

북촌1경
창덕궁의 아름다움을 품다

북촌1경은 북촌문화센터 근처 사거리에서 원서동 방향 언덕 너머에 있다. 이곳에서 바라보는 창덕궁 옆모습은 탄성을 자아낼 만큼 아름답다. 돌담 너머로 인정전을 비롯한 아름다운 전각이 어깨를 맞대고 있다. 높고 낮은 건물 옆모습이 겹겹이 보이는데, 구중궁궐 지붕선이 아름답고 신비롭다. 잠시 궁궐의 여인이 되어 사극의 한 장면 같은 환상 속으로 빠져들고 싶어진다. 창덕궁은 후원과 더불어 1997년 유네스코 세계유산으로 등재되었다. 한국문화재단에서는 4월에서 10월까지 보름달이 뜨는 밤 창덕궁 야간개장을 실시하고 있다. '창덕궁 달빛기행'이란 이름으로 열리는 이 행사는 살아 숨 쉬는 궁궐 만들기의 일환으로 진행되고 있다. 달빛 아래 걷는 궁궐 산책은 특별한 체험을 선사한다. 밤 8시에 돈화문에서 출발한다. 인정전, 낙선재 후원을 돌아보고 전통 예술 공연도 감상할 수 있다.

고희동高羲東 가옥
한국 첫 서양화가의 집

한국의 최초 서양화가인 고희동 화백1886~1965이 살았던 집이다. 입구에 들어서면 넓은 마당이 보이고, 현관문 위에는 '춘곡의 집'이라는 현판이 붙어 있다. 고희동은 역관 출신 개화 관료 집안에서 태어났다. 일본 도쿄미술학교에서 서양화과 과정을 마치고 1915년 귀국해 '조선인 1호 서양화가'가 되었다. 원서동 가옥은 1918년 고희동이 직접 설계하여 지었다. 외부는 한옥이지만 내부는 서양식과 일본식이 섞여 있는 단층집이다. ㄷ자형 사랑채가 일자형 안채를 감싸고 있어 전체적으로는 ㅁ자형 구조이다. 1959년 고희동이 이 집을 떠난 후 여러 차례 소유자가 바뀌면서 개축이 이어져 본래 모습을 조금 잃었다. 등록문화재 제84호로 지정되면서 선생의 살아생전 아틀리에까지 생동감 있게 복원해 놓았다. 해설사가 상주하고 있어서 자세한 설명을 들을 수 있다.

주소 종로구 창덕궁 5길 40 전화 02-2148-4165 찾아가기 아라리오 뮤지엄 지나 창덕궁 돌담길 따라 도보 6분
휴관 월, 화요일 입장료 무료 주차 없음

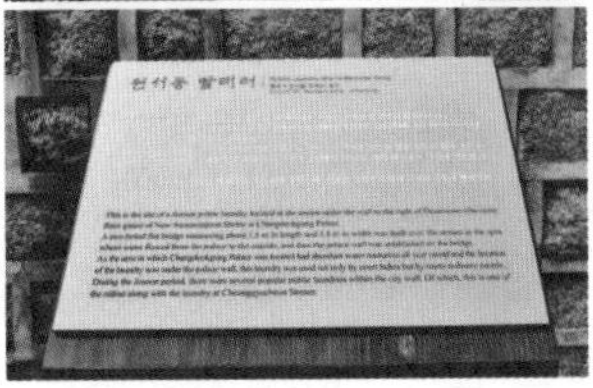

북촌2경
원서동 공방길과 빨래터

고즈넉한 창덕궁 돌담길을 걷다보면 고희동 가옥이 나오고 그 옆에 작은 한옥에 들어선 숍 '메종 드 이네스'Masion de Ines가 보인다. 메종 드 이네스를 사이에 두고 왼쪽과 오른쪽에 길이 하나씩 있는데, 오른쪽 길이 원서동 공방길이다. 원서동 공방길은 왕실의 일을 맡아보던 사람들이 다녔던 길이다. 지금도 전통 연공방, 홍벽헌 지형공방, 궁중음식원 등이 들어서 있다. 더 안쪽으로 들어가면 빨래터가 나오고, 빨래터 좌측으로는 한샘디자인연구소가 자리 잡고 있다. 빨래터는 궁인은 물론 일반 백성들도 애용하던 장소이다. 홍상수 감독의 영화 <자유의 언덕>에서 주인공 '모리'가 잠시 손을 담갔던 곳이다. 담 너머는 창덕궁 후원이다. 한샘디자인연구소는 창덕궁의 별채 같다는 평을 받으며 2005년 한국건축문화대상 특선에 뽑히기도 했다. 연구소 바로 옆에는 장희빈의 집으로 유명한 '백홍범 가옥'이 있다. 주소 종로구 창덕궁5길 찾아가기 아라리오 뮤지엄 인 스페이스에서 창덕궁 돌담길 따라 도보 7분 주차 불가

용수산 비원점 궁궐 옆 한정식 집

창덕궁 옆에 있는 한정식집이다. 북촌1경을 담기 위해 카메라 셔터를 누르던 사람들이 아름다운 건물을 배경으로 또 사진을 찍는다. 한국의 전통미와 서구의 현대적인 미가 조화를 이루고 있는 건물이다. 안에 들어가면 넓은 홀 벽에 그려진 커다란 소나무와 창을 통해 보이는 궁궐 모습이 참으로 멋스럽게 어울린다. 외국인 접대나 상견례 장소로 유명하며, 실내 분위기도 정갈하고 고급스럽다. 음식점과 연결된 양옥 카페 2층 베란다에 서면 창덕궁의 아름다운 모습을 더 자세히 볼 수 있다. 메뉴는 한국 음식 문화의 황금기였던 고려 왕조 시절의 개성 음식이 주를 이룬다. 자극적이지 않아 재료 본연의 풍부한 맛을 그대로 음미할 수 있다. 코스 요리뿐만 아니라 비빔밥, 조랭이떡국 등 단품 요리도 있다. 정갈하면서도 고급스러운 용수산의 음식을 앞에 놓고 있으면 대접받는 기분이 든다.

주소 종로구 창덕궁1길 2 전화 02-743-5999 찾아가기 아라리오 뮤지엄 인 스페이스에서 창덕궁 돌담길 따라 도보 1분 영업시간 **점심** 12:00~15:00 **저녁** 18:00~22:00(토·일요일, 공휴일도 정상 영업) 추천메뉴 조랭이 떡국, 산정식 예산 2만원~16만원 주차 가능

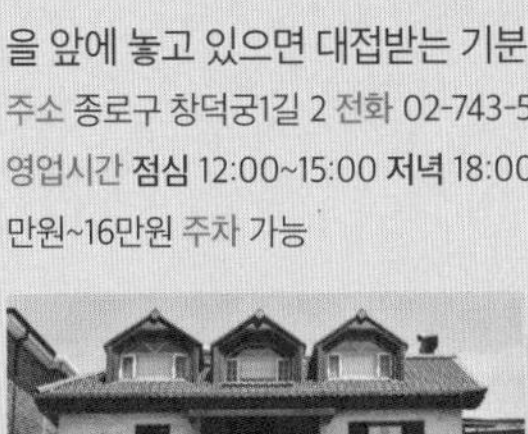

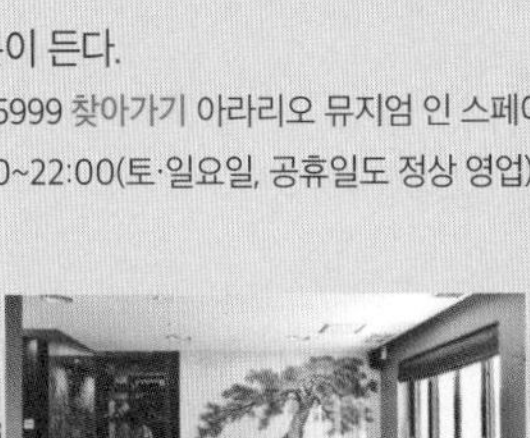

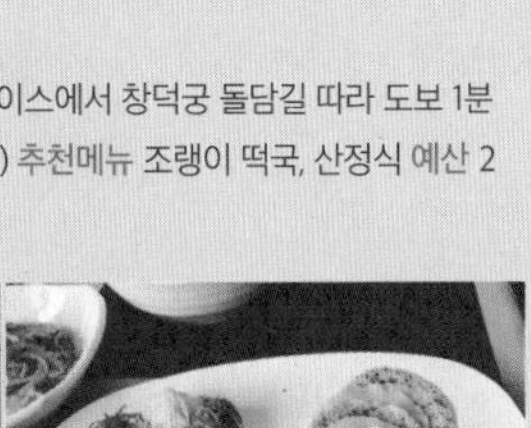

서촌

오래된 이야기가 흐르는 동네

서촌은 콤플렉스가 많은 동네다. 조선시대에 경복궁 동쪽 건춘문建春門을 나서면 고관대작들이 모여 살던 북촌이었다. 반면 서촌西村은 서민과 하위 직급의 신하, 중인들이 들이 모여 사는 촌락이었다. 하지만 조선 초에는 꼭 그렇지 않았던 모양이다. 왜냐하면 세종대왕이 이곳에서 태어났기 때문이다. 세종대왕은 5월 15일에 태어났는데, 그의 탄신일에서 스승의 날을 따왔다. 경복궁 바로 옆 서쪽, 즉 통의동과 창성동도 서촌이지만, 서촌의 진짜 모습을 만나려면 통인동과 체부동으로 가는 것이 좋다. 그곳을 거닐다 보면 겸재 정선과 윤동주, 청전 이상범을 만날 수 있다. 서촌은 옛 길, 옛 집, 옛 사람이 정겹게 맞아주는 궁궐 서쪽 마을이다.

찾아가기 **지하철 3호선 경복궁역 하차**

대림미술관과 팔레드서울
서촌 갤러리 산책

서촌은 가로수길, 성수동, 경리단길, 연남동 등과 함께 핫한 동네로 떠오르고 있다. 그런데 자세히 들여다보면 다른 지역은 주로 대학생과 젊은 직장인을 위한 핫 스트리트로 커나가고 있는데 반해 서촌은 예술로 전 세대를 아우르며 자신의 영역을 넓혀 나가고 있다. 그 구체적인 모습을 끊어질 듯 끊임없이 이어지는 서촌 골목 구석구석에 자리 잡고 있는 갤러리와 미술관에서 확인할 수 있다. 그래서 서촌은 서울의 핫 플레이스들과 조금 다르게 미술 동네라고 불리기도 한다.

대림미술관은 컬렉션Collection, 패션Fashion, 디자인Design, 사진Photography의 네 가지 영역을 아우르는 미술관이다. 다양한 영역을 넘나드는 서촌 미술 문화의 중심 역할을 하고 있다. 감각적인 기획전이 많이 열려 젊은이들에게 인기가 높다. 팔레드서울은 지하 1층부터 3층까지 빈틈없이 미술로 꽉 찬 갤러리이다. 일곱 개로 나뉜 전시관에 조그만 옥상정원까지 갖추고 있어 서촌의 매력을 배가시킨다. 옥상정원에서는 신비로운 인왕산과 경복궁의 단아함을 한눈에 담을 수 있다. 이밖에도 아트팩토리, 아트사이드, 시몬갤러리, 갤러리 jean 등이 서촌을 찾는 이들에게 예술을 향유할 기회를 제공한다.

대림미술관 주소 종로구 자하문로4길 21 전화 02-720-0665 관람시간 **화~일요일** 10:00~18:00 **목·토요일** 연장 개관 20:00까지 휴관 매주 월요일, 설·추석 연휴 요금 **성인** 5천원 **학생** 3천원 **미취학아동** 2천원

팔레드서울 주소 종로구 자하문로10길 30 전화 02-730-7707 관람시간 **월~금요일** 10:00~21:00 **주말·휴일** 10:00~19:00 요금 무료

세종마을 음식문화거리
흥이 넘치는 음식 거리

이곳은 원래 서울의 옛 정취를 느낄 수 있는 금천교 시장이 있었다. 하지만 서촌이 뜨면서 독특한 음식점들이 새로이 둥지를 틀었다. 퇴근 시간이면 빈대떡집, 고깃집, 수제 맥주집, 해산물집, 이자카야 등으로 사람이 모여들기 시작한다. 날이 따뜻해지면 상점 밖 좁은 골목에 테이블이 놓여 왁자지껄 활기가 넘친다. 아쉬운 것은 음식점이 들어선 자리가 모두 시장통의 구멍가게, 철물점, 쌀집, 과일 가게가 있던 곳이라는 점이다. 상권이 활성화되면서 건물주와 투자자들은 많은 이익을 보았지만, 시장통의 작은 상점주들은 모두 떠나야 했다. 다른 핫 플레이스와 마찬가지로 젠트리피케이션높아진 임대료 때문에 원주민들이 외곽으로 밀려나는 현상의 슬픈 현실을 서촌도 피할 수 없었다. 오래 그 자리를 지키는 가게는 이제 몇 안 된다. 아직도 자리를 지키고 있는 모습에 고마운 마음이 절로 든다.

찾아가기 지하철 3호선 경복궁역 2번 출구

이상범 가옥
항일부터 친일까지, 기구한 생의 흔적

서촌은 근대 문학의 보물섬이자 근대 예술인들의 마을이었다. 시인 이상, 노천명, 윤동주, 화가 이상범, 박노수, 천경자 등의 숨결이 아직도 체부동과 누하동 일대에 남아 있다. 조선시대 중인들의 실용성이 근간을 이루었던 서촌이 근대에 와서 예술의 베이스캠프로 피어난 것이다. 수묵화의 거장 청전靑田 이상범1897~1972 가옥은 아직도 서촌을 지키고 있다. 이상범은 동아일보 학예부 미술기자로 베를린올림픽 마라톤 금메달리스트 손기정 선수 사진의 일장기를 태극기로 바꿔 넣으려다가 발각되어 옥고를 치른 인물이다. 하지만 후에 일제 문화 정책의 노리개로 전락하여 평생 친일파라는 멍에를 지고 살아야 했다. 항일의식이 친일로 변절될 수밖에 없었던, 기구했던 청전의 생이 아프게 느껴진다. 배화여대 석축 아래 골목에 그의 가옥이 있다. 청전은 1942년부터 1972년 세상을 뜰 때까지 이 한옥에서 살았다. 주소 종로구 필운대로 31-7

박노수미술관
박노수 화백의 옛집

박노수1927~2013는 청전 이상범의 이웃이자 제자로, 청전과 함께 한국 산수화를 이끈 양대 축으로 평가받고 있는 근대 화가이다. 진한 파랑색을 사용하여 세련미가 돋보이는 작품을 많이 남겨, 향토색이 강한 청전의 그림과 대비를 이루었다. 박노수 가옥서울문화재자료 제1호은 1930년대 지어진 것으로 서양의 입식과 한국 전통 온돌이 혼합된 양식으로, 그의 그림이 한국 전통 산수화에 현대적 감각이 가미된 것과 닮아 있다. 그의 가옥은 일제강점기 친일파로 유명한 윤덕영이 딸을 위해 지은 집으로 알려져 있으며, 후에 박노수가 이곳에 살며 작품 활동을 했다. 2층에는 그의 작업실이 원형 그대로 보존되어 있으며, 2011년 종로구는 이 집을 인수하여 박노수미술관을 운영해오고 있다.

주소 종로구 옥인1길 34 전화 02-720-2010

이용시간 **화~일요일** 10:00~18:00(월요일 휴관) 요금 2천원

수성동水聲洞 계곡
겸재를 만나러 가는 길

수성동은 행정 구역 이름이 아니라 골짜기를 뜻한다. 인왕산에서 흘러내리는 물줄기는 계곡 수성동과 옥류동을 만들었다. 두 물줄기는 기린교에서 합류되어 흐르다가 북악에서 흘러내린 물줄기와 만나 청계천으로 흘러들었다. 옥류동은 주택가로 변했지만, 수성동은 2011년 옥인아파트 철거 후 정선의 진경산수화와 유사하게 복원되어 과거로의 여행을 부추긴다. 정선의 그림 '수성동'에는 계곡을 횡단하는 긴 돌다리가 보이는데 이것이 기린교이다. 이미 사라진 것으로 알고 있었지만, 옥인아파트를 철거하다가 거의 원형대로 발견됐다. 도성 내에서 유일하게 원 위치에 원형대로 보존되었다. 기린교는 통돌로 만든 제일 긴 다리라는 점에서 교량사적으로 의미가 있다. 계곡 주변에는 산책로가 잘 정비되어 있다. 수성동 산책로를 거닐다 보면 '인왕제색도'를 그리고 있는 겸재의 모습이 떠올라 마음이 즐거워진다.

주소 종로구 옥인동 185-3

삼백집 전주의 그 유명한 콩나물국밥집

경복궁역 4번 출구 근처에 있다. 2년 전에 생긴 서촌 맛집 중 막내에 속하지만 막내라고 부르기에는 좀 아쉬운 것이 전주 본점이 1947년에 문을 열어, 자그마치 70년 전통을 자랑하기 때문이다. 삼백집은 서촌 맛집 중 막내이기도 하고 왕언니이기도 하다. 삼백집에 들어서면 일단 콩나물국밥과 모주를 먹으면 된다. 거기에 고추군만두를 곁들이면 푸짐한 한 상을 맛볼 수 있다. 시원한 해장국도 맛이 좋다. 해장국에 막걸리 한 잔 곁들이며 지친 간을 위로했다면 바로 자리를 떠야 한다. 해장국이 안주가 될 수 있다는 사실을 깨닫는 순간, 마침표가 돼야 할 해장이 또 다른 시작을 부를 수 있으니, 주당들은 특히 주의해야 한다.

주소 종로구 사직로 133-3 전화 (02)725-7555 찾아가기 경복궁역 4번 출구 영업시간 07:00~22:30 예산 1만원 이내

디미 고궁 옆 이탈리안 레스토랑

경복궁 옆 효자로 길가에 있다. 간판 없는 맛집으로 알려졌으나 2년 전부터 작은 네온사인 간판이 걸렸다. 간판이 생겼지만 아직 간판 없는 맛 집으로 통한다. 주인장은 요리를 전공하지 않아서 부끄러운 마음에 간판 없이 레스토랑을 열었다. 그러나 요리를 맛보는 순간 주인장이 얼마나 겸손한 마음으로 요리를 시작했는지 알 수 있다. 디미의 피자와 스파게티는 신선한 친환경 재료에 화학조미료를 넣지 않고 담백한 손맛으로 만든 것으로, 한 입 베어 물면 주인장의 솜씨가 최고 수준임을 느낄 수 있다. 2층 테이블에 앉으면 창밖으로 경복궁의 운치 있는 담과 가을을 맞이하는 문, 영추문迎秋門이 훤히 보여 식사의 품격을 높여준다. 인기는 많고 테이블은 많지 않으므로 가능하면 예약을 하는 게 좋다.

주소 종로구 효자로 37 전화 02-730-4222

찾아가기 경복궁역 4번 출구에서 효자로 따라 도보 4~5분

영업시간 12:00~21:00 Break Time 14:00~18:00 와인바 18:00~24:00 예산 7천원~3만원

빚짜 음식문화거리의 수제 맥주집

이태원에서 발원한 피맥화덕 피자와 수제 맥주 열풍이 서촌까지 불어와 수제 맥주집 '빚짜'를 탄생시켰다. 'BeeZZa', 맥주와 피자를 교묘하게 합성한 이름에서 센스가 느껴진다. 세종마을 음식문화거리 한복판에 들어온 지 2년 만에 유명세를 타면서 골목의 이정표로 자리를 잡았다. 가게가 넓지 않아 늘 만석이며, 자리가 나면 어느새 알고 새 손님이 찾아 든다. 다양한 에일 수제 맥주와 필스너 타입 라거 맥주를 즐길 수 있다. 저렴한 가격에 피맥을 즐기면서 행복한 시간을 보낼 수 있다. 가격도 착한 편이라 계산하기도 가볍다.

주소 종로구 사직로 113 전화 02-722-1832 찾아가기 경복궁역 2번 출구에서 도보 2분

영업시간 **월~금** 11:00~24:00 **토·일** 13:00~23:00 예산 4,900원~1만5천원

반하다 영화가 있는 카페

영화평론가 오동진 씨가 운영하는 카페이다. 야외 데크, 푹신한 소파, 독특한 영화 사진, 양초, 다양한 디퓨저로 장식되어 있어 분위기가 아늑하고 따뜻하다. 사대문 안에서는 보기 드물게 애견과 함께 할 수 있는 카페라 강아지를 동반한 이들이 많이 찾는다. 가끔 독립영화를 상영하기도 한다. 서촌의 예스러운 이미지와 반하다 특유의 모던한 분위기가 불협화음을 만드는 듯하지만, 서촌에 반하게 만드는 묘한 매력을 가지고 있다. 메뉴도 다양하다. 커피, 바닐라라떼, 레몬진저 등의 음료 뿐 아니라 냄비 떡볶이, 장조림버터 비빔밥 등도 판매한다. 모두 맛있고 먹는 내내 즐겁다. 저녁에는 진한 재즈 선율이 흘러 펍 분위기가 나며 맥주와 간단한 술도 판매한다.

주소 종로구 자하문로 35-3 전화 02-730-4877

찾아가기 경복궁 2번 출구에서 자하문로 따라 도보 3분

영업시간 **월~토요일** 10:00~01:00 **일요일** 10:00~22:00 예산 4천원~2만원

©김

정동길

돌담 따라 걷는 근대 산책

정동의 시작은 태조 이성계부터 시작된다. 이성계는 두 번째 부인 신덕왕후를 지극히 아꼈는데 세상을 일찍 등지자 법도를 어기면서까지 도성 안 덕수궁 인근에 능을 만들었다. 그 능의 이름이 정릉이었다. 이때부터 정릉 주변을 정동이라 불렀다. 훗날 왕위에 오른 태종 이방원은 정릉을 도성 밖 미아리 고개 너머로 옮겨버린다. 지금의 정릉동이다. 왕위 계승을 놓고 신덕왕후와 사사건건 마찰을 빚었는데 이에 대해 뒤늦게 복수를 한 셈이었다. 400년이 흐른 조선 말기, 정동은 일본과 러시아, 그리고 서구 열강이 힘을 겨루는 곳으로 변한다. 이때부터 정동은 고종이 머물던 덕수궁과 더불어 근대사의 슬픔을 고스란히 간직한 장소가 되었다. 동시에 새로운 문물이 모여드는 가장 '핫한' 곳이었다. 정동교회, 배재학당과 이화학당, 성공회서울성당이 근대의 시간을 품고 우리를 반겨준다.

찾아가기 **지하철 1·2호선 시청역에서 하차**

정동전망대

하늘에서 정동의 숨결을 느끼자

정동전망대는 2014년 서울시가 시민을 위해 조성한 곳으로, 시청 서소문 별관 1동 13층에 자리하고 있다. 1층 로비에 전망대로 직행하는 엘리베이터가 있어서, 시정 업무를 보는 공간이지만 이용객들이 편리하게 드나들 수 있다. 전망대에 커다란 창이 있어 넓은 시야가 확보된다. 시청 광장이 있는 오른쪽 끝에서 서서히 시선을 왼쪽으로 옮기면 성공회성당, 덕수궁, 정동교회, 정동극장, 중명전, 신아일보 별관, 구 러시아 공사관 망루까지 한눈에 들어온다. 시선을 조금 높이면 빌딩 숲 너머로 북악산과 인왕산도 선명하게 보인다. 전망대에는 음료와 간식을 즐길 수 있는 카페 다락Darak도 있다. 대부분의 자리에서 창밖을 바라보기 좋으며, 한 귀퉁이에 다양한 소품이나 기념품을 살 수 있는 곳도 준비되어 있다. 서울의 어제와 오늘을 느끼고, 정동길 산책 코스를 계획하기에 최적의 장소이다.

주소 중구 덕수궁길 15
찾아가기 1·2호선 시청역 1, 12번 출구에서 도보 2분
이용시간 09:00~18:00
요금 무료 기타 카페 '다락'의 커피와 음료는 2천원~3천원

서울시립미술관
낭만과 예술적 감흥을 만끽하자

연인이 덕수궁 돌담길을 걸으면 이별한다는 속설이 있다. 대법원이 서초동으로 이전1995하기 전 서소문동 대법원 청사에 가정법원이 있었다. 이혼을 위해 돌담길을 걸어 가정법원으로 갔다. 덕수궁 돌담길이 이별의 길로 불리게 된 사연이다. 이제 옛 대법원 청사는 서울시립미술관등록문화재 237호 서소문 본관으로 바뀌었다. 일제 때인 1928년 평리원한성재판소 자리에 새 건물을 짓고 경성재판소로 사용하였다. 광복 후 대법원 청사로 쓰다가, 1995년부터 둥근 아치형 현관만 그대로 보존하고 나머지는 리모델링하여 서울시립미술관으로 사용해 오고 있다. 서울시립미술관은 국내 유명 작가의 전시는 물론 해외 유명 미술관과의 국제교류전이나 국제미디어아트 비엔날레, 난지미술창작스튜디오의 레지던시 프로그램 등을 통해 세계적인 도약을 꿈꾸고 있다.

주소 중구 덕수궁길 61 찾아가기 1·2호선 시청역 1, 12번 출구에서 도보 4분
이용시간 **평일** 10:00~20:00 **주말** 10:00~18:00 요금 무료 홈페이지 sema.seoul.go.kr

정동로터리 분수대
정동길 산책의 출발점

정동로터리 분수대는 정동길 산책의 출발점이다. 분수대엔 배형경의 작품 <삼미신>서울시립미술관 소장이 서 있다. 분수대 바닥 타일엔 주변의 근대 건축물이 새겨져있다. 타일에 그려진 명소를 하나씩 둘러보는 것도 좋은 방법이다. 정동교회를 시작으로 천천히 오른쪽으로 시선을 돌리면 정동극장, 작곡가 이영훈 추모비, 덕수궁 돌담, 서울시청 별관, 서울시립미술관, 신아빌딩을 지나 다시 정동교회로 이어지는 파노라마가 펼쳐진다. 분수대에서 정동길을 따라 올라가면 정동극장, 신아일보 별관, 이화학당, 구 러시아공사관 망루, 경향신문사가 나오고, 여기에서 새문안길을 건너면 김구 선생의 마지막 흔적이 남아있는 경교장까지 갈 수 있다. 서소문로 11길로 빠지면 신아빌딩, 정동교회, 배재역사박물관으로 갈수 있고, 덕수궁길로 들어가면 미대사관저, 구세군 중앙회관, 서울성공회성당이 나온다.

정동교회

근대 거리의 100년 교회

이문세의 노래 '광화문 연가'에 나오는 눈 덮인 조그만 교회당이 바로 정동교회사적 제256호이다. 1885년 아펜젤러 목사의 선교 활동이 시작된 곳이다. 당시엔 아펜젤러 목사의 사택에서 예배를 드렸다. 1887년 남대문 근처 한옥을 예배당으로 사용하다가 10년 뒤인 1897년 지금의 정동교회 자리에 고딕풍 붉은 벽돌 건축물을 준공하고 벧엘예배당이라 이름 지었다. 이후 두 번의 증축이 있었고, 한국전쟁 후에 반파된 교회를 대대적으로 수리하였다. 흔히 정동교회라 부르지만 정식 이름은 정동제일교회이다. 1992년 100주년 기념탑과 기념비를 추가하면서 현재의 모습으로 완성되었다. 기단은 석조이고, 내부는 간결하고 소박하다. 가장 아름다운 부분은 적벽돌로 마감한 외벽과 하얀 아치형 창문이다. 정동길을 지나다가 운이 좋은 날에는 창밖으로 퍼지는 파이프 오르간 연주를 들을 수 있다. 주소 중구 정동길 46 전화 02-753-0001 홈페이지 www.chungdong.org

배재학당 동관

근대 교육이 이곳에서 시작되었다

배재학당 동관은 우리나라 최초의 근대 교육 기관이다. 정동교회와 더불어 1885년 아펜젤러 목사에 의해 시작되었다. 초기 학생의 대부분은 양반집 자제였지만, 교육의 첫 주제는 '노비 없는 등교'였다. 만민이 평등함을 스스로 느끼도록 인성 교육에 주력한 것이다. 배재학당의 교가엔 '배양 영재 높으신 뜻'이라는 표현이 나온다. 고종은 국격을 되살리는 길은 영재 양성에 있음을 뼈저리게 느끼고 온 마음을 붓 끝에 담아 '배양 영재'를 친필로 새겨 하사했다. 여기에서 학교 이름 '배재'가 탄생했다. 1984년 강동구로 학교를 옮기면서 동관은 남겨두었다. 졸업생을 보면 배재학당의 초기 역사가 곧 한국 근대사임을 알 수 있다. 초대 대통령 이승만, 소설가 나도향, 시인 김소월, 한글학자 주시경이 배재 출신이다. 현재 정동교회와 배재학당 동관 사이에는 러시아 대사관이 자리하고 있다. 원래 그곳은 배재학당 운동장 자리였다.

주소 중구 서소문로 11길 19 전화 02-319-5578 찾아가기 1·2호선 시청역 1, 12번 출구에서 도보 6분
관람시간 10:00~17:00(월요일 및 법정 공휴일 휴관) 홈페이지 www.appenzeller.pcu.ac.kr

중명전
조선의 외교권이 이곳에서 쓰러졌다

정동극장 옆 골목으로 들어서면 오른쪽이 미대사관저이고, 왼쪽이 중명전이다. 중명전사적 제124호은 1901년 황실도서관 수옥헌으로 지어졌다. 정동 일대와 인천 지역에 많은 근대 건축물을 남긴 러시아 건축가 '사바친'Seredin-Sabatin, 1860~1921의 작품으로 대표적인 초기 서양식 건축물이다. 1904년 경운궁현 덕수궁 화재 이후 슬픈 군주 고종의 거처로 사용되면서 '중명전'으로 격상되었다. 1905년 조선의 외교권을 강제로 박탈하는 을사늑약이 이곳에서 체결되었다. 을사늑약의 부당함을 알리기 위한 헤이그 특사 파견1907도 이곳에서 결정되었다. 중명전은 원형이 손실되고 한때 경성구락부라는 유흥 장소로 추락하는 아픔을 겪기도 했으나, 2006년 문화재청이 매입하면서 100년간의 슬픈 여행은 종지부를 찍었다. 지금은 을사늑약과 헤이그 특사 파견 전시 공간으로 쓰이고 있다. 주소 중구 정동길 41-11(정동 1-11) 찾아가기 1·2호선 시청역 1, 12번 출구에서 도보 6분 관람시간 10:00~17:00 요금 무료 홈페이지 www.deoksugung.go.kr

구 러시아공사관
아관파천의 슬픔이 남아 있다

1890년 정동길 언덕 위에 초석이 놓이고, 230평에 달하는 웅장한 건축물이 들어섰다. 러시아공사관사적 제253호이었다. 이 건물도 대한민국 최초의 커피하우스인 덕수궁 정광헌과 황실도서관 수옥헌을 지은 러시아 건축가 '사바친'의 작품이다. 명성왕후 시해를 목격한 뒤 일본의 잔혹함에 놀라 러시아로 도망치듯 떠났으나, 그가 만든 많은 건축물은 곳곳에 남아 우리와 함께 하고 있다. 구 러시아공사관도 중명전처럼 삼면에 발코니가 있는 2층 구조물이었으나 현재는 망루 부분만 남아있다. 구 러시아공사관은 고종과 순종이 피신 생활을 했던 아관파천의 현장이다. 명성황후가 무참히 살해된 뒤을미사변, 1895 두려움에 떨다 러시아공사관으로 숨어 들어간 치욕적인 사건. 그 슬픔이 지금도 정동 언덕에 서려있다.

주소 서울 중구 정동길 21-18(정동 15-1) 찾아가기 5호선 서대문역에서 도보 6분, 1·2호선 시청역에서 도보 8분

성공회서울성당
한국에서 가장 아름다운 건축

성공회서울성당은 유럽의 성을 보는 듯 이색적이다. 세계 건축가 100인이 뽑은 한국에서 가장 아름다운 건축에 선정될 만큼 건축미가 돋보인다. 성당의 역사는 120여 년 전으로 올라간다. 1890년 영국 신부들이 정동 영국대사관 자리에 있던 한옥에서 포교 활동을 한 게 성당의 시작이다. 2년 뒤 지금 자리에 한옥 성당을 세우고 4년 동안 사용하였다. 현재 성당은 영국 버밍엄 지역의 유명한 건축가 아더 딕슨의 설계를 바탕으로 1926년 완성되었다. 성당은 십자가를 본 떠 지었다. 원래는 세로축이 긴 장십자가형으로 설계를 하였으나 자금이 부족해 '일자형'으로 완성하였다가, 1996년 십자가의 양 날개 부분과 회중석, 신자석 일부를 보충하여 최종적인 모습을 갖추게 되었다. 성공회서울성당은 로마네스크 건축 양식에 한옥 느낌이 나는 기와지붕과 처마 장식, 그리고 한옥 창문과 서까래로 장식한 천장 등 한옥의 아름다움을 적극적으로 수용한 독특한 건축물이다. 타자를 인정하고 존중하려는 성공회의 가치관이 이처럼 아름다운 건축을 낳았다.

주소 중구 세종대로19길 16 전화 02-730-6611
찾아가기 지하철 시청역 3번 출구에서 도보 1분

©김용순

©김용순

길들여지기 돌담길 옆 이태리 음식점

ⓒ김용순

덕수궁 돌담길이 끝날 즈음 길을 건너면 오른쪽에 정동극장이라고 쓰인 커다란 석조 문틀이 나온다. 이 문으로 들어가면 오른쪽이 정동극장이고, 왼쪽은 이태리 음식점 길들여지기이다. 1층에서는 차와 커피를, 2층에서는 식사를 하며 정동길의 풍광을 내려다 볼 수 있다. 주요 메뉴는 스파게티와 피자, 스테이크 등이다.

주소 중구 정동길 43 전화 02-319-7083
찾아가기 시청역 1·12번 출구에서 도보 5~6분 예약 이메일 jklee@naver.com 예산 2~3만원

어반가든 맛있는 피자와 스파게티

ⓒ김용순

정동길이 끝날 무렵 오른쪽에 성 프란체스코 교육 회관이 보인다. 이 회관 건너편으로 난 골목길을 따라 들어가면 작은 유럽풍 정원이 있는 어반가든이 나온다. 스파게티와 피자 및 스테이크 등 이태리 음식을 판다. 깔끔한 세팅이 인상적이다. 2층 테라스에 식사 후 커피를 즐길 수 있도록 정원을 예쁘게 꾸며 놓았다. 최근 홍대점을 오픈하였기에 여기는 '어반가든 정동점'이라 부른다.

주소 중구 정동길 12-15 전화 02-777-2254
찾아가기 5호선 서대문역 5번 출구에서 도보 5분, 1·2호선 시청역에서 도보 8분 예산 2~3만원

남도식당 40년 전통의 추어탕

ⓒ김용순

40년이 넘게 2대째 이어오는 추어탕 전문점이다. 정동극장 옆 골목으로 들어가면 나온다. 허름하고 규모도 작은 한옥을 개조하여 사용하는데, 식탁이 10개뿐이지만 맛으로 소문이 나서 점심시간이면 길게 줄을 서서 기다린다. 메뉴는 오로지 추어탕이라서 자리를 잡으면 주문도 없이 그대로 추어탕이 나온다. 밑반찬으로 김치, 오이무침, 얼갈이배추나물이 나온다. 저녁 8시까지 영업한다. 주차는 할 수 없다.

주소 중구 정동길 41-3 전화 전화번호가 없다. 예약도 받지 않는다. 찾아가기 1·2호선 시청역에서 도보 5~6분 예산 1만원

성북동길

기품이 넘치는
옛 길

성북동은 기품 있는 사람들이 유독 편애했던 마을이다. 북악산 성곽 밖으로 단아하게 난 성북동길에는 사상가와 문화예술인이 쌓아올린 스토리가 아름답게 흐르고 있다. 한국의 아름다움을 발견하고 전하는데 일생을 바친 미술사학자 최순우는 평생의 역작 〈무량수전 배흘림기둥에 기대서서〉를 성북동에서 집필했다. 일제강점기에 민족 문화재를 지키는데 전 재산을 바친 간송 전형필의 자택에서 멀지 않은 곳이다. 절개가 대쪽 같았던 한용운이 살았던 심우장도 이곳에 있고, 맑고 향기로운 무소유 정신을 사색한 법정 스님의 길상사도 성북동에 있다. 성밖 골짜기에 흐르는 기품의 기운이 범인들에게도 스며든 것일까? 시류에 맞춰 생겨난 맛집도 옛 것을 존중하며 성북동에 또 하나의 표정을 만든다. 이 길을 걷다보면 높은 정신이 깃든 곳이라야 오래 남을 수 있다는 생각을 자꾸 하게 된다.

찾아가기 **지하철 4호선 한성대입구역에서 도보 또는 버스 이용**

최순우 옛집
성북동길 사색의 시작점

최순우라는 이름은 낯설어도 〈무량수전 배흘림기둥에 서서〉라는 책은 들어봤을 것이다. 최순우는 우리 문화재, 한국의 미가 무엇인지 제대로 보고 느끼며 보전하는 법을 생을 바쳐 전파한 사람이다. 최순우는 이 집을 60세 되던 해1976에 사들여 작고할 때까지1984 가꾸며 살았다. 계단 일곱 개를 올라 대문을 열면 ㄱ자로 앉은 본채와 마주하게 된다. 마당에는 지붕 두 배 높이의 향나무가 살고 있다. 마당이 예사로 보이지 않는다. 그의 말처럼 '이발한 정원수로 뜰을 가꾸는' 따위의 외래종 수목은 찾아볼 수 없다. 신경질적인 짜임새나 기교가 없는 중정은 그 크기가 딱 알맞다. 사랑방에 걸려 있는 직접 쓴 현판에는 한국적 아름다움이 묻어 있다. 앞마당에서 보이는 방문에는 '문을 닫아걸면 곧 깊은 산중'이라는 뜻의 '두문즉시심산', 뒤뜰 쪽 방문에는 '낮잠 자는 방'이라는 뜻으로 '오수당'이라 새겨 놓았다. 같은 방이 마음에 따라 '낮잠 자는 방'이기도 하고 '깊은 산중'이 되기도 한다. 뒤뜰 툇마루에 앉아 있으면 담담하고 온아한 한국 정원의 간소한 멋이 느껴진다.

주소 성북구 성북로15길 9 전화 02-3675-3401 찾아가기 지하철 4호선 한성대입구역 5번 출구에서 도보 10분
관람기간 4월~11월(매주 일, 월요일과 동절기 휴관) 홈페이지 www.nt-heritage.org/choisunu

선잠단지
지금도 뽕나무가 자란다

고대 전설에 인간에게 처음으로 누에치기를 가르쳐 주었다는 잠신과 서릉 씨 이야기가 있다. 선잠단지는 뽕나무를 심어 누에를 키우고, 비단옷을 입을 수 있게 해준 잠신에게 지내는 제사인 선잠제를 행하던 곳이다. 1908년까지 이곳에서 선잠제가 열렸다. 정물화처럼 아무 일도 하지 않고 가만히 앉아 있었을 것 같은 조선시대 왕비에게도 맡겨진 소임이 있었다. 직접 뽕잎을 따서 누에치는 모범을 보이는 일이었다. 왕은 창경궁 권농장 내농포에서 농사를 지어 모범을 보였고, 왕비는 성북동의 선잠단지에서는 직접 누에치는 시범을 보였다. 이를 알고 나니 왕과 왕비가 백성의 먹고 입는 일을 소중하게 여긴 조선이 갑자기 흥미롭고 새롭게 느껴진다. 지금도 선잠단지에는 뽕나무 46그루가 자라고 있다. 1963년 선잠단지는 사적으로 지정되었고, 1993년부터는 매년 음력 3월에 왕비가 집전하던 제례를 재현하는 '선잠제향' 행사가 열린다. 주소 성북구 성북동 64-1 전화 02-920-3413 찾아가기 성북초등학교 옆. 지하철 4호선 한성대입구역 5번 출구에서 도보 10분

간송미술관

우리 문화재를 사랑한 전형필의 모든 것

조선 말기와 일제 강점기 전국 최고 갑부 중 한사람이었던 간송 전형필. 일제가 닥치는 대로 문화재를 수탈하고 고분을 파헤쳐 경성 구락부 경매로 약탈을 합법화했던 시절, 그는 온 힘을 다해 버티고 저항한 어떤 개인이었다. 젊은 상속자 전형필은 독립운동가 위창 오세창 선생을 만난 뒤 생애 목표를 '문화보국'에 두었다. 나라를 팔고, 일본 작위를 받고, 문화재를 바치는 사람들이 살았던 시대에, 전 재산을 팔아 그것을 지키려던 사람도 있었다는 생각을 하면 가슴이 저려온다. 불운한 민족에게 그는 천운이었다. 간송미술관은 전형필의 전 생애를 건 보물의 수장고이며 한국 최초1938의 개인 미술관당시 이름 보화각이다. 국보 12점과 보물 10점을 포함 5000여점의 문화 예술품을 소장하고 있다. 현재 간송미술관은 대대적인 보수가 필요하다. 2014년부터 간송의 소장품은 성북동을 떠나 DDP에서 전시를 이어가고 있다.

주소 성북구 성북로 102-11 전화 02-762-0442 찾아가기 성북초등학교 정문에서 도보 1분 홈페이지 www.kansong.org

길상사

단아해서 사색하기 좋은 곳

길상사는 욕망을 거래하던 요정이 청량한 도량으로 바뀐 오묘한 역사를 갖고 있다. 박정희 군사독재 시절 고급 요정으로 유명세를 떨쳤던 대원각 건물이었다. 대원각 주인은 시인 백석의 연인으로, 평생 이루어질 수 없는 사랑을 품고 살았던 기생 김영한이다. 백석은 그녀에게 자야子夜라는 아호를 지어주고 떠났다. 자야의 간곡한 요청으로 대원각 건물을 무보시 시주 받은 법정 스님은 그녀에게 '길상화'라는 법명을 지어주고, 대원각 자리에 마음의 도량 길상사를 세웠다. 길상사 이곳저곳을 돌아보고 있으면 절집이기보다는 아담하고 소박한 궁전을 보고 있는 듯하다. 단청도 화려하지 않아 사색에 젖어들기 좋다. 관음보살상은 불상이기보다는 성모상과 닮았다. 천주교를 믿는 조각가가 만든 까닭이다. 성탄절이 되면 트리 장식도 한다. 타 종교를 존중하는 관용의 아름다움을 느끼게 한다. 절집에 흐르는 분위기가 단아하고 자유롭다.

주소 성북구 선잠로5길 68 전화 02-3672-5945 찾아가기 한성대입구역 6번 출구 앞에서 노선버스 1111번, 2112번, 마을버스 성북02번 탑승 홈페이지 www.kilsangsa.or.kr

수연산방

풍경 좋은 한옥 찻집에서 차향을 즐기다

수연산방은 월북 작가 이태준의 가옥에 들어선 찻집이다. 만해 한용운이 북정마을에 심우장을 지었던 1933년, 이태준도 성북동으로 들어왔다. 한옥의 아름다움을 여지없이 보여주는 이곳은 비 오는 날, 눈 오는 날, 맑게 개인 날, 그 어떤 날 찾아가도 좋은 곳이다. 대문 안으로 들어서면 공기가 다르다. 성북동뿐 아니라 다른 곳에서도 찾기 쉽지 않은 아름다운 한옥이다. 정원도 아름답다. 멋진 가구와 예스러운 소품이 가득하다. 깊은 차향을 느끼며 감상하면 더 매혹적인 자그마한 대숲과 손에 잡힐 듯 가까이 다가오는 북악산 풍경은 수연산방이 주는 보너스다. 하지만 지금은 너무 유명해져 해외 관광객까지 찾아든다. 호젓한 멋 때문에 유명해진 곳이 찾아드는 손님으로 호젓함을 잃는 아이러니가 아쉬울 따름이다.

주소 성북구 성북로26길 8
전화 02-764-1736
찾아가기 지하철 4호선 한성대입구역에서 노선버스 1111번, 2112번 탑승 후 동방문화대학원대학교 정류장에서 하차. 또는 마을버스 성북 03번 승차 후 쌍다리 정류장에 하차
추천메뉴 전통한방차, 퓨전과일차
예산 1만원 이상

한국가구박물관

한옥에서 우리 가구 감상하기

한옥 10여 채에 우리 가구를 실제 사용하고 있는 것처럼 전시하고 있는 독특한 박물관이다. 가구와 가구가 놓인 장소가 마치 맞는 존재감과 정체성을 보여주는 까닭에 보통의 박물관과는 달리 전시된 가구에서 감흥이 느껴진다. 궁채, 곳간채, 사대부집, 부엌채에 가구가 전시되어 있는데, 관람을 마치고 나면 우리 가구에 대한 새로운 안목을 확실히 갖게 된다. 궁채는 1970년 창경궁 일부가 헐릴 때 나온 기둥과 기와를 살려 재건축했고, 사대부집은 순종 황후가 살던 집을 그대로 옮겨온 것이다. 곳간채 또한 명성황후의 사촌오빠가 살던 집 곳간을 헐리기 직전 옮겨와 재현해 놓았다. 창덕궁의 불로문과 경복궁의 꽃담도 재현해 놓았다. 마당에는 화강암을 부셔 만든 마사토가 깔려 있는데, 이조차 가구를 더욱 빛내주는 역할을 하고 있어 감동적이다. 멋이란 예나 지금이나 먹고 사는데 도움을 주지는 못하지만, 삶을 더 풍성하고 재미있게 만들어주는 묘한 힘을 갖고 있다.

주소 성북구 대사관로 121 전화 02-745-0181 찾아가기 택시나 자동차 이용. 길상사에서 400m
관람 및 요금 100% 사전 예약제. 해설사와 함께 관람하며 요금은 2만원 홈페이지 http://www.kofum.com

성북동 돼지갈비집 미슐랭 가이드 한국판에 소개된 맛집

45년째 연탄불에 구운 돼지고기를 내오는 유명한 기사식당이다. 미슐랭 가이드 한국판에 소개되기도 했는데, 이는 세계적인 맛집에 별점을 매긴 것이 아니라 여행지 위주의 그린 가이드 형식으로 된 맛집 리스트이다. 한국의 서민 맛집으로 별 세 개를 받았다. 미슐랭 가이드에 소개되기 전부터 성북동에서 '꼭 가봐야 할 맛집' 중 하나로 줄 서서 기다리는 집으로 유명했다. 한 시간을 기다렸다 식사를 했다는 얘기는 예사였고, 줄이 너무 길어 몇 번을 갔다가 그냥 포기했다는 말도 전혀 이상할 게 없었다. 분위기는 45년의 역사가 켜켜이 묻어 있어 올드하다. 맛있는 음식을 내오지만 가격은 착하다. 애초 기사님들의 한 끼 식사를 생각하며 출발한 곳이라 '밥+반찬'이라는 공식에 충실하여, 밑반찬 가짓수도 많고 부족하면 리필도 해준다. 술은 판매하지 않는다.

주소 성북구 성북로 115 전화 02-764-2420 찾아가기 4호선 한성대입구역에서 1111번, 2112번, 마을버스 성북 03번 승차 후 쌍다리 정류장에 하차 영업시간 08:00~22:00(첫째·셋째 일요일 휴무) 메뉴 불고기백반, 떡갈비, 제육볶음 예산 7천원~1만1천

북정마을

서울의
마지막 달동네

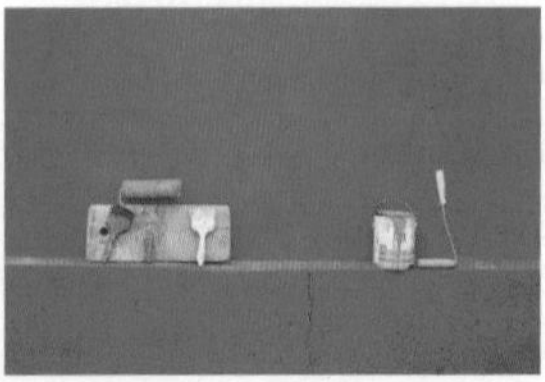

예나 지금이나 가난한 사람들은 어째서 가장 먼저 달이 뜨는 동네에 사는 걸까? 6~70년대엔 서울의 대부분이 북정마을과 같은 분위기였다. 흑백 TV 앞에 앉아 김일의 박치기 레슬링 중계를 기다리던 아이들에게 그 시절 아버지들은 타이밍도 잘 맞춰 꼭 심부름을 시켰다. 아이들은 후다닥 어두운 골목길을 내달렸다. 간혹 넘어져 무릎이 까지기도 했다. 깨진 무릎에 빨간약을 바르며 아이들은 찔끔찔끔 울었다. 무릎이 아파서 우는 건지, 김일의 박치기 장면을 놓친 게 서러워 우는 건지 아무도 묻지 않았지만, 아이들은 그 기억을 가슴에 고이 묻어 두었다. 여전히 아이들은 골목에서 뛰어 놀고 아낙들은 볕 좋은 담 아래 모여 배추를 다듬는다. 북정마을에 오르면 가슴 깊은 곳에 숨어있던 따뜻한 마음이 다시 살아나기 시작한다.

찾아가기 **지하철 4호선 한성대입구역 6번 출구에서 마을버스 성북03번을 타고 '슈퍼앞' 정류장이나 종점 노인정에서 하차. 또는 노선버스 2112, 1111번 탑승 후 명수학교(종점)에서 하차**

북정마을 산책하기

해가 지면, 별이 되는 동네

산꼭대기 마을로 오는 버스가 카메라를 맨 사람들을 심심찮게 내려놓는다. 결핍의 시대를 추억으로 소비하려는 것이라고 쉽게 말해버릴 수도 있지만, 달동네에서 우리가 만나는 건 결핍의 기억뿐 아니라 오래 잊고 있던 사람 냄새이기도 하다. 발꿈치 들면 훤히 보이는 마당에서 아이들은 학원에 가지 않고 소꿉놀이를 한다. 어르신들은 대문을 활짝 열어 골목길까지 마당삼아 자리를 펴고 나물거리를 널어 말린다. 골목을 돌아가면 구슬치기를 하는 사내아이들을 만날 수 있을 것 같다. 해가 지고 골목에 가로등이 하나 둘 켜지기 시작한다. 낮에 마을을 지키던 노인과 아이들은 어느새 사라지고 엄마와 아빠가 불빛과 함께 골목으로 귀환한다. 낮은 지붕의 집들이 하나 둘 차례로 불을 밝히면, 이내 별이 되어 어둔 하늘을 밝힌다. 마음 속 이웃의 원형을 간직한 동네. 골목을 따라 계단을 오르내리면 이웃과 어깨를 부딪치며 살았던 기억이 내 안으로 돌아온다.

심우장

만해 한용운을 만나다

심우장은 한용운 선생이 66세로 입적할 때까지 말년을 보낸 곳이다. 심우장은 불교에서 말하는 '사람의 본성인 소를 찾는 집'이라는 뜻이다. 한용운은 1933년에 이 집을 지었다. 당시 심우장 주변은 소나무 숲이었는데, 지금은 비둘기 집처럼 서민 가옥이 다닥다닥 붙어있다.

"여름에 덥고 빛이 덜 들더라도 총독부와 마주할 수는 없다."

당시 심우장 설계자는 남향으로 터를 잡았다. 그러나 한용운은 설계자를 다그쳐 조선총독부를 등지고 북향으로 집을 지었다. 심우장은 정면 4칸 측면 2칸으로 단출하다. 마당에는 만해가 생전에 직접 심었다는 향나무 한 그루가 높이 자라고 있다. 서재로 쓰던 방 앞에는 함께 독립운동을 했던 서예가 오세창이 쓴 편액이 걸려있다. 부엌 칸을 보고 있노라면 곤궁했을 만해의 말년이 떠오른다. 조선 땅 전체가 감옥이라며 생전에 아궁이에 불을 때지 않았던 그가, 오늘따라 더 그립다.

주소 성북구 성북로29길 24 전화 02-920-3058 관람시간 10:00~18:00

비둘기공원

김광섭의 성북동 비둘기를 떠올리다

심우장 뒤편 언덕으로 향하는 길은 좁고 가파른 계단이다. 골목길이 마을 꼭대기에 닿기 전, 왼편으로 작은 공원 하나가 나온다. 공원이라고 부르기에도 민망한 이 아담한 공터가 '비둘기 공원'이다. 비둘기 한 마리 보이지 않는 공원이지만 벽에는 교과서에서 읽었던 김광섭의 시 〈성북동 비둘기〉가 새겨져 있다.

성북동 산에 번지가 새로 생기면서 / 본래 살던 성북동 비둘기만이 번지가 없어졌다.

시인의 탄식처럼 개발이라는 이름으로 번지를 잃은 사람들은 성북동 언덕 북정마을에 자리를 잡았다. 그들을 따라온 비둘기는 공원 벽에 조각이 되어 앉아 있다. 잘 가꾼 화단이나 음료 자판기 하나 없지만 공원은 초라하지 않다. 서울 최고의 부자들이 사는 동네를 발아래 두고 가진 것 없는 사람들이 어깨를 기대 사는 마을이지만, 공원의 시간은 느긋하게 흐른다. 외지인을 구경하며 늘어지게 하품을 하는 고양이와 함께 잠시 앉아 쉬기 좋다.

북정카페

북적북적 북정마을 사랑방

북정카페는 북정마을 버스 정류장에 있는 동네 사랑방이다. 사람들이 소식을 나누고 정을 쌓는다. 조선시대에 궁중에서 쓸 메주는 대대로 창의문 밖 마을들이 전담했다. 영조 때 북정마을도 일을 나눠 받고 동네가 갑자기 분주해지기 시작했다. 그때 마을이 북적북적하다고 하여 '북적마을'이라 불리다가 북정마을이 되었다. 북정카페는 북정마을의 북적이는 모습을 지금까지 잘 보여주고 있는 공간이다. 매일 매일이 막걸리와 부침개를 나누어 먹는 잔칫날이고, 장기나 윷놀이 덕분에 유쾌하면서도 다정한 시비가 연방 들려온다. 스마트폰만 들여다보며 섬처럼 사는 외지인들에겐 낯설고 설레는 풍경이다. 카페에 옛 사진이 몇 장 걸려있다. 사람들은 옛 모습을 보며 슬며시 추억에 잠긴다. 사람들은 커피를 마시며 누구네 강아지가 새끼를 가졌다는 소소한 소식을 나눈다. 소박한 사람들의 다정한 일상이 그곳에 있다.

키친제이원 술집인 듯 맛집인 듯

성북동에서 버스를 기다리는데 익스테리어가 독특한 가게가 눈에 들어왔다. 아직 문을 열지 않아 벽돌로 만든 벤치에서 앉아 오픈 시간이 되기를 기다렸다가 그날의 첫 손님이 되었다. 분위기도 맛도 만족스러웠다. 와인도 있지만 역시 주종은 맥주다. 국산 생맥주부터 평소 찾기 힘든 외국산 맥주에 이르기까지 풍부한 메뉴를 갖추고 있다. 새로운 맥주를 즐기는 경험도 즐거운 모험이 될 것이다. 맥주도 맥주지만 안주가 꽤 감동적이다. 토마토 홍합 스튜와 명란젓, 바삭 고로케를 강력 추천한다. 평소 즐기는 술을 말하면 손님의 취향을 진단해 주기도 한다. 술로 하는 취향 테스트쯤 되겠다. 오후 5시30분에 문을 연다. 경신중고 입구 정류장 바로 앞에 있다.

주소 성북구 성북로 45-1 전화 02-763-1113
찾아가기 지하철 4호선 한성대입구역 5번 출구에서 도보 500m 영업시간 17:30~01:00(일요일 휴무)
예산 1만원~3만원 페이스북 https://www.facebook.com/j1kitchen

조셉의 커피나무 전망 좋은 유럽풍 카페

성북동 꼭대기에 있어 전망이 더할 나위 없이 아름답다. 날씨가 좋으면 외부 테라스에서 커피를 마시며 주변 풍광을 즐길 수 있다. 널찍한 공간에 아기자기한 소품이 가득해 유럽 여행을 하다 산장이나 카페에 들어간 기분이 든다. 계단과 주차 공간의 정겨운 인테리어에서도 주인의 감각과 손길이 느껴진다. 원두별로 선택해서 핸드드립 커피를 마실 수 있으며, 주인장의 하우스 블랜드 커피도 일품이니 즐겨보기를 바란다. 우리 전통차도 판매한다. 벨기에 와플과 케이크 메뉴를 맛있는 커피와 함께 즐길 수 있고, 또 커피만 주문해도 함께 나오는 달콤한 사이드 간식이 있다. 북정마을을 걷다가 휴식을 취하기도 좋고, 성북동에 드라이브 갔다가 들러 보는 것도 추천한다. 리필도 드립커피로 해준다. 첫 리필은 공짜이고, 두 번째 리필부터는 2000원이 추가된다.

주소 성북구 성북로31길 65 전화 02-741-1060 찾아가기 지하철 4호선 한성대입구역 6번 출구에서 노선버스 1111번, 2112, 마을버스 성북03번을 탑승 후 서울다원학교 정류장에서 하차. 도보로 언덕 따라 6분 이동

이화동

꽃잎 같은 벽화 마을

지하철 4호선 혜화역에서 마로니에 공원을 지나 골목길을 오르면 곧 이화동이다. 숨은 그림을 찾듯 벽화를 찾아 걷다보면 소소한 삶의 풍경이 있는 동네에 금방 매력을 느끼게 될 것이다. 이화동은 조선시대 명망가의 별장이 들어설 정도로 풍광이 멋진 곳이었다. 동네 이름은 중종1488~1544 이전부터 있었던 정자 이화정梨花洞에서 유래했다. 정자 일대는 온통 배 밭이어서 5월이 되면 배꽃이 하얗게 피어 장관을 이루었다. 1970년대에는 동대문 상가에 의류를 납품하던 소규모 봉제공장이 이화동에 자리를 잡았다. 2004년에는 서울시의 공공미술프로젝트로 계단과 벽에 그림이 그려지기 시작했다. 사람들은 이화동의 유명한 벽화 '천사의 날개'를 배경으로 사진 찍으며 행복을 나눈다. 조용조용 걸으며 귀를 기울이면 어느 골목에선가 '드르륵~ 드르륵~' 재봉틀 돌아가는 소리가 들릴 것 같다.

찾아가기 **지하철 4호선 혜화역에서 낙산도성 방향으로 도보 10~15분**

쇳대박물관
독특한 자물쇠 박물관

대학로의 번잡한 구간을 지나면 녹슨 철제 건물이 하나 나온다. 최홍규 관장이 2003년에 개관한 쇳대박물관이다. 이곳은 우리의 옛 자물쇠 및 세계 각국의 독특한 자물쇠를 전시하는 박물관이다. 상설 전시 외에도 다양한 특별전을 진행하고 있으며, '자물쇠 만들기', '목걸이 만들기' 같은 교육 프로그램도 운영하고 있다. 최홍규 관장은 1989년 논현동에 조그마한 철물점에서 시작하여 강남 지역 철물 인테리어를 선도해온 사업가이다. 사업이 안정되자 이화동에 쇳대박물관을 열었다. 그가 이화동에 정착하게 된 이유는 어릴 적 살던 동네의 느낌이 아직도 많이 남아 있기 때문이다. 동네 지킴이를 자처하는 최홍규 관장은 '마을 박물관 프로젝트'로 생기발랄한 동네 만들기에 여념이 없다. 쇳대박물관을 찾아가 최홍규 관장을 만나면 재미있는 그의 이화동 순애보를 들을 수 있다.

주소 종로구 이화장길 100 전화 02-766-6494 찾아가기 혜화역 2번 출구에서 도보 4분 관람시간 10:00~18:00
요금 **일반** 4천원 **어린이 및 청소년** 3천원 주차 가능 홈페이지 www.lockmuseum.co.kr

이화장梨花莊
이승만 전 대통령의 별장

이화장은 옛 이화정 자리에 들어선 건축물로 사적 제497호이다. 정문으로 들어서면 널찍한 마당이 나오고, 왼쪽에는 '우남 리승만 박사상'이 서 있다. 그 뒤에 'ㄷ'자형의 본관이 있고, 오른편으로 'ㄱ'자형의 조각당이 있다. 1947년부터 이 전 대통령이 별장으로 사용했다. 1988년에 '이승만 박사 기념관'으로 개관하였다. 본관에는 역사 자료 및 이승만 전 대통령이 평소에 사용하던 유품이 전시되어 있다. 본관 중앙에는 대청마루가 있고 그 오른쪽에는 접견실과 서재가 있다. 본관과 조각당 주변에는 잘 가꾼 정원이 있어 한가롭게 산책을 즐기기 좋다. 그러나 아쉽게도 2011년 큰 폭우로 피해를 입어 지금은 시설 복구 등의 이유로 개관이 중단된 상태여서 직접 관람을 할 수 없다. 복구를 마치면 이화장의 따스한 봄볕을 다시 느낄 수 있을 것이다.
주소 종로구 이화장1길 32 전화 02-741-0815 찾아가기 혜화역 2번 출구에서 도보 6~7분

이화마루텃밭과 508Shop
지친 몸 쉬어가기 좋은 곳

이화동 계단을 부지런히 오르다 보면 508Shop에 도달하게 된다. 508Shop은 일종의 방문자 쉼터 역할을 하는 슈퍼마켓으로, 맞은편에는 이화마을박물관과 이화마루텃밭이 있다. 달동네 언덕의 작은 구멍가게이지만, 특이하게도 김치전과 막걸리를 맛볼 수 있다. 음식을 주문하면 이화마루텃밭에 있는 평상으로 가져다주는데 지친 몸 쉬어가기에 안성맞춤이다. 텃밭 옆으로 나있는 작은 암문은 성곽 바깥 마을인 창신동으로 통한다. 창신동 쪽에서 올려다보는 서울 성곽의 모습은 높이가 10여 미터에 달해, 성곽 안에서는 느낄 수 없는 웅장함을 맛볼 수 있다. 무더운 여름에 이화동을 찾는다면 508Shop에서 시원한 아이스크림 하나라도 먹고 가기를 추천한다. 계단을 오르며 쌓인 피로가 싹 풀릴 것이다.

주소 종로구 낙산성곽서1길 15
전화 02-745-0508
찾아가기 지하철 4호선 혜화역 2번 출구에서 도보 20분, 1·4호선 동대문역에서 낙산도성 따라 도보 20분
예산 김치전 2천원, 야채전 3천원

낙산 도성길

서울을 조망하기 좋은 전망 명소

낙산은 종로구, 동대문구, 성북구에 걸쳐 있는 산으로 이화동, 동숭동, 창신동, 신설동, 보문동, 삼선동에 걸쳐 있다. 서울 성곽의 동쪽 구간인 혜화문동소문에서 흥인지문동대문까지 3km를 감싸고 있다. 산의 모양이 낙타의 등과 비슷해서 낙타산이라고도 했고, 하늘에서 뚝 떨어져 홀로 있는 모양이라서 낙산이라 불렸다고 전해진다. 서울의 곳곳을 조망하기 좋은 명소로도 꼽힌다.

이화동 계단을 부지런히 올라가 성곽에 도착하면 탁 트인 전망에 감탄이 절로 나온다. 동대문의 빌딩숲을 볼 수 있으며, 계단과 주택이 공존하는 특이한 풍경의 삼선동이 지척이고, 마로니에 공원과 서울대학병원이 훤히 내려다보인다. 새벽녘에 오르면 동망봉 너머로 태양이 떠오르고, 해질녘에 오르면 북악산 위로 펼쳐지는 일몰을 볼 수 있다. 걸어서 오르기가 부담스럽다면 혜화역에서 방송통신대학을 지나서 이화사거리까지 걸어가 마을버스 종로03번 녹색버스를 타면 된다. 동대문, 동묘, 창신동을 지나서 낙산 성곽 정상까지 편안하게 올라갈 수 있다. 한 가지 아쉬운 것은 골목에서 아이들의 재잘대는 소리가 사라졌다는 것이다. 깔깔대며 뛰노는 아이들의 목소리가 담장을 타고 흐르고, 밥 먹으라고 외치는 엄마의 목소리가 쩌렁쩌렁 울리던 시절은 이제 추억일 뿐이다.

©홍천

평창동

경치 좋은 갤러리 동네

평창동은 북한산 자락에 있는 고급 주택가이자 서울에서 손꼽히는 갤러리 거리이다. 조선시대 선혜청의 창고인 평창平倉에서 동네 이름이 유래되었다. 도심에서 조금 비켜있는 까닭에 여유롭게 산책을 즐기거나 갤러리에서 조용히 예술을 감상하기에 제격이다. 분위기가 한적해 '나에게' 집중하기에 좋다. 산자락에 걸린 집들은 그림처럼 아름답고, 골목을 돌 때마다 개성 넘치는 미술관이 나타나 발길을 잡는다. 가나아트센터, 김종영미술관, 키미아트 등 10여 개 미술관이 모여 있다. 건물 자체가 '작품'인 곳이 많다. 키미, 모뜨, 사미루 등 같은 전망 좋은 카페에서 한가로이 쉬었다 갈 수 있다. 앞은 북악산이고 뒤는 북한산이어서 풍경 또한 다 갖고 싶을 만큼 빼어나다. 싱그러운 바람과 산 내음 그리고 가끔씩 들려오는 새소리에 마음이 맑아진다. 자연과 예술이 공존하는 그곳으로 산책을 떠나보자.

찾아가기 **지하철 경복궁역 3번 출구 전방 100m 정류장에서 1020, 1711번 버스 승차 후 롯데아파트 앞에서 하차**

가나아트센터

평창동의 랜드마크 미술관

평창동에 미술관이 많지만 단연 눈길을 끄는 곳은 가나아트센터이다. 한국 미술을 맨 앞에서 이끌어온 멀티갤러리이자 '평창동의 랜드마크'이다. 평창동에 자리를 잡은 게 1998년이니까 어느덧 20년을 헤아린다. 지하 2층, 지상 2층으로 구성되어 있으며, 건물 면적만 90여 평에 이른다. 가나아트센터엔 3개의 전시장과 야외 공연장, 세미나실, 레스토랑 등으로 구성되어 있다. 제1전시관은 작고한 작가들의 작품 세계를 조명하는 상설전시관이다. 2, 3 전시장에선 주로 국내외 유명 작가의 기획전이 열린다. 야외 공연장은 300여 석 규모로 영화 상영, 연극 공연, 패션쇼, 연주회 등 다양한 이벤트가 열리는 다목적 공간이다. 어린이와 일반인을 대상으로 아카데미 강좌도 열고 있다. 1층엔 아트&다이닝 콘셉트의 이탈리아 레스토랑이 있다. 예술 작품과 함께 분위기 있는 식사를 즐길 수 있다.

주소 종로구 평창30길 28 전화 02-720-1020 찾아가기 1711, 1020번 버스 승차 후 롯데아파트 앞 하차. 도보 5분
운영시간 10:00~19:00(연중무휴) 주차 가능

키미아트

편안한 갤러리와 아늑한 카페

2004년 개관한 키미아트는 국내외에서 활동하는 예술가들의 작품 전시와 각종 프로그램을 기획하는 문화 공간이다. 평창동의 완만한 언덕 위 2층 가정집을 리모델링하였다. 1층의 3개의 전시 공간과 2층의 카페 갤러리가 효과적으로 어우러져 있어 매력적이다. 아담한 가정집의 흔적이 남아 있어서 더 좋다. 평창동의 뛰어난 전경이 한눈에 보이는 2층에는 카페와 연결되는 테라스 공간이 있고, 소나무가 우거진 안뜰이 있다. 1층의 전시 공간과 자연스럽게 연결되어 편안한 분위기에서 작품을 감상할 수 있다. 맑은 공기를 마시며 계절마다 새로운 풍경을 감상 할 수 있는 멋진 곳이다. 수제 쿠키 등 계절별 핸드메이드 메뉴와 다양한 유기농 차와 음료를 즐길 수 있다. 따뜻한 커피를 마시고 있으면 정원 있는 집의 주인이 된 기분이 든다.

주소 종로구 평창30길 47 전화 02-394-6441 찾아가기 1711, 1020번 버스 승차 후 롯데아파트 앞 하차. 가나아트센터 지나 200m 직진 운영시간 10:30~19:00(카페는 23:00) 주차 가능

김종영미술관

조각 전문 미술관

우리나라의 대표적인 조각 전문 미술관이다. 한국 현대 조각의 개척자인 '우성 김종영'의 타계 20주년을 기념하여 2002년에 개관하였다. 2010년 기존의 본관 불각재 곁에 신관 사미루를 새롭게 열었다. 불각재는 김종영의 작품 세계를 보여주는 상설 전시관이고, 사미루에서는 김종영 조각상 수상자 전시회 등 한국 조각계의 빛이 되어줄 작가들의 전시회를 개최하고 있다. 자연을 거스르지 않고 조화롭게 자리 잡은 미술관은 건물 자체가 예술 작품이다. 산자락을 따라 높낮이가 다른 지형을 물 흐르듯이 자연스럽게 연계하여 전시 공간을 마련한 점이 신선하다. 카페 사미루는 전면 통유리로 되어 있어서 북한산을 바라보며 느림의 미학을 느낄 수 있다. 비가 오면 미술관 건물 뒤편 계곡물이 폭포가 되어 흐르니 꼭 들러보자.

주소 종로구 평창32길 30 전화 02-3217-6484 찾아가기 1711, 1020번 버스를 타고 평창동 삼성아파트 정류장 하차. 북악정 주차장 골목으로 도보 5분 운영시간 10:00~18:00(11월~2월 17시까지, 월요일 휴관) 입장료 무료

화정박물관

티베트를 느끼자

서울예고 부근에 있다. 한국과 중국, 일본, 티베트의 회화, 불교 회화, 불교 조각, 공예품 등 동양 미술품 전문 박물관이다. 유물과 예술품 9천여 점을 소장하고 있다. 1층은 탕카티베트 불교 회화실을 비롯한 상설 전시실로 꾸며져 있고, 2층과 3층은 재단이 소장품을 공개하는 특별전과 서화류 전시 공간으로 운영하고 있다. 화정박물관이 소장하고 있는 예술품은 대부분 가치가 높지만 특히 티베트 문화 예술품은 국내에서 접하기 힘든 것들이 많다. 티베트 문화에 관한한 국내에서 독보적인 위치를 차지하고 있어서 '한국 속의 작은 티베트'라 불리기도 한다. 박물관의 깔끔한 외관과 야외 정원이 인상적이다. 박석길을 따라 나오면 '4seed'라는 카페가 있다. 정원과 전시를 둘러보고 난 뒤 편안히 식사를 즐기기에 안성맞춤이다.

주소 종로구 평창8길 3 전화 02-2075-0114 찾아가기 1020, 1711, 7211 버스를 타고 화정박물관 정류장 앞 하차
운영시간 10:00~18:00 휴관 매주 월요일, 설과 추석 연휴 입장료 4000원 주차 가능

카페 모뜨 전망 좋은 낭만 카페

서울옥션센터 3층에 있는 카페 모뜨는 평창동 산책에서 빼놓을 수 없는 곳이다. 가나아트센터와 서울옥션센터를 설계한 건축가 빌 모뜨의 이름을 딴 카페다. 사과가 인상적인 윤병락 작가의 그림을 비롯하여 예술 작품이 곳곳에 있고, 테라스 자리에 앉으면 그림보다 더 그림 같은 풍경이 눈 앞에 펼쳐진다. 탁 트인 전망을 자랑하는 테라스에 앉아 산바람을 느끼며 차를 마시면 신선이 따로 없다. 개성 넘치는 조각물이 이국적인 분위기를 한껏 더해준다. 메뉴 가격이 조금 비싼 편이지만 가볍게 커피 한잔의 여유를 즐기기엔 최고의 선택이 될 듯하다. 식사 메뉴로는 브런치부터 파스타, 퐁듀, 해물영양밥 등의 다양한 단품 메뉴와 세트 메뉴가 있다. 제대로 분위기를 내고 싶다면 꼭 들러보자.

주소 종로구 평창30길 24 전화 02-379-6500
찾아가기 1711, 1020번 버스 승차 후 롯데아파트 앞 하차. 도보 5분 거리
예산 8천원~3만원 영업시간 10:00~22:00(주말 10:30~22:00) 주차 가능

4SEED 정원이 있는 오가닉 레스토랑

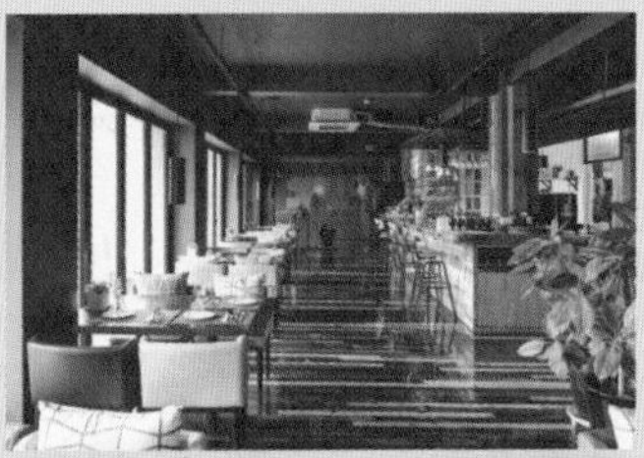

화정박물관에 있는 이탈리안 레스토랑이다. 4seed는 Sweet Enjoy Energy Delicious라는 뜻으로 '힐링'과 '웰빙' 문화를 추구한다. 1층은 브런치 카페, 2층은 오가닉 레스토랑이다. 카페 앞 정원이 싱그럽다. 신선하고 건강한 식재료로 만드는 오가닉 메뉴를 비교적 저렴한 가격에 제공한다. 파스타 같은 단품 메뉴와 합리적인 가격의 런치 세트와 디너 와인 세트 메뉴 등이 있다. 보르곤졸라 피자는 토핑으로 강원도에서 채취한 수리취와 아몬드를 조합시켜 이색적이다. 스테이크는 육즙과 풍미가 만족스럽다. 맛있는 자연식 식사를 하며 바깥 정원을 보고 있으면 기분이 좋아지고 마음이 상쾌해진다.

주소 종로구 평창8길 3 전화 02-396-7187
찾아가기 1020, 1711, 7211 버스를 타고 화정박물관 정류장 앞 하차
예산 4만원~6만원(3인 기준) 영업시간 10:00~22:00(2층 오가닉 레스토랑은 매주 월요일 휴무) 주차 화정박물관 주차장 이용

0914

핫 스트리트 즐기기

홍대 앞과 연남동
가로수길
이태원
경리단길
성수동
부암동
여의도

홍대 앞과 연남동

상상마당부터 연트럴파크까지

홍대입구역 9번 출구는 언제나 들떠 있다. 서울에서 가장 젊고 활기찬 동네이자 외국 여행자들의 필수 관광 코스이다. 하지만 불과 80년대만 해도 홍대 앞은 특별한 곳이 아니었다. 그땐 종각과 신촌, 이대 앞이 젊은이의 거리였다. 기찻길 따라 지어진 판자집 '먹자골목'지금의 주창장길과 걷고 싶은 거리에 사람들이 조금 모일 정도였다. 1984년 지하철 2호선이 개통되면서 사람들이 몰려들기 시작했다. 1990년대의 중반 언더그라운드 클럽 문화와 2000년대의 클럽 데이가 오늘의 홍대 앞을 만들었다. 기차가 다니던 주차장길엔 음식점, 카페, 옷가게, 클럽, 문화공간이 성시를 이루고 있다. 여기에 버스킹과 저글링과 마술 공연, 플리마켓이 더해지면서 활기차고 독특한 문화가 넘치는 곳으로 변했다. 지금은 상권이 상수동, 연남동, 망원동까지 확장되면서 '홍대적인' 분위기를 더 맘껏 즐길 수 있게 되었다.

찾아가기 지하철 2호선·경의중앙선·공항철도 홍대입구역 하차. 지하철 6호선 상수역과 합정역 하차

홍대 앞 서교 365와 주차장길

예전엔 이곳으로 기차가 다녔다

지하철에서 나와 홍익대로 오르는 큰 길을 걷다가 토니모리에서 오른쪽으로 들어서면 폭이 좁은 곱창 골목이 나타난다. 이 골목길과 토니모리 다음 길, 즉 주차장길 사이에는 허름하지만 추억을 불러일으키는 집들이 몰려있다. 서교동 365-2번지에서 365-26번지까지 이어져 있어서 '서교 365'로 불린다. 예전엔 주차장길로 당인리선이라는 기차가 다녔다. 1929년 당인리발전소에 석탄을 나르기 위해 만든 철도로 지금은 지하로 내려간 경의중앙선옛 용산선과 연결되어 있다. 주차장길과 걷고 싶은 거리에 놓여 있던 기찻길에는 석탄뿐만 아니라 여객 기차도 다녔고, 사람들이 타고 내리는 방송소앞역지금의 수노래방 건너편. 근처에 경성방송국 연희송신소가 있었다.과 세교리역도 있었다. 1970년대 중반까지 기차가 다녔고, 80년대 초까지는 기찻길이 있었다.

'서교 365'로 들어서면 낮고 좁고 분위기가 독특한 건물이 다닥다닥 붙어있다. 기찻길 옆 오막살이들이다. 80년대까지만 해도 화가들의 작업실과 작은 음식점이 대부분이었다. 가난한 화가들은 기찻길 옆 음식점에서 배를 채우며 그림을 그렸다. 기차가 다니던 시절엔 건물이 철길를 등지고 있었지만 지금은 반대로 사람이 많이 다니는 옛 철길 방향주차장길을 바라보고 있다. 세월의 변화에 따라 돌아앉은 건물 모습이 재밌다. 옛 건물들은 켜켜이 쌓인 시간을 품은 채 그 자리를 지키고 있다. 철길은 벌써 없어졌지만 건물은 여전히 남아 기찻길 옆 오막살이 이야기를 골목 가득 풀어놓고 있다.

찾아가기 지하철 2호선 홍대입구역 9번 출구에 도보 3분

상상마당
상상이 현실이 되는 곳

KT&G에서 만든 복합문화공간으로 영화관, 라이브홀, 갤러리, 디자인스퀘어, 상상마당 아카데미 등으로 구성되어 있다. 홍대 앞 주차장길을 대표하는 랜드마크이다. 영화관에서는 각종 단편 영화와 예술 영화를 상영한다. 라이브홀은 콘서트와 대학 공연, 독특한 강연이 열린다. 젊은 예술인들의 힘을 느낄 수 있어서 좋다. 디자인스퀘어엔 디자인 관련 다양한 기획 전시를 열고 있으며, 신기하고 다양한 디자인 용품들이 당신의 시선과 지갑을 동시에 노린다. 갤러리는 기발하고 다양한 예술 작품을 전시하고 있어 새로운 미적 감각을 익히기에 그만이다. 상상마당 아카데미에서는 그림책 워크숍, 시나리오 기획 워크숍, 독립 디자인 프로젝트, 인문학, 글쓰기, 영상과 비주얼, 문화 기획 등 다양한 분야의 아카데미를 진행하고 있다.

주소 마포구 어울마당로 65 전화 02-330-6200 찾아가기 지하철 2호선 홍대입구역과 합정역, 지하철 6호선 상수역과 합정역에서 도보 5~8분 영업시간 10:00~23:00 홈페이지 http://www.sangsangmadang.com/

땡스북스
책과 커피를 즐기는 소중한 시간

홍대 앞에서 명성을 쌓아가고 있는 큐레이션 서점 겸 카페이다. 일반 단행본과 매거진 중에서 문화적이고 디자인 감각이 뛰어난 책을 만날 수 있다. 동네 사람들과 더불어 성장하는 동네 서점을 지향하고 있다. 땡스북스의 지향점은 다음과 같은 말에 잘 나타난다. "좋아하는 책을 읽는 기쁨도 크지만, 좋아하는 책을 편안한 공간에서 고르는 기쁨도 크다." 실제로 대형 서점이나 인터넷 서점에서는 경험하지 못하는 편안함, 책의 향기와 공간이 주는 즐거움을 만끽할 수 있다. 작가와의 만남, 북 클럽 행사, 세미나 등 다양한 이벤트를 진행하며 동네 사랑방 역할을 톡톡히 하고 있다. 요즘 속속 등장하는 동네 서점과 독립 서점의 롤 모델 같은 곳이다.

주소 마포구 잔다리로 28 더갤러리 1층 전화 02-325-0321 찾아가기 지하철 2호선 합정역, 6호선 상수역과 합정역에서 도보 5~6분 영업시간 12:00~21:30 홈페이지 www.thanksbooks.com

연트럴파크
낭만이 흐르는 경의선숲길공원

연남동의 연트럴파크는 뉴욕의 센터럴파크에 빗대어 부르는 이름으로 경의선숲길공원이라는 정식 명칭보다 더 많이 불린다. 용산역에서 문산까지 어어지는 경의중앙선은 원래 지상으로 난 철길이었다. 이 가운데 용산에서 연남동 구간이 지하로 내려가자 서울시가 지상 철길을 구간별로 나눠 몇 개의 공원으로 탈바꿈시켰다. 홍대입구역 3번 출구로 나오면 이윽고 연트럴파크이다. 홍대입구역에서 연남교차로까지 이어지는 공원으로 길이는 1.2km, 폭은 20~60m이다. 홍대입구역에서 연남파출소 사이 구간이 제일 인기가 많다. 예전 철로에 사용된 레일을 군데군데 배치하여 옛 추억을 떠올리게 해준다. 공원에는 잔디와 나무를 심었고, 곳곳에 예쁜 벤치와 아기자기한 물길도 만들어 놓았다. 공원 양 옆으로는 아담한 카페와 예쁜 레스토랑, 개성이 넘치는 술집이 어깨를 대고 늘어서 있다.

연트럴파크엔 생기가 넘친다. 산책을 즐기는 사람, 아이와 소풍을 나온 엄마, 맥주 파티를 즐기는 대학생들, 벤치에서 커피를 마시며 담소를 나누는 직장인, 삼삼오오 모여 치킨과 피자, 심지어는 테이크아웃 스테이크를 먹는 젊은이들, 그리고 캐리어를 끌고 다니는 외국 여행객도 심심찮게 만날 수 있다. 연트럴파크는 홍대 앞에서 가장 핫한, 독특하고 낭만이 흐르는 곳이다.

찾아가기 홍대입구역 3번 출구에서 도보 1분 이내

사모님 돈가스 꼭 맛봐야 할 인생 돈가스

상수역 1번 출구에서 좁은 골목을 굽이굽이 돌면 사모님 돈가스가 보인다. 워낙 소문난 맛집이라 입구 오른편 대기판에 이름을 적어두는 것이 필수이다. 메뉴는 사모님 돈가스와 매운 돈가스 그리고 치즈 토핑 매운 돈가스 세 가지이다. 모든 메뉴에 수프와 샐러드를 기본으로 제공한다. 땅콩 소스 샐러드와 고소한 수프로 속을 채우면 곧이어 사모님 돈가스가 등장한다. 칼질을 한 후 숙성시킨 두툼한 고기로 만들어 맛이 쫄깃하고 부드럽다. 토마토 소스에 땅콩 소스를 섞어 내오는 이 집만의 비법 소스도 돈가스 맛을 풍부하게 하는 비결! 매운 돈가스는 자작한 국물과 함께 내오는데 비주얼이 나베나 김치찌개와 흡사하다. 많이 맵다는 점을 기억하자.

주소 마포구 와우산로 39-13 전화 02-337-2207
찾아가기 지하철 6호선 상수역 1번 출구에서 골목길로 도보 2분
영업시간 **점심** 12:00~14:00 **저녁** 17:00~20:20 휴일 일요일
예산 8천5백원~1만2천원

하카다분코 홍대 앞 3대 라멘집

극동방송국 옆에 있는 하다카분코는 라멘과 우동, 그 중에서도 돈코츠라멘을 파는 대표적인 음식점이다. 라멘트럭, 멘야산다이메와 더불어 홍대 앞 3대 라멘집 가운데 하나이다. 돼지 뼈를 오래 고아 국물을 만드는데 그 맛이 일품이다. 진한 국물을 원하면 인라멘을, 조금 더 가벼운 국물을 원하면 청라멘을 주문하면 된다. 대부분 인라멘을 찾는다. 기호에 따라 차슈나 반숙 계란을 추가할 수 있고, 차슈덮밥이나 사리, 공기밥도 있다. 대부분의 라멘집이 그렇지만 개방된 주방에서 라멘을 만든다. 라멘을 만드는 주방장의 손길이 진지하다.

주소 마포구 독막로19길 43 전화 02-338-5536 찾아가기 지하철 6호선 상수역 2번 출구에서 도보 3분
영업시간 **월~토** 11:30~03:00 **일** 11:30~22:30(브레이크타임 14:00~17:00, 토·일·공휴일 제외)

카카오봄 수제 초콜릿과 젤라또 전문점

홍대 앞의 유명한 벨기에 전통 수제 초콜릿 아뜰리에이다. '카카오봄'은 네덜란드어로 초콜릿 나무라는 뜻이다. 각종 감미료와 설탕이 아닌 100% 카카오버터가 함유된 좋은 재료로 초콜릿을 만들어 판다. 가격은 싸지 않지만 건강한 초콜릿을 맛 볼 수 있는 곳이다. 건강한 달콤함에 빠지고 싶은 사람에게 추천한다.

이 집을 꼭 가봐야 할 또 다른 이유는, 바로 젤라또 아이스크림이다. 이름하여 '악마 같은 초콜릿!' 젤라또를 한 입 떠먹는 순간 입가에 미소가 절로 번진다. 달지도 않고 약간 쌉싸름하면서도 계속 먹고 싶어지는 마성의 맛이다. 이 외에 부드러운 초콜릿 카푸치노와 카카오빙수의 맛도 즐겁다.

주소 마포구 서교동 337-16 전화 02-3141-4663
찾아가기 홍대입구역 6·7·8번 출구에서 도보 4~6분
영업시간 11:00~22:00

바라티에 심야식당 같은 아담한 선술집

일본의 이름난 애니메이션 <원피스>에 나오는 해상 레스토랑 바라티에Baratie에서 이름을 따온 연남동의 작은 선술집이다. 파스타를 대표 메뉴로 하고 있지만 이 집은 식당 이름처럼 도심 속의 해상 선술집을 추구한다. 와인이나 맥주뿐만 아니라 소주도 팔아서 '파스타와 함께 소주를 마시는 선술집'으로 많이 알려져 있다. 오픈 주방과 연결된 바와 몇 개 안 되는 나무 테이블이 낭만 깊은 선술집 분위기를 연출해준다. 파스타 외에 해산물 수프 부야베스, 헝가리식 스튜 굴라쉬, 절인 올리브의 인기도 좋다. 연트럴파크 중간 지점에 있는 아이캐처 안경점에서 주택가 골목으로 조금 들어가면 나온다. 저녁 6시에서 새벽 2시까지 문을 열며, 예약은 받지 않는다.

주소 마포구 연희로1길 23 전화 010-2631-2352
찾아가기 홍대입구역 3번 출구에서 도보 4분

서대문양꼬치 유명한 중국식 양꼬치

연남동 기사식당 거리에 있는 유명한 양꼬치 음식점이다. 방송에 많이 나오면서 요즘엔 더 유명해졌다. 양꼬치구이, 염통구이 등 메뉴가 40~50가지나 되어 선택의 폭이 넓다. 옥수수면, 중국 전통 자장면 등 서울에서 맛보기 힘들었던 면 음식도 갖추고 있다. 꼬치와 면류 외 메뉴도 많은데 매운 돼지 쪽갈비, 매운 양고기 전골은 소주 안주로 그만이다. 중국 전통주와 중국 맥주도 다양하게 갖추고 있다. 저녁이 되면 식당 안은 늘 만원이다. 중국 동포나 여행을 온 중국인들도 심심찮게 볼 수 있다. 동교동 대명아파트 근처에 있다. 홍대입구역 3번 출구에서 연트럴파크를 따라 아래로 내려가다 연남파출소 건너편 동교로로 진입하여 2~3분쯤 걸어가면 된다.

주소 마포구 동교로 249 전화 02-336-8885 찾아가기 홍대입구역 3번 출구에서 도보 6분

동진시장 플리마켓과 주변 맛집

연남동에 있는 작은 재래시장이다. 금요일마다 야시장이, 토요일엔 오전 11시부터 오후 6시까지 7일장 플리마켓이 열린다. 시골의 전통적인 재래시장엔 5일마다 장이 서지만, 이곳은 도시 생활 패턴에 맞추어 주말마다 플리마켓이 열리는 것이다. 이 지역에 사는 주민과 예술가들이 만든 수공예품과 도시 농부들이 재배한 농작물, 다양한 먹을거리를 판매한다.

동진시장의 또 다른 매력은 주변에 맛있고 개성 넘치는 맛집이 많다는 점이다. 히메지는 분위기가 아늑한 카레 전문점이다. 시실리는 선술집 분위기가 물씬 풍기는 실내 포장마차이다. 시실리는 시간을 잃어버린 마을이라는 뜻으로, 상호의 의미를 알고 나면 술맛이 더 깊어진다. 핸드드립 커피 전문점 이심, 당근 케이크가 유명한 실론살롱, 타코 맛집 베무쵸칸티나도 많이 찾는다. 책방 피노키오와 독립 출판 서점 인디북스도 기억해두자. 주소 마포구 성미산로 198 찾아가기 홍대입구역 3번 출구에서 연희로 따라 도보 6분

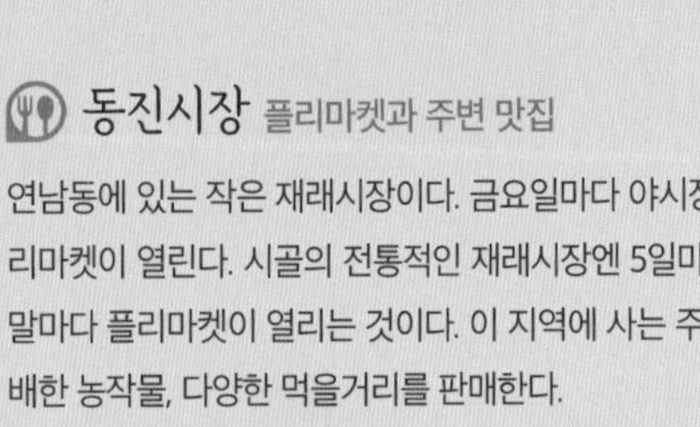

©동진시장

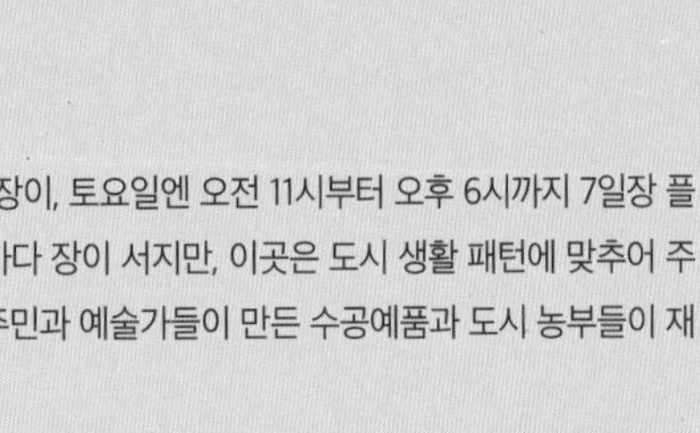
©동진시장

필로커피 연트럴파크의 시그니처 커피 전문점

연남동 경의선철길공원의 푸하하크림빵 골목에 있다. 국내 유일의 숙성 드립커피 전문점이다. 약볶음 원두를 쓰기 때문에 커피 맛이 쓰지 않고 카페인도 적으며 품종의 개성을 더 잘 살릴 수 있다. 3일간 저온 숙성시킨 커피는 비단처럼 부드럽고 깔끔한 맛을 내며 숙성과정에서 생기는 스모키한 향미가 커피에 개성을 더해준다.

필로커피의 또 다른 인기 메뉴는 캔디카페시럽과 이 시럽으로 만든 음료 캔디카페오레다. 직접 핸드 드립한 커피 원액과 설탕만으로 만드는 캔디카페시럽은 깊고 진한 커피 맛에 사탕 같은 달콤함이 더해져 많은 고정 팬을 확보하고 있다. 다른 첨가물이 전혀 들어가지 않았음에도 캬라멜, 계피, 호두 등 다양한 풍미를 내는 오묘한 시럽의 비밀은 무엇일까, 궁금해진다. 캔디카페시럽은 병입하여 판매한다.

시그니처 커피만 파는 전문점답게 레모네이드마저도 새롭다. 카페레모네이드라고 하는 이 음료는 숙성시킨 진한 드립 커피와 상큼한 레모네이드가 만나 전혀 새로운 맛의 상승작용을 만들어낸다. 커피를 마시며 가게 한 쪽 벽을 가득 채운 젊은 주인의 그림을 감상할 수 있는 점은 필로커피에서 경험할 수 있는 또 하나의 즐거움이다. 로스팅한 커피 원두도 구입할 수 있다.

주소 마포구 양화로19길22-20
전화 02-333-7002
찾아가기 홍대입구역 3번 출구에서 도보 1분
영업시간 **화~목** 12:00~22:00 **금** 12:00~23:00 **토** 13:00~23:00 **일** 13:00~22:00 휴무 월요일
추천 메뉴 숙성 핸드드립커피, 캔디카페오레, 카페레모네이드
예산 4천원~6천원

가로수길

최신 트렌드가 넘치는 거리

가로수길은 TBWA 건물J타워에서 신사동주민센터에서 이르는 655m 2차선 도로 구간이다. 80년대 초 화랑이 들어서기 시작하면서 문화적인 이미지를 구축하기 시작했다. 사진가들이 스튜디오를 오픈하고, 유학파 디자이너들이 숍이나 작업실을 내면서, 가로수길은 문화와 패션이 공존하는 거리로 변모했다. 도로 양측에는 은행나무가 촘촘히 어깨를 맞대고 있고, 3~4층 건물이 옹기종기 들어서 있다. 패션과 뷰티 숍, 편집 숍, 국내외 유명 브랜드와 SPA 매장, 가구 및 디자인 관련 매장, 카페, 레스토랑이 한국의 최신 유행을 선도하고 있다. 폭발적으로 상권이 늘어나 최근엔 가로수길 옆으로 세로수길이 형성되었다. 감각적인 최신 트렌드와 독특한 문화를 향유하려는 젊은이와 해외 여행객들이 오늘도 가로수길로 향하고 있다.

찾아가기 **지하철 3호선 신사역 8번 출구로 나와 J타워까지 300m 직진**

시몬느 핸드백 박물관

세계 핸드백의 모든 것

핸드백 전문 제조 업체 시몬느가 설립한 세계 최초의 핸드백 박물관이다. 박물관이 자리한 복합 테마 공간 '백스테이지'는 지상 5층, 지하 4층 규모의 건물로 핸드백의 오랜 역사부터 가방 브랜드 매장과 D.I.Y 클래스, 핸드백 소재 시장까지 이곳에서 모두 체험할 수 있다. 1층과 2층은 브랜드 매장과 멀티숍이고, 3층과 4층이 시몬느 핸드백 박물관이다.

시몬느는 박물관을 준비하면서 패션의 역사를 기록하는데 높은 가치를 지닌 300여 점의 핸드백을 수집했다. 16세기부터 21세기에 이르는 핸드백을 모두 관람할 수 있는데 3층은 20세기부터 현재까지의 핸드백을 보여주는 현대관, 4층은 16세기부터 19세기에 이르는 고풍스러운 핸드백 유물을 소개하는 역사관이다. 맞춤 제작된 각각의 마네킹은 핸드백과 함께 시대별 특징을 잘 보여준다. 시몬느의 컬렉션은 패션 역사에 획을 그은 핸드백을 대부분 보유하고 있다. 지하1층에는 뮤지엄숍과 카페를 운영 중이며, 지하 2층은 갤러리 및 팝업스토어, 지하 3층과 4층에는 핸드백 제작 과정을 구경할 수 있는 공방과 그동안 시몬느가 개발한 500여 종류의 가죽을 선보이는 전시관이 있다. 600년 세계 핸드백의 모든 것을 모아 놓은 곳. 시몬느 핸드백 박물관은 가로수길의 문화 이미지를 가장 잘 담고 있는 테마 박물관이다.

주소 강남구 도산대로13길 17 전화 02-3444-0912 찾아가기 J타워에서 걸어서 2분

관람시간 **화~토** 10:00~19:00 **일** 11:00~19:00 휴관 월요일 입장료 5천원 홈페이지 www.simonehandbagmuseum.co.kr

©시몬느 핸드백 박물관

©시몬느 핸드백 박물관

©시몬느 핸드백 박물관

까사미아 플래그십스토어
가구에서 생활 소품까지

870평 규모의 초대형 인테리어 멀티플레이스이다. 까사미아 압구정점은 까사미아 매장 가운데 최대 규모로, 다양하고 풍요로운 라이프 스타일을 선보이고 있다. 가구, 침구, 생활 소품 등 다양한 제품을 원스톱으로 편리하게 쇼핑할 수 있도록 꾸며 놓았다. 건물은 이스트EAST관과 웨스트WEST관으로 나뉘어져 있다. 동관은 프리미엄 혼수 가구 전문관이다. 지하 1층에는 모든 가구를 직접 체험해 볼 수 있는 쇼룸이 마련되어 있다. 지상 1~2층은 베드룸, 3층은 싱글룸, 4층은 키즈 구역으로 실제처럼 꾸며놓아 매장을 둘러보는 것만으로도 즐거워진다. 서관은 라이프스타일 소품 전문관이다. 지하 1층부터 지상 2층까지 생활 소품, 리빙 용품, 욕실 용품 등이 테마별, 콘셉트별로 나뉘어져 있어 효율적으로 쇼핑을 즐길 수 있다.

주소 강남구 압구정로 102 전화 02-516-9408 찾아가기 신사역 8번 출구에서 도보 3분 영업시간 10:30~20:00
주차 살림매장 주차장 이용 가능

어라운드 더 코너 Around the corner
패션 피플을 위한 모든 것

어라운드 더 코너는 LF에서 운영하는 패션 편집 숍이다. 일반적인 편집 숍의 개념을 넘어 젊은 디자이너를 발굴하고 다양한 패션 감성과 라이프스타일을 공유하는 공간으로 사랑받고 있다. 매장은 지하 1층부터 지상 2층까지이며, 신진 디자이너의 의류와 가방, 액세서리, 신발 등의 패션 제품뿐만 아니라 뷰티, 리빙 관련 소품까지 아우르고 있다. 게다가 가격도 합리적이고, 스타일은 모두 유니크하다. 매장에 들어서면 제일 먼저 의류와 슈즈가 눈길을 끈다. 자유로운 분위기 속에서 구경하고 입어보고 구매 할 수 있다. 패션 아이템들 사이에 예쁘게 진열된 소이캔들과 뷰티 제품, 액세서리가 구매 욕구를 더욱 자극한다. 1층 매장 한쪽에는 아이스크림 가게 '스위트몬스터'가 자리를 잡고 있는데, 자유롭고 다양성을 존중하는 매장 콘셉트를 잘 보여주고 있다.

주소 강남구 압구정로12길 24 전화 02-545-5325 찾아가기 J타워에서 걸어서 4분
영업시간 11:00~21:00 금·토 11:00~22:00 주차 불가

배드파머스 슈퍼 푸드로 만드는 샐러드

SNS에서 심심치 않게 해시태그Hash Tag가 걸려 있거나 요리 사진이 올라오는 가게이다. '가로수길의 빨간 집'이라 불리는 샐러드 전문 웰빙 식당이다. TV 프로그램에도 소개되어 많은 사람들이 찾고 있으며 연예인 단골도 꽤 많다. 메인 스트리트에서 약간 벗어난 곳에 위치해 있어 아지트 같은 느낌이 든다. 배드파머스는 로우푸드생채조리법, raw food 조리법으로 다양한 영양소와 섬유질을 파괴하지 않는 건강한 음식을 제공한다. 몸에 좋은 귀리, 퀴노아, 케일 등 슈퍼 푸드를 첨가한 샐러드는 웰빙 식단을 추구하는 사람들에게 인기가 많다. 샐러드로 배가 부를까 싶지만 배드파머스 샐러드 한 그릇은 든든한 한 끼로 충분하다. 인기 메뉴는 단연 클렌즈 주스이다. 100% 과일 채소 착즙 주스로 식이섬유가 풍부해 변비나 다이어트, 소화 촉진에 좋다. 온라인 스토어www.badfarmers.com도 있다.

주소 강남구 압구정로4길 31 전화 02-515-8400 찾아가기 J타워에서 걸어서 4분 영업시간 11:00~21:00(연중무휴)
주차 가능(유료, 발레 파킹) 예산 7천원~1만2천원

도레도레 사랑해! 무지개 케이크!

알록달록한 무지개 케이크로 유명한 디저트 카페이다. 도레도레DORE DORE는 '금빛의'라는 뜻을 가진 프랑스어로, 우리의 삶이 황금빛 따사로움으로 채워지길 바라는 마음을 담고 있다. 전국에 20여 개가 넘는 매장이 있다. 지하 1층부터 3층까지 한 건물 전체를 매장으로 이용해 테이블은 넉넉하지만, 그만큼 찾는 손님도 많다. 넓은 창으로 햇빛이 가득 들어 포근한 분위기를 자아내며, 빈티지한 인테리어가 달달한 케이크와 오묘하게 잘 어울린다. '고마워 케이크', '사랑해 케이크', '행복해 케이크' 등 아기자기하게 붙여진 케이크 이름이 더욱 먹어보고 싶게 만든다. 가장 유명한 케이크는 무지개 빛 케이크 시트 위에 생크림을 바른 '소중해 케이크'와 크림치즈가 겹겹이 발라져있는 '기분 좋아 케이크'이다. 딸기 케이크, 초코 케이크, 당근 케이크도 인기가 좋다.

주소 강남구 도산대로15길 40
전화 02-540-4553 찾아가기 J타워에서 걸어서 4분
이용시간 10:00~23:00 주차 발레 파킹 가능 예산 6천원~1만원

이태원

이국 분위기 물씬 나는 글로벌 타운

이태원은 조선시대의 역원驛院 이태원梨泰院에서 유래되었다. 한국전쟁 이후 용산에 미군기지가 들어서면서 자연스럽게 외국 문화의 중심지로 자리를 잡았다. 외국 상품, 외국 음식, 외국 문화가 집결되어 있고, 세계 각국에서 온 외국인과 여행자, 그리고 영어·일본어·중국어 간판이 이국적인 분위기를 더해준다. 로데오 쇼핑 거리, 세계 음식 거리, 앤틱 가구 거리, 문화의 거리는 늘 활력이 넘친다. 매년 10월 두 번째 주에는 이태원 지구촌 축제가 열린다. 남의 나라 군대에 의지해야 하는 우리의 슬픈 역사가 스민 곳이지만, 그래도 다문화가 공존하며 빚어내는 분위기는 색다르고 매력적이다.

찾아가기 **지하철 6호선 한강진역 또는 이태원역 하차**

주소 용산구 이태원로 294 전화 1544-1591, 1544-1555 찾아가기 지하철 6호선 한강진역 2번 출구에서 1분 이내 예매 인터넷 http://ticket.interpark.com 주차 유료
홈페이지 www.bluesquare.kr

블루스퀘어 Blue Square
뮤지컬과 콘서트 공연장

지하철 6호선 한강진역에 위치한 종합 공연장이다. 지하 4층, 지상 4층의 국내 최대 뮤지컬과 콘서트 전용 공연장이다. 2011년 11월에 개관하였다. 파란색 직사각형 건물이 퍽 인상적이다. 1천700석 규모의 뮤지컬 전용 공연장과 좌석 1천400석에 스탠딩까지 3천명을 수용할 수 있는 대중음악 콘서트홀을 갖추고 있다. 부대시설로 카페와 꽃집, 이탈리아 레스토랑, 뮤지컬 전문 숍 드레스 서클Dress Circle, 뮤지컬 공연장 2층 객석을 드레스 서클이라 부른다.이 있다. 드레스 서클은 1978년 영국 런던의 웨스트엔드West End, 뮤지컬의 본향에 설립된 세계에서 가장 오래된 뮤지컬 전문 숍이다. 드레스 서클의 최초 해외 분점이다. 국내 뮤지컬뿐 아니라 브로드웨이나 웨스트엔드의 인기 뮤지컬 대본과 악보, CD, DVD 같은 기념품과 뮤지컬 공연 관련 전시까지 한 자리에서 만나볼 수 있다. 뮤지컬 마니아에겐 최고 놀이터이다.

포스트 포에틱스 Post Poetics
감성을 자극하는 신선한 서점

포스트 포에틱스는 예술과 디자인 전문 서점이다. 최근 지하 3층에 매장을 새롭게 리뉴얼하였다. 예술 서적을 수입하고 유통, 판매하는 곳으로, 다양한 해외 아트북과 디자인 분야 전문 서적을 취급하고 있다. 국내 대형 서점에서 찾기 힘든 해외 서적이 대부분이다. 장르의 경계를 허물어 세계 각지에서 발간되는 독립 잡지나 소장 가치가 높은 디자인 서적을 만나볼 수 있다. 포스트 포에틱스는 서점이지만 안락함까지 갖춘 매력적인 공간이어서 머리를 식힐 수 있는 휴식처로 사랑받고 있다. 누구나 편안히 책을 구경하며 창조적인 영감을 얻을 수 있다. 책뿐만 아니라 잡지, 음반, 토트 백tote bag, 문구류 및 브랜드 디자인 제품 등 다양한 품목을 판매한다. 온라인 쇼핑몰도 있으며, 종종 세일도 한다.

주소 용산구 이태원로 240 전화 02-322-7023
찾아가기 지하철 6호선 한강진역 3번 출구에서 4분, 이태원역 3번 출구에서 5분 이용시간 월~토 13:00~20:00(일요일 휴무)
주차 불가 홈페이지 http://postpoetics.kr(온라인 쇼핑몰)

리움 Leeum

건축 자체가 작품인 미술관

한남동 남산 자락에 들어선 국내에서 손꼽히는 미술관이다. 2004년 삼성문화재단이 설립했다. 설립자의 성姓인 'Lee'와 미술관을 뜻하는 Museum의 어미 'um'을 합성하여 리움이라 이름 지었다. 상설전시관 Museum1과 Museum2, 기획전시관인 삼성아동교육문화센터로 구성되어 있고, 각각의 건물은 세계적인 건축가 마리오 보타Mario Botta, 장 누벨Jean Nouvel, 렘 쿨하스Rem Koolhass가 설계하여 큰 화제를 불러 모았다. 독특한 디자인이라 건물 자체가 하나의 예술작품으로 평가 받고 있다. Museum1에는 한국의 고미술품이 전시되어 있고, Museum 2에는 한국과 외국의 근현대 미술품이 전시되어 있다. 삼성아동교육문화센터엔 어린이 창의 교육 시설이 있으며, 다양한 기획 전시도 이루어지고 있다. 한국과 세계의 최고 미술품을 관람할 수 있는 보기 드문 미술관이다.

주소 용산구 이태원로55길 60-16 전화 02-2014-6900
찾아가기 지하철 6호선 한강진역 1번 출구에서 3분
관람시간 10:30~18:00(매표 마감 17:30) 휴관 월요일, 1월1일, 설·추석 연휴
요금 일반 1만원, 청소년 6천원 주차 가능

페이퍼 뮤즈 Paper Muse
패션 매거진 전문 서점

페이퍼 뮤즈는 '잡지는 영감을 주는 뮤즈'라는 콘셉트로 탄생한 국내 유일의 패션 잡지 전문 서점이다. 한남동 조용한 골목에 위치하고 있으며, 베이지 톤의 외관부터 편안한 분위기를 연출한다. 다양한 잡지로 꾸며진 가게 내부가 통 유리창을 통해 훤히 들여다보이며, 문을 열고 들어서면 벽면 가득 채워진 다채로운 잡지 커버에 눈길을 빼앗기고 만다. 세계의 패션 전문 매거진과 국내외의 수준 높은 매거진을 한 자리에서 만나볼 수 있다. 마음에 드는 잡지를 골라 읽다보면 가게를 나오기가 쉽지 않다. 특별히 찾는 잡지가 있다면 주인에게 도움을 청하면 된다. 해외 잡지는 온라인으로도 구매가 가능하지만, 국내 잡지는 오프라인 매장에서만 판매하고 있다. 새로운 감성을 찾고 싶은 이에게 추천하고 싶다.

주소 용산구 대사관로 5길 25 전화 02-6406-6818(14:00~19:00)
찾아가기 지하철 6호선 한강진역 3번 출구에서 5분, 이태원역 3번 출구에서 5분 이용시간 12:00~20:00 **토요일** 12:00~18:00(일요일 휴무) 주차 불가 홈페이지 http://papermuse.kr

한국이슬람교 서울중앙성원
이태원에서 만나는 이슬람

한국 최초이자 최대 이슬람 사원이다. 한국 정부에서 토지를 기부하고 세계 이슬람교 국가들의 건축 및 운영 경비 지원으로 1976년 5월 개원하였다. 사원의 입구는 푸른색 타일로 장식되어 있어 마치 동화 속 성채를 보고 있는 기분이 든다. 안으로 들어가면 이국적인 건축물 '마스지드'성원와 하늘 높이 솟은 첨탑이 눈에 들어온다. 무슬림은 이곳에서 매일 다섯 차례의 예배를 올린다. 2층과 3층에는 남자 예배실과 여자 예배실이 있다. 부속 건물에는 무슬림 학교와 이슬람 문화 연구소 등이 있다. 이슬람 성원은 종교 공간이므로 민소매나 짧은 치마, 반바지를 입고는 출입 할 수 없다. 복장이 적합하지 않을 때에는 관리실에서 긴치마를 대여해주기도 한다. 예배 시간에는 촬영 등 예배에 방해되는 행동을 하지 않도록 주의하자.

주소 용산구 우사단로10길 39 전화 02-793-6908 찾아가기 지하철 6호선 이태원역 3번 출구에서 4~5분 주차 유료

이태원시장 Itaewon Market

꼭꼭 숨은 이태원의 보물창고

이태원시장은 아는 사람은 알고 모르는 사람은 모르는 보물창고 같은 곳이다. 그도 그럴 것이, 이태원의 서쪽 끝 큰길가 안쪽에 꼭꼭 숨어 있는 까닭이다. 남대문시장처럼 갖은 물건을 다 판매한다. 의류는 물론 가방을 비롯한 패션 잡화와 액세서리, 란제리, 아동 용품까지 그야말로 없는 게 없다. 이태원시장은 질 좋은 캐주얼 의류를 구매하기에 좋다. 최신 스타일부터 유행을 덜 타는 의류까지 골고루 갖추어져 있다. 동대문시장보다 가격도 저렴하다. 단점이라면 명품 카피 제품도 종종 볼 수 있다는 것인데, 가짜 상표에 현혹되기보다는 품질을 기준으로 구매하면 후회하지 않을 것이다. 이태원시장의 또 다른 장점은 한국 전통 기념품이나 수입품, 외국인을 위한 빅 사이즈 의류와 신발 등을 많이 취급한다는 것이다. 현금 구매 시 신용카드 구매보다 조금 더 싸게 구입할 수 있다.

주소 용산구 이태원로14길 6 전화 02-794-5682 찾아가기 지하철 6호선 이태원역 4번 출구에서 4분
이용시간 09:30~20:30(화요일 휴무) 주차 공영주차장 이용 가능, 유료

안도 ANDO 테라스가 멋진 카페

지하철 6호선 이태원역 3번 출구에서 직진하다 제일기획에 다다르기 직전 오른쪽 골목에 있다. 가파른 계단을 올라가면 야외 테라스가 멋진 카페 겸 레스토랑 안도ANDO가 나온다. 정원처럼 예쁘게 꾸며 놓은 야외 테라스와 넓고 고풍스러운 실내에 테이블이 놓여 있다. 빈티지한 가구와 소품들을 구경하는 재미도 쏠쏠하고, 재즈풍 음악이 분위기를 특별하게 해준다. 커피, 음료, 주류, 가벼운 식사 메뉴가 있다. 피자와 파스타를 안주 삼아 가볍게 맥주를 즐기기에 좋다. 친구와 방문해도 좋고 혼자 여유롭게 시간을 보내기에도 안성맞춤이다. 연인과 데이트하기에도 좋은 곳이다. 연인과 함께라면 로맨틱한 분위기가 흐르는 저녁 시간에 방문할 것을 추천한다.

주소 용산구 이태원로 216 전화 02-749-0619 찾아가기 이태원역 3번 출구에서 제일기획 방향으로 3분
영업시간 12:00~02:00(월요일 휴무) 예산 8천원~2만원 주차 불가

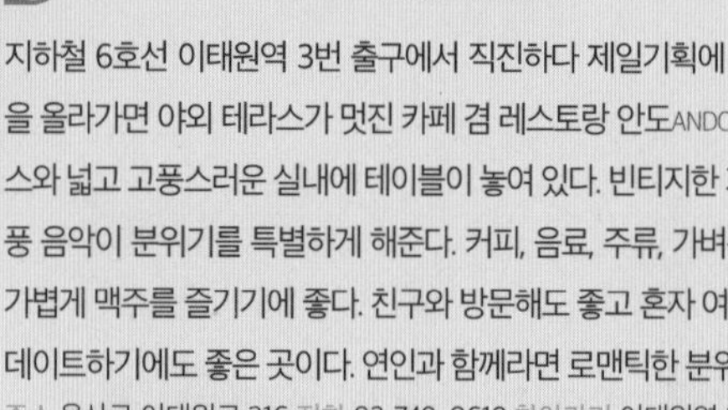

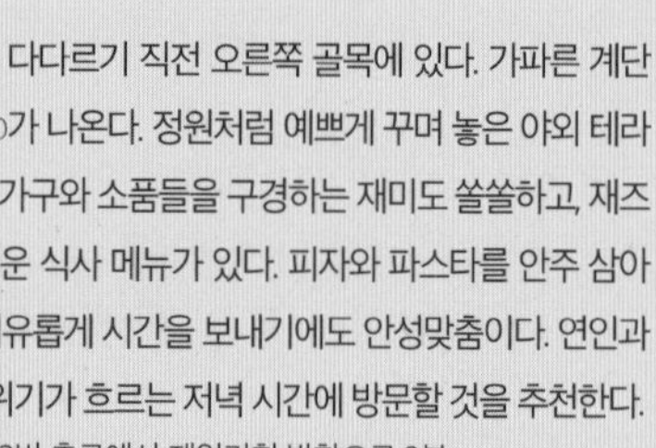

산토리니 Santorini 지중해 요리를 맛보다

해밀톤호텔 뒷골목에 있는 아담한 레스토랑이다. 지중해를 연상시키는 흰색과 파란색 인테리어가 인상적이다. 현지 셰프를 영입하여 그리스 본연의 맛을 선보이고 있다. 메뉴는 해산물과 채소, 과일을 사용한 요리가 대부분이다. 베스트 메뉴는 '그릭 샐러드'이다. 아삭한 채소 위에 페타 치즈를 듬뿍 얹은 음식으로 맛이 고소하고 신선하다. 메인 메뉴 중에서는 무사까와 기로스, 수블라끼의 인기가 좋다. 그리스 가정식인 무사까는 달걀, 치즈, 토마토, 감자, 가지, 쇠고기 간 것을 층층이 쌓아 그릴에 구운 요리로 맛이 담백하다. 꼬치 요리 수블라끼는 돼지고기와 닭고기 중에서 선택할 수 있다. 기로스는 겹겹이 쌓아 구운 고기를 삐따브레드에 싸먹는 그리스식 샌드위치이다. 그리스인이 주식처럼 즐긴다는 디저트 짜지끼도 있다. 우유를 농축 발효시킨 그리스식 요구르트이다. 새콤해서 빵에 발라먹으면 맛이 좋다.

주소 용산구 이태원로27가길 43 전화 02-790-3474 찾아가기 이태원역 1번 출구에서 2분 이용시간 12:00~22:00(연중무휴) 예산 7천원~2만2천원 주차 불가

더글램핑 The Glamping 캠핑 즐기며 식사하기

글램핑Glamping이란 화려하다는 뜻을 가진 'Glamorous'와 캠핑이나 야영을 의미하는 'Camping'을 조합한 신조어이다. 더글램핑은 캠핑을 콘셉트로 하는 레스토랑이다. 세 층을 통째로 매장으로 사용하고 있으며 층마다 분위기가 다르게 꾸며 놓았다. 1층은 편안하고 여유롭게 꾸몄다. 2층은 인조 잔디가 깔려 있고, 미니 풀장 앞에 조리 과정을 직접 볼 수 있도록 오픈 라이브 키친을 꾸며 놓았다. 캠핑 체어와 웨버 그릴 같은 소품을 들여 놓아 글램핑 분위기가 나며 파티 장소로 활용하기에 좋다. 3층은 실내 바bar와 야외 테라스, 글램핑 텐트가 있어서 캠핑장 분위기가 물씬 풍긴다. 텐트는2만원을 추가해야 사용이 가능하다. 야자수가 있는 야외 테라스는 이용 시간이 3시간으로 정해져 있다. 탁 트인 이태원 전망과 야경을 만끽하면서 아웃도어 파티를 즐길 수 있다. 해밀톤호텔 뒷골목에 2호점이 있다.

주소 용산구 이태원로17길 7-3 전화 02-792-3189 영업시간 **월~목** 16:00~00:00 **금** 16:00~02:00 **토** 12:00~02:00 **일** 12:00~00:00 예산 2~4만원 주차 공영주차장 이용 가능, 유료

경리단길

하루쯤 미식 산책

지하철 6호선 녹사평역 2번 출구로 나와 담장길을 따라 걷다 보면 지하도가 나온다. 지하도를 지나 반대편 도로로 올라가면 그곳에서 '경리단길'이 시작된다. 육군중앙경리단부터 남산 하얏트호텔까지 길게 이어진 언덕길인데, 이름은 육군중앙경리단지금의 국군재정관리단에서 유래했다. 공식적인 이름은 회나무길이다. 몇 년 전만 해도 남산길과 이태원 사이에 자리한 작고 조용한 동네였으나 상인들이 임대료 높은 이태원을 떠나 하나 둘 이곳에 자리를 틀면서 지금의 모습을 갖추게 되었다. 경리단길은 이국적인 음식 덕에 유명해졌다. 태국, 그리스, 멕시코, 인도, 일본 등에서 날아온 외국 음식점 덕분에 독특하고 개성 넘치는 곳이 되었다. 뒤이어 디저트 가게와 소품 가게들이 둥지를 틀자 경리단길은 더욱 매력적인 공간이 되었다. 음식 문화를 주도하는 경리단길로 미식 산책을 떠나자.

찾아가기 **지하철 6호선 녹사평역 2번 출구에서 도보 4~5분**

미술소품美术小品

추억을 불러일으키는 빈티지 소품

미술소품은 주인이 직접 수집한 빈티지 소품을 판매하는 데코레이션 마켓Decoration Market이다. 가게에서 나오는 주황색 조명 덕에 주변에 몽환적인 분위기가 흐른다. 가게가 크진 않지만 다채로운 분위기로 꾸며져 있어 구경하는 재미가 있다. 가게 안은 하와이안 꽃 장식부터 오래된 장난감과 액세서리까지, 각양각색의 물건과 여러 가지 핸드메이드 제품이 가득하다. 워낙 귀여운 소품들이라 구매 욕구를 불러일으킨다. 아기자기한 추억의 장난감, 해피밀과 코카콜라 같은 스페셜 에디션, 데코레이션 조명과 플라밍고홍학 장식 그리고 귀여운 플라스틱 식기류까지, 다양한 소품들을 보고 있으면 이곳이 보물창고 같다는 생각이 든다. 내 방에 채워두고 싶은 소품이 가득한, 어른들의 장난감 가게 같은 곳이다.

주소 용산구 회나무로13가길 3-2 전화 010-9339-6409
찾아가기 지하철 6호선 녹사평역 2번 출구에서 도보 5분 이용시간 11:00~21:00(월요일 휴무) 주차 불가

레코드 이슈

LP 음악과 함께 커피를

오래된 LP 음악을 들을 수 있는 카페이다. 안으로 들어서면 다양한 앨범 표지가 벽면 선반을 채우고 있다. 국내 음반은 물론 유럽, 일본 등 다양한 곳에서 수입한 음반도 많다. 선곡해서 신청하면 음악을 즉시 들을 수 있으며, 음반은 문의 후 구입도 가능하다. 중고 음반도 판매 중이다. 카페 분위기는 자유롭고 편안하면서도 유니크하다. 파란색 벽돌과 빨간 네온사인 간판이 이곳의 개성을 더욱 돋보이게 한다. 레코드 이슈의 주요 메뉴는 더치커피와 맥주, 와인과 칵테일이다. CD 모양 메뉴판과 LP 컵받침에서 주인장의 센스가 느껴진다. 개성이 넘치면서도 분위기가 아늑해 아지트로 삼고 싶은 생각이 든다. 맑은 날도 좋지만 비 내리는 날에는 감성적 분위기가 흘러 더욱 좋다.

주소 용산구 회나무로13가길 57 전화 010 6300 6139
찾아가기 지하철 6호선 녹사평역 2번 출구에서 도보 7분
이용시간 13:30~22:30(월요일 휴무) 주차 불가 예산 1만원 이내

스탠딩커피 줄 서는 테이크아웃 커피 전문점

경리단길을 방문한 사람들이 음료를 가장 많이 테이크아웃 하는 커피 전문점이다. 너도나도 줄을 서서 기다리고 있는 모습을 보고 있으면 안 먹으면 손해라는 생각이 든다. 커피 외에도 블루레몬에이드의 원조 맛집으로 유명하다. 블루레몬에이드의 푸른 하늘빛 색감은 청량감을 더해준다. 레몬 두 개를 통째로 짜서 만들기 때문에 맛이 신선하고 상큼하다. 스탠딩커피는 경리단길의 이국적이고 자유로운 분위기와 아주 잘 어울린다. 이 집의 또 다른 장점은 커피를 주문하면 보통 라지 사이즈가 기본으로 제공된다는 점이다. 둘이 먹어도 충분할 정도로 양이 어마어마하다. 게다가 맛도 좋고, 가격도 착하다. 훈남 바리스타들까지 있어 젊은 여성들에게 인기가 많다. 간식으로 먹을 수 있는 쿠키와, 브라우니, 스콘도 판매한다.

주소 용산구 녹사평대로 224-1 전화 02-794-0427
찾아가기 지하철 6호선 녹사평역 2번 출구에서 도보 3분
영업시간 07:00~24:00(연중무휴) 예산 2800원~5천원

타코 칠리칠리 멕시코 전통 음식을 즐기자

이태원에서 멕시코 음식을 대중화시킨 곳이다. 커다란 노란색 간판이 눈에 띄어 찾기 쉽다. 가게에 들어서자마자 맛있는 냄새가 식욕을 돋운다. 타코는 멕시코와 중남미 사람들이 즐겨 먹는 전통 음식으로, 토르티야에 여러 가지 재료를 가득 넣어 먹는 요리이다. 비프, 치킨, 포크, 피시 등 취향대로 선택해서 주문하면 된다. 타코 외에 다양한 종류의 퀘사디아나 브리또 같은 메뉴도 있다. 간식으로 먹기 좋은 퀘사디아는 토르티야 안에 야채와 치즈가 듬뿍 들어간 것으로 고소하고 담백한 맛을 낸다. 브리또는 치즈 대신 밥이 들어가 있는 것으로 둘이서 나눠 먹어도 될 정도로 양이 넉넉하다. 타코 알 빠스톨과 엔칠라다도 인기 메뉴이다. 타코 알 빠스톨은 매콤한 레드살사 소스를 곁들인 요리이고, 엔칠라다는 토르티야 안에 고기, 해산물 등을 볶아 넣고 사워 크림을 얹어 내오는 요리이다. 내국인은 물론 외국인 단골 고객이 많다.

주소 용산구 녹사평대로 218 전화 02-797-7219 찾아가기 지하철 6호선 녹사평역 2번 출구에서 도보 4분
이용시간 화~일 11:00~22:00 주차 불가 예산 5~9천원

Locos 바다가재로 만든 샌드위치

경리단길에서 가장 주목받고 있는 맛집이다. 바다가재 요리를 퓨전화하여 친근하게 먹을 수 있도록 한 게 성공 요인이었다. 대표 메뉴는 바다가재 한 마리가 통째로 들어간 샌드위치 '랍스터 롤'이다. 바다가재 특유의 비린 맛을 완벽히 잡아내, 빵과 부담 없이 어우러지도록 만들었다. 바다가재 한 마리를 그대로 구워낸 그릴드 랍스터도 인기 메뉴이다. 바다가재 위에 모짜렐라 치즈를 가득 얹어 구워 내오는데, 입안에서 살살 녹는다. 아스파라거스 베이컨 말이와 포테이토, 하우스 샐러드가 사이드로 나와 한 접시가 아주 푸짐하다. 일명 마약옥수수라 불리는 멕시칸식 그릴 콘 엘로떼Elote도 빼놓을 수 없는 메뉴이다. 깔끔하게 나이프로 썰어먹어도 맛있지만 직원의 추천대로 손으로 들고 직접 뜯어 먹으면 훨씬 더 맛있다. 모든 메뉴가 맛있고 직원들은 친절하다. 밤 11시까지 손님을 받으며 테이블이 적어 예약은 불가하다.

주소 용산구 녹사평대로54길 23 전화 02-6091-3234 찾아가기 지하철 6호선 녹사평역 2번 출구에서 도보 5분 이용시간 12:00~00:00(연중무휴) 주차 공영 주차장 이용 예산 4,500원~4만9천원

크래프트 웍스 맛이 깊은 수제 맥주 즐기기

경리단길 골목의 허름한 창고를 개조해 만든 크래프트 맥주집으로, 풀 네임은 크래프트 웍스 탭 하우스 앤 비스트로이다. 눈에 잘 띄지 않는 곳에 있지만 수제 맥주를 즐기는 사람들로 언제나 붐빈다. 종업원과 손님의 절반 이상이 외국인이어서 이국적인 분위기가 다른 곳보다 훨씬 더 뿜어져 나온다. 맥주는 브루어리Brewery, 양조장에서 매일 배달되는데, 지하수로 맥주를 만들어 맛이 더욱 좋다. 지리산, 북한산, 금강산 등 한국의 산 이름을 차용해 지은 맥주 이름이 특이하다. 어떤 맥주를 마실지 결정하기 어렵다면 샘플러 맥주를 마신 뒤 선호하는 맥주를 확인하고 주문하면 된다. 1번부터 7번까지 점점 깊어지는 맛이 인상적이다. 평일 오후 4시부터 6시 사이는 '해피아워'이다. 이 시간에는 모든 맥주와 하우스 와인을 2000원 더 저렴하게 즐길 수 있다. 런치 메뉴도 있다.

주소 용산구 녹사평대로 238 전화 02-794-2537
찾아가기 지하철 6호선 녹사평역 2번 출구에서 도보 4분
운영시간 11:00~01:00(연중무휴) 주차 공영주차장 이용 예산 7천원~1만8천원

성수동

서울의 소호 또는 부르클린

성수동은 '제2의 가로수길'이다. 1960년대 이후 공장과 인쇄소가 들어서면서 준공업지구가 되었으나, 2012년 수제화 특화지구로 지정되면서 서울의 대표적인 수제화 타운으로 새롭게 태어났다. 또 성수역부터 서울숲 부근에 있던 낡은 공장들이 떠나면서 그 자리를 카페와 스튜디오, 공방, 작업실이 들어섰다. 오랜 시간이 만들어 놓은 빈티지한 분위기에 문화와 예술적 감성이 더해지자 변화의 바람이 불기 시작했다. 실험적인 디자이너와 도전적인 아티스트가 모여들면서 낡은 벽이 유채색 벽화로 채워지고 다양한 전시와 마켓이 열리자 뉴욕의 소호와 부르클린 같은 독특한 문화의 거리로 변모한 것이다. 서울의 소호 또는 부르클린! 오래되었으나 새롭고 감각적인 성수동으로 산책을 떠나자.

찾아가기 **지하철 2호선 성수역·뚝섬역, 신분당선 서울숲역 하차**

자그마치

인쇄 공장에 들어선 복합문화공간

공방, 갤러리, 카페가 공존하는 융합 공간이다. 제조업자, 디자이너, 판매자, 시민들이 서로 소통하고 연결되는 마을회관 같은 장소를 희망하며 2014년 3월에 탄생했다. '자그마치'란 어떤 숫자 앞에 붙어서 그 수가 예상보다 많음을 나타내는 말이며, 동시에 어떤 상태가 예상을 뛰어 넘었을 때 사람들이 느끼는 '놀랍게도'라는 의미도 가지고 있다. 자그마치는 이러한 놀라운 창조의 공간을 콘셉트로, 새로운 가치를 만들어 가는 창의적 거점 역할을 하고 있다. 일단 특이한 외관이 눈길을 끈다. 새빨간 'Z' 자가 한쪽 벽면에 커다랗게 새겨져 있다. 내부에 들어서면 감각적인 조명을 받으며 다양한 작품들이 멋스럽게 전시되어 있다. 원래 인쇄 공장이었던 곳을 '자그마치'만의 감성으로 재탄생시켰다. 전시회와 기자 간담회, 신제품 설명회, 프라이빗 파티, 스튜디오 촬영 등의 목적으로 대관도 가능하다.

주소 성동구 성수이로 88
전화 070-4409-7700
찾아가기 지하철 2호선 성수역 3번 출구에서 도보 2분 영업시간 11:00~22:00
주말 12:00~22:00(명절 휴무) 주차 가능

커먼 그라운드 Common Ground
국내 최초 팝업 컨테이너 쇼핑몰

국내 최초이자 세계 최대의 팝업 컨테이너 쇼핑몰이다. 대지 약 1600평에 대형 컨테이너 200개로 만든 쇼핑몰에 50개가 넘는 패션 브랜드와 16개의 F&B가 들어서 있다. 커먼 그라운드는 백화점도 복합 상업 공간도 아닌 새로운 개념의 마켓으로 각광받고 있다. 단순한 쇼핑만이 아닌 문화와 놀이도 만들어가는 곳이다. 작지만 트렌디한 스트리트 패션 브랜드와 다양한 액세서리, 슈즈, 가방 브랜드가 입점해 있으며, 도레도레, 소녀방앗간, 최유강 중국집 등 엄선된 유명 맛집도 한 곳에 모여 있다. 중앙 광장인 마켓 그라운드Market Ground에서는 주말마다 다른 주제로 마켓이 열린다. 마켓 그라운드 중앙에는 푸드 트럭이 자리 잡고 있어 이색적인 정취까지 묻어난다. 가벼운 스낵과 음료를 야외 광장에서 즐길 수 있다.

주소 광진구 아차산로 200 전화 02-467-2747
찾아가기 2호선 건대역 6번 출구에서 2~3분
영업시간 **월~일요일** 11:00~20:00(일부 F&B 02:00까지) 주차 유료

살롱드쥬 SALONDEJU
일대일 맞춤 구두 쇼룸

2014년 의류와 신발 공동 매장 '서티 프로젝트' 쇼룸으로 오픈했으나, 지금은 수제화 라인 살롱드쥬Salondeju의 독립 쇼룸으로 재오픈하여 사용하고 있다. 구두는 직접 신어 본 후 구매할 수 있다. 수제화는 전제품 일대일 오더 메이드 제품으로 가죽으로 꼼꼼하게 제작된다. 주문 후 생산까지 10~14일 정도 소요되며 이전 시즌 상품도 주문이 가능하다. 세련된 디자인이라 지루함을 느끼지 않고 오래 신을 수 있다. 20~30대 젊은 여성들에게 특히 인기가 많다. 좋은 가격대로 내놓기 위해 비싼 홍보는 하지 않는다. 홈페이지에서 회원 가입을 하면 5000원 적립금을 받을 수 있다. 2만원 이상 적립 시 사용 가능하다. 성수동 성수금호베스트빌3차아파트 앞 골목에 있다.

주소 성동구 뚝섬로3나길 19 전화 070-4192-8314 찾아가기 신분당선 서울숲역에서 도보 13분. 2호선 성수역에서 15분 영업시간 11:00~19:00 **토요일** 13:00~19:00(일요일 휴무) 주차 공영주차장 이용 홈페이지 www.salondeju.com

주소 성동구 왕십리로 85
전화 02-3447-0049 찾아가기 신분당선 서울숲역에서 도보 4분 이용시간 10:30~18:00(월·공휴일 휴관) 주차 1시간 무료 주차

더 페이지 갤러리
세계적인 미술 작품을 선보이는

지하철 분당선 서울숲역 4번 출구로 나오면 높은 건물 하나가 눈에 들어온다. 서울의 최고가 아파트 가운데 하나인 갤러리아 포레이다. 이 건물 지하 2층으로 내려가면 더 페이지 갤러리가 나온다. 1979년 독일 프랑크푸르트에 설립된 후 이탈리아, 스페인, 미국에 이어 개관했다. 40년 역사의 독일 대형 화랑 '디 갤러리'가 전신으로, 주로 초현실주의, 코브라 그룹, 그리고 세계적인 명성을 가진 조형 미술가들의 작품을 집중적으로 다루고 있다. 모던 클래식, 표현주의, 신표현주의, 추상미술, 개념미술 등 유럽과 미국의 대표적인 조형미술을 선보이며, 근대와 현대 미술가들의 전시를 주기적으로 열고 있다. 또 중국의 현대미술을 국내에 알리는 기획력 있는 전시를 열기도 한다. 재능 있는 한국 작가들을 국제적인 네트워크를 통해 해외에 소개할 예정이다. 관람한 후에는 청량한 서울숲 산책을 추천한다.

성수족발 쫀득쫀득한 족발이 입에서 녹는다

양재동의 영동족발, 시청의 오향족발 그리고 성수동의 성수 족발을 서울 3대 족발이라 일컫는다. 1983년부터 지금까지 2대째 맛과 명성을 유지해오고 있는 집으로, 저녁시간이면 사람들이 가게 앞으로 길게 줄지어 있는 모습을 볼 수 있다. 가게 앞에 도착하면 대기판에 이름을 적어 놓고 기다려야 한다. 족발을 주문하면 밑반찬으로 시원한 콩나물국과 부추무침, 무채, 김치, 그리고 쌈 싸먹을 신선한 야채와 양념장이 나온다. 쫀득쫀득한 족발 껍데기와 부드러운 살코기의 맛과 향이 일품이다. 젓갈양념장이 족발의 느끼한 맛을 깔끔하게 잡아준다. 메뉴는 족발과 순댓국 두 가지이다. 순댓국은 족발을 주문한 테이블에 한해 주문할 수 있으며, 포장은 족발만 가능하다. 늦은 시간엔 족발이 떨어질 있으니 전화 확인 후 방문하도록 하자.

주소 성동구 성수일로10길 359
전화 02-464-0425
찾아가기 2호선 성수역 1번 출구에서 2분
운영시간 12:00~22:00(설, 추석 연휴)
주차 불가
예산 6천원~4만5천원

이북집 찹쌀순대 정통 함경도 순대

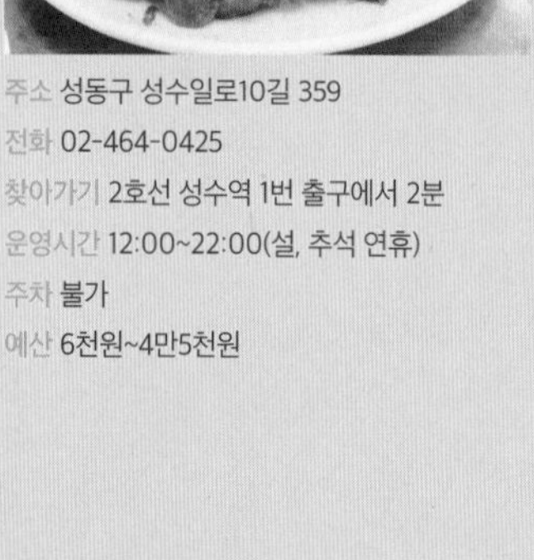

1949년 동대문에서 가게를 열면서 시작된 이 집은 함경도 출신 어머니의 손맛을 전수 받아 정통 이북식 순대를 선보이는 곳이다. '변하지 않기 위해서는 변해야 한다.'는 사장님의 원칙에 따라, 전통 방식을 고수하면서도 열정적인 연구로 변화를 추구해오고 있다. 메인 메뉴는 순대국밥과 야채찹쌀순대, 이북집정식이다. 순대국밥은 돼지 사골을 12시간 이상 고아 만든 담백한 국물에, 그날그날 도축한 고기를 사용하기 때문에 언제나 깔끔하고 신선하다. 순대는 현지에서 조달한 좋은 재료와 신선한 야채, 버섯류를 함께 부드럽게 갈아 손수 속을 꽉꽉 채워 만든다. 곁들여 나오는 콩나물과 양파절임으로 순대국밥을 더욱 시원하고 깔끔하게 즐길 수 있다. 해장용으로도 인기 만점이다. 이북집정식은 국밥이 기본이며, 사이드로 작은 철판 위에 순대와 고기를 올려 내온다. 뚝섬과 강남, 신당, 용산에 분점이 있다.

주소 성동구 성수이로 96 전화 02-464-2270 찾아가기 2호선 성수역 3번 출구에서 2분 이용시간 24시간(연중무휴)
예산 7천원~1만4천원 주차 가능

부암동

문화와 푸른 공기가 흐르는 동네

서울 도심에서 가깝지만 그 흔한 아파트가 없고 지하철로도 갈 수 없는 동네가 있다. 문화와 푸른 공기가 흐르는 하늘 아래 첫 동네, 부암동이다. 인왕산과 북악산 자락에 집들이 옹기종기 모여 있고, 도롱뇽이 산다는 백사실 계곡이 그 사이를 흐른다. 부암동은 산자락 곳곳에 이름난 명소를 품고 있다. 자하문으로 불리는 창의문은 한양 도성의 4소문 중 하나이다. 환기미술관은 한국 추상미술의 선구자 김환기의 전용 전시관이다. 석파정과 서울미술관도 부암동의 명소이다. 드라마 <커피 프린스>로 유명해진 산모퉁이는 부암동의 손꼽히는 카페이다. 산모퉁이 카페까지 갔다면 팔각정까지 이어지는 북악산 둘레길을 걸어도 좋다. 솔숲의 청량한 공기를 마시며 시원한 물줄기 소리까지 듣고 싶다면 백사실 계곡을 따라 세검정으로 내려오면 된다.

찾아가기 지하철 3호선 경복궁역 3번 출구 전방 100m 정류장에서 7022, 1020, 7212번 버스 승차 후 윤동주문학관 또는 부암동주민센터 하차

창의문
인조반정의 역사가 깃들다

인왕산과 북악산이 만나는 지점에 있다. 1396년태조 5 한양 도성을 쌓을 때 궁궐 북서쪽에 세운 문으로, '창의'는 '올바른 것을 드러낸다'라는 뜻이다. 도성의 4소문 가운데 하나로 자하문, 북소문이라 불리기도 한다. 현재의 문은 1741년 영조 때 세운 것으로, 4소문 가운데 유일하게 원형을 유지하고 있다. 보물 1881호이다. 창의문은 도성 밖 양주와 한양 사이를 오가는 사람들이 들고 나는 문이었다. 창의문엔 인조반정에 얽힌 재미있는 이야기가 깃들어 있다. 때는 1623년광해군 14년 3월 12일, 광해군은 창덕궁에서 연회를 하고 있었다. 몇몇 신하가 '반정이 일어날 것 같다'는 정보 보고를 했으나 그는 크게 경계를 하지 않았다. 그 무렵 홍제원에 은신해 있던 반군이 세검정과 창의문을 통해 창덕궁으로 들이닥쳤다. 반정 공신들의 이름이 창의문 문루에 걸려있다.

주소 종로구 창의문로 118 찾아가기 지하철 3호선 경복궁역 3번 출구 정류장에서 7022, 1020, 7212번 버스 승차 후 윤동주문학관 앞에서 하차

환기미술관
한국 추상미술의 거장을 만나자

1992년 11월에 문을 연 우리나라 최초의 사설 개인 미술관이다. 김환기 작가의 부인 김향안이 남편의 예술 세계를 알리기 위해 개관했다. 김환기는 한국 미술계의 아방가르드와 추상 미술을 선도한 작가이다. 현재 한국 미술품 경매가 상위 1~5위를 모두 김환기 작품이 차지할 만큼 그의 위치는 독보적이다. 2016년 11월, 그의 작품이 63억에 낙찰되어 또 한 번 최고가를 경신했다. 미술관은 본관, 별관, 수향산방으로 구성되어 있다. 본관은 전시실로, 별관은 카페와 기획전시실로 이용하고 있다. 수향산방김환기의 호 수화와 부인 이름 향안의 앞 글자를 딴 이름은 강의실과 기념관으로 꾸며져 있다. 김환기의 작품 300여 점을 소장하고 있으며 상설 전시와 특별전, 현대 미술 기획전 등을 병행하고 있다.

주소 종로구 자하문로 40길 63 전화 02-391-7701~2

찾아가기 윤동주문학관 정류장에서 도보 3분

관람시간 **화~일** 10:00~18:00 **금** 10:00~21:00 휴관 매주 월요일, 설·추석 연휴 입장료 6000원 주차 가능

서울미술관과 석파정

예술, 자연, 역사가 공존하다

2012년에 개관한 서울미술관은 자연과 역사, 예술이 어우러진 공간이다. 인왕산 자락 바위산 기슭의 비스듬한 언덕 지형을 그대로 살려 자연과 아름다운 조화를 이루고 있다. 1층과 2층은 전시실이고, 3층을 통해 외부로 나오면 한 폭의 동양화 같은 풍경이 눈앞에 펼쳐진다. 흥선대원군이 푹 빠져 지냈다는 석파정과 야외정원이다. 석파정은 흥선대원군의 별서휴식과 휴양을 위하여 경치 좋은 곳에 지은 별장이다. '석파'는 '바위 언덕'이라는 뜻으로 주변의 지형을 그대로 별서 이름으로 사용하였다. 석파는 대원군의 호이기도 하다. 황현의 『매천야록』에 따르면 이곳은 원래 철종 때 영의정을 지낸 김흥근이 별장이었다. 별장과 경치가 탐난 대원군은 아들 고종과 함께 하루를 묵었다. 김흥근은 '임금이 묵고 간 곳에 신하가 살 수 없다'며 헌납하여 흥선대원군의 차지가 되었다. 주소 종로구 창의문로 11길 4-1 전화 02-395-0100 찾아가기 부암동주민센터 앞에서 하차 관람시간 **하절기** 11:00~19:00 **동절기** 10:30~18:30 휴관 매주 월요일 입장료 9천원 주차 가능

세검정

다산 정약용이 우중풍경을 즐기다

세검정은 1748년 영조 때 세워진 정자이다. 영조는 서울 북쪽을 방비하기 위하여 창의문 밖으로 총융청摠戎廳을 옮기고 병사들이 쉴 수 있도록 홍제천 상류에 세검정을 지었다. 화강암이 그대로 드러나고, 물과 나무와 산이 조화를 이루어 경치가 빼어나다. 특히 비가 올 때 경치가 아름다워 다산 정약용은 명례방지금의 명동에서 말을 달려 '우중풍경'을 즐겼다. 하지만 도로와 주택이 주변에 들어서 그때의 아름다운 풍경은 유숙과 겸재 정선의 그림으로만 감상할 수 있다. 1941년 정자가 불에 타 1977년 옛 모습으로 복원하였다. 1623년 인조반정 때 반정에 참여한 이귀·김류 등이 이곳에서 칼을 씻었다는데서 정자 이름이 유래되었다고 한다. 또 다른 설로는 평화로운 세상이 이어져 총융청 병사들이 한가로이 쉬면서 칼을 씻기를 바라는 마음을 담았다는 설도 있다. 주소 종로구 세검정로 244 찾아가기 지하철 3호선 경복궁역 3번 출구 전방 100미터 정류장에서 1020번 버스 승차 후 세검정 정류소 하차

소소한 풍경 예쁜 정원이 있는 한정식집

2층 가정집을 개조해 만든 예쁜 정원이 있는 한정식집이다. 따스한 집밥을 먹으러 온 기분이 든다. 환기미술관 가는 골목 초입, 동양방앗간 바로 아랫집이다. 1층은 정원을 내다보며 식사할 수 있게 되어 있고, 2층은 방마다 색다른 가구와 소품으로 개성 있게 꾸며 놓았다. 음식 맛 또한 정갈하고 깔끔하다. 가격대가 다양한 런치와 디너 코스가 있다. 호박죽, 오렌지 드레싱을 얹은 견과류 두부샐러드, 곤드레 밀전병과 김치 밀전병이 식사 전 입맛을 돋운다. 메인 요리인 삼겹살과 훈제 오리고기가 건강식 반찬과 함께 나온다. 여기서만 먹을 수 있다는 가지찜은 신세계의 맛이다.

주소 종로구 자하문로 40길 75 전화 02-395-5035 찾아가기 경복궁역 3번 출구로 나와 7022, 1020, 7212번 버스 승차 후 윤동주문학관 또는 부암동주민센터 하차. 도보 3~4분 예산 1만5천원~4만2천원 영업시간 12:00~22:00(예약 필수) 주차 2대

클럽에스프레소 커피 마니아들의 성지

1990년부터 당시에는 생소했던 에스프레소를 처음으로 선보인 커피 전문점이다. 2001년 창의문 앞 삼거리로 옮겨온 후 부암동의 랜드마크가 되었다. 로스터리 카페가 드물던 시절 직접 수입한 원두로 로스팅까지 해서 커피 마니아로부터 커피의 성지라 불린다. 소박하고 다소 거친 느낌이 드는 원목 의자와 테이블이 인상적이다. 건물 전체가 카페이며 1층에서 주문하고 2층으로 올라가 커피를 마시면 된다. 세계 각지의 원두를 구입할 수 있다.

주소 종로구 창의문로 132 전화 02-764-8719 찾아가기 경복궁역 3번 출구로 나와 7022, 1020, 7212번 버스 승차 후 윤동주문학관 또는 부암동주민센터 하차. 도보 2분 영업시간 9:00~10:00 휴무 구정과 추석 당일 주차 5~7대 가능

산모퉁이 전망 좋은 로맨틱 카페

이름 그대로 '산모퉁이'에 있는 카페&갤러리이다. 드라마 <커피 프린스> 덕에 언급하는 게 민망할 정도로 유명한 곳으로 전망이 워낙 좋다. 카페는 모두 3개 층으로 되어 있다. 지하 1층 갤러리, 1층과 2층 라운지, 2층의 야외 데크, 정원으로 구성되어 있다. 특히 2층 데크는 인기가 좋아 자리 맡기 경쟁이 치열하다. 남산부터 인왕산과 북악산까지 한눈에 볼 수 있다. 테라스에 앉아 있으면 유럽의 어느 시골마을에 온 듯한 착각에 빠진다.

주소 종로구 백석동길 153 전화 02-391-4737 찾아가기 윤동주문학관 또는 부암동주민센터 정류장에서 도보 7분 영업시간 11:00~22:00 휴무 명절 당일 주차 5~6대 가능

여의도

한강이 흐르는 화려한 낭만의 섬

여의도는 한강이 만든 매력적인 섬이다. 마천루 사이를 걷다 보면 여의도공원을 만나게 되고, 한강공원을 따라 산책하다 보면 다시 마천루의 위엄을 마주하게 된다. 과거 여의도는 양을 기르는 목장과 비행장이 있던 곳이다. 지금은 국회의사당과 방송국, 금융가가 들어서 있다. 섬 동쪽 63빌딩에서 국회의사당까지 이어지는 샛강엔 생태공원이 있다. 자연이 살아 숨쉬는 거대한 습지 숲이다. 머리 위로 보이는 높은 빌딩들과 사뭇 대조적이다. 봄에는 윤중로를 따라 벚꽃이 활짝 피어나 섬 가장자리가 하얗게 물든다. 가을에는 여의나루 인근에서 서울세계불꽃축제가 열린다. 여의도의 새로운 랜드마크 IFC는 세련되고 이국적인 느낌을 보태어준다. IFC몰에서는 쇼핑과 음식, 문화생활을 즐길 수 있다.

찾아가기 지하철 5호선 여의나루역, 여의도역 하차. 9호선 샛강역, 여의도역, 국회의사당역 하차

63씨티

놀거리, 볼거리, 먹을거리가 가득한

63빌딩은 놀거리, 먹을거리가 넘쳐나는 곳이다. 지하 1층 63스퀘어에는 아쿠아플라넷, 백리향 싱타이, 63부페 같은 레스토랑이 있다. 아이들이 좋아하는 아쿠아플라넷63에서는 물개와 바다표범, 펭귄을 구경하고, 다양한 쇼도 즐길 수 있다. 특히 머메이드 쇼는 인기가 높다. 63부페 식당 파빌리온에서는 신선하고 다양한 고급 요리를 맛볼 수 있다. 빌딩의 맨 꼭대기 스카이 전망대는 서울을 한눈에 조망할 수 있는 곳으로 야경이 무척 아름답다. 60층에 위치한 63아트는 해발 264미터, 하늘에서 가장 가까운 미술관으로 다양한 장르의 작품을 접하기 좋다. 연인만 타고 전망대에 오르는 '러브 엘리베이터'는 멋진 데이트 코스이다. 59층에는 레스토랑 '워킹 온 더 클라우드'가 있다. 창가의 연인 좌석에서 아름다운 서울 야경을 감상할 수 있다. 지난해에는 63갤러리아 면세점이 오픈했다. 63씨티에 가면 미식과 놀이, 쇼핑과 문화 체험, 그리고 아름다운 전망까지 한 곳에서 모두 즐길 수 있다. 주소 영등포구 63로 50 전화 02-789-5663 찾아가기 9호선 샛강역 3번 출구에서 도보 8분 홈페이지 www.63.co.kr

여의도샛강생태공원

습지 숲에서의 힐링 산책

주소 영등포구 국제금융로8길 2 전화 02-3780-0561 찾아가기 지하철 9호선 샛강역 4번 출구에서 도보 3분 홈페이지 http://hangang.seoul.go.kr/archives/316/

샛강생태공원은 여의도가 개발되기 전의 모습을 짐작할 수 있는 곳이다. 여의도공원이 잘 가꾸고 다듬어진 공원이라면 샛강생태공원은 사람의 간섭을 최소화한 자연 그대로의 거대한 습지 숲이다. 숲에 들어서면 이곳이 마천루가 즐비한 곳이라는 사실이 믿어지지 않는다. 지대가 낮은 편이라 높은 건물들이 더욱 높이 하늘로 솟은 느낌이 든다. 숲에는 키를 훌쩍 넘는 갈대와 버들 숲, 다양한 조류, 어류, 곤충이 살고 있다. 샛강은 여의도 옆을 흐르는 한강의 지류로 63빌딩이 있는 상류에서 시작되어 국회의사당 앞에서 다시 한강 본류와 합류한다. 1997년 국내 최초의 생태공원으로 조성되었다. 샛강생태공원을 한눈에 조망하기에는 샛강다리가 최적의 장소이다. 롤러코스터를 연상시키는 다리 외관도 세련되고 멋지다. 보행자 전용 다리이고 중간에 벤치가 있어 휴식 공간으로 이용해도 좋다.

IFC 여의도 국제금융센터
여의도의 핫 플레이스

건설 초기부터 기대와 주목을 받았던 IFC는 One IFC, Two IFC, Three IFC의 3개 동에 업무 시설과 쇼핑몰을 갖추고 있는 복합 공간이다. One IFC와 Three IFC 사이에 콘래드호텔이 있으며, 세 동의 IFC와 콘래드호텔은 서로 연결되어 있다. Three IFC는 높이 285m로 63빌딩보다 높다. 이 건물은 영국의 세계적인 건축 디자인 회사 베노이Benoy의 작품으로 미학성이 돋보이는 건축물이다. 건물 입구의 예술 작품 전시관은 이 건물의 예술성을 더욱 빛내준다. 천장에서 떨어지는 모빌 작품과 벽면 가득 채운 회화 작품은 업무동의 역할을 넘어 커다란 예술 공간 같다.

IFC의 지하 1, 2, 3층에는 복합문화공간인 IFC몰이 있다. IFC몰의 입구이자 천장인 글라스 파빌리온은 파리 루브르박물관의 유리 피라미드를 연상시킨다. 지하 1층부터 3층까지 시원하게 원통형으로 뚫려있으며, 글라스 파빌리온을 통해 자연 채광이 그대로 들어와 탁 트인 느낌이 든다. 지하 1층과 2층은 국내외 유명 패션 브랜드와 영풍문고가 들어서 있다. 지하 3층에는 CGV 영화관이 있고, 세계 각국의 요리를 맛볼 수 있는 음식점들이 미식가들을 유혹한다. 지하철 5호선과 9호선 3번 출구가 IFC몰 지하 2층과 무빙워크길이 320m로 연결되어 있으며, 버스는 여의도환승센터 정류장에서 하차하면 된다.

주소 영등포구 여의도동 국제금융로 10 전화 02-6137-5000
찾아가기 지하철 5호선과 9호선 3번 출구에서 무빙워크로 이동
이용시간 10:00~22:00
휴관 매월 첫째 주 월요일, 명절 연휴
홈페이지 www.ifcmallseoul.com

여의도공원
서울의 센트럴파크

여의도공원은 여의도의 중심대로 옆으로 남북으로 길게 펼쳐져 있다. 뉴욕 맨하탄의 센트럴파크를 연상시킨다. '무한도전' 등 많은 텔레비전 프로그램의 무대로 등장해 서울 시민이 아니더라도 제법 익숙한 곳이다. 복잡한 도심 속에서 공원을 산책하는 기분이 남다르다. 여의도공원 터는 원래 비행장이었다. 1916년에 일제가 전쟁을 위해 간이 비행장을 만들었다. 해방 후부터 1958년 김포공항이 생기기 전까지는 국제공항으로 이용했다. 그 후 공군비행장으로 쓰이다가 1970년대 이후 5.16광장, 여의도광장이라 불리며 대규모 집회나 시위가 열리는 곳으로 사용되었다. 1999년 아스팔트 광장을 뜯어내고 생태공원으로 재탄생시켰다.

공원은 '자연 생태의 숲', '문화의 마당', '잔디마당' 그리고 '한국 전통의 숲' 등으로 구성되어 있다. 문화의 마당에는 자전거나 인라인 스케이트를 즐기는 사람들로 가득하다. 잔디마당은 인근 직장인들이 바쁜 일상을 멈추고 잠시 쉬어가는 곳이다. 잔디밭 주변의 나무들은 계절에 따라 색을 바꾸며 다채로운 모습을 선사한다. 한국 전통의 숲에서는 한국의 정자 문화를 담은 연못과 팔각정 배경으로 고층빌딩이 서있는 모습이 한눈에 들어온다. 마천루와 자연의 조화가 참으로 이색적이다. 숲 중심에는 건립 당시 그 규모로 화제가 되었던 세종대왕 동상과 세종 시대의 발명품 모형이 또 하나의 뷰포인트를 제공해준다.

주소 영등포구 여의도공원길 71
전화 02-761-4078~9
찾아가기 지하철 5호선 여의도역, 9호선 국회의사당역에서 도보 10분
홈페이지 www.parks.seoul.go.kr

국회의사당
우리나라 정치 1번지

본회의장 청동 돔이 인상적이다. 정문에 들어서면 1975년 국회의사당이 태평로에서 여의도로 이전할 때 해태그룹에서 제공했다는 해태상이 보인다. 그 아래 포도주 100병을 묻었다는 유명한 일화가 전해진다. 그 뒤로 널찍한 잔디광장과 분수대가 시원하게 자리하고 있다. 국회의사당에는 본회의장과 의원회관, 국회도서관, 헌정기념관 등의 건물이 있다. 본회의장은 미리 예약하면 헌정기념관과 함께 관람이 가능하며, 두 곳을 오가는 전기 자동차로 편리하게 이동할 수 있다.

주소 영등포구 의사당대로 1 전화 02-788-2114 찾아가기 지하철 9호선 국회의사당역 1번, 6번 출구

COTTO IFC몰의 피자집

인테리어가 고급스러운 이탈리안 레스토랑이다. 낮에는 자리가 꽉 찰 정도로 인기가 많다. 식전 빵으로 올리브 치아바타가 나오는데 꿀을 곁들여 먹으면 매우 맛이 좋다. 피자와 파스타의 종류가 꽤 다양하다. 그 중 '네 가지 치즈'라는 피자는 진짜 네 가지 치즈를 덩어리째 얹어 화덕에 구운 피자이다. 프렌차이즈 피자와는 품격이 다르다. 봉골레 파스타도 해산물 맛을 그대로 살려 신선하고 맛도 좋다. 점심 메뉴에는 샐러드가 곁들여진다.

위치 IFC몰 지하 3층
전화 02-6137-5260
찾아가기 지하철 5호선과 9호선 3번 출구에서 무빙워크로 이동
영업시간 11:30~23:00
예산 1~2만원

©홍

한강

선물 같은 천만 시민의 놀이터

한강은 가도 가도 매력적이다. 푸른 물길을 마주하고 있으면 가슴이 시원하게 뚫리며 가슴 밑에 웅크린 응어리가 확 풀려 버린다. 한강 750km. 태백산에서 시작한 물줄기는 반도의 허리를 적시며 유유히 흐른다. 강원도, 충청북도, 경기도를 빠져나온 한강은 서울에 이르러 절경을 보여주고는 부드럽게 서해에 안긴다. 서울에서 가장 큰 놀이터. 한강은 매번 다른 표정을 보여준다. 태양 아래 반짝반짝 빛나는 강물은 더 없이 예쁘고 사랑스럽다. 부슬부슬 비라도 내리는 날엔 흑백 영화의 주인공처럼 서정적인 강변 운치를 즐길 수 있다. 밤이 되면 숨겨두었던 또 다른 매력을 뽐낸다. 한강의 야경은 빛과 어둠이 호흡을 맞추어 연출하는 빛나는 마술이다. 매년 가을 여의도 한강공원에서 열리는 세계불꽃축제는 한강 야경의 백미이다.

서울 세계불꽃축제 안내

일정 매년 10월 초 시간 19:00부터 장소 여의도 한강공원

선유도공원

다정다감한 물의 공원

여의도 남쪽 양화대교 아래에 있는 섬이다. 지금은 섬이지만 조선시대에는 당산동과 양평동에 맞닿은 육지였다. 강변의 선유봉은 겸재 정선의 그림에 나오고, 선비들이 배를 타고 소풍을 다닐 만큼 절경이었다. 일제강점기 봉우리를 헐어 여의도 비행장지금의 여의도공원과 한강 제방 공사 때 건축 자재로 사용하면서 억울하게 섬이 되었다. 1900년대 후반에는 서울 시내에 물을 공급하는 정수장이 있었는데, 2000년 정수장 구조물을 재활용하여 '물'을 주제로 한 다감한 생태 공원으로 다시 태어났다. 인공의 폐허에 자연의 숨결을 불어넣어 색다르고 독특하고 따뜻하고 매력적인 공간으로 변모시킨 것이다. 습지, 초식동물 방목지, 시간의 정원, 수생 식물원, 원형 소극장, 유리온실, 산책로, 물 놀이터, 전망대, 카페 등을 갖추고 있다.

선유도는 날씨에 따라 다른 모습을 보여준다. 맑은 날은 푸르른 하늘과 싱그러운 초록 물결이 어우러져 풀벌레 소리 가득한 숲 속에 와 있는 느낌이 든다. 바람이 부는 날엔 대나무 잎 서걱대는 소리, 바람결에 맞추어 흔들흔들 춤을 추는 수련과 갯버들의 자태가 아련하게 아름답다. 돗자리를 펴고 책을 읽는 사람들, 벤치에 앉아 사랑을 속삭이는 연인들, 아이와 함께 산책 나온 엄마들 표정에서 느낌표 같은 일상의 여유를 경험할 수 있다. 버스를 타고 섬까지 가는 신비한 체험도 할 수 있다. 양화대교 위에 선유도 버스정류장이 있기 때문이다. 정류장에서 연결로를 따라 내려가면 선유도이다.

주소 영등포구 선유로 343 전화 02-2631-9368 찾아가기 ❶ 지하철 9호선 선유도역, 2호선 당산역과 합정역에서 도보 15~20분 ❷ 603번, 760번, 5714번, 7612번 버스 승차 후 양화대교 선유도 정류장 하차 주차장 한강공원 양화 지구 주차장 홈페이지 hangang.seoul.go.kr

커핀그루나루

야경 좋은 양화대교 위 낭만 카페

한강 다리에 카페가! 생각만으로도 낭만적이다. 지하철 2호선 당산역에 내려 한강공원 표지판을 따라 걸어 가다가 구름다리에서 여의도 마천루를 감상하고 내려오면 양화대교가 눈에 들어온다. 그 양화대교 남단에 쌍둥이 카페가 있다. 다리 아래에서 우주선 모양의 구조물이 보이는데, 카페가 있는 다리 위로 올라가기 위해 설치한 엘리베이터이다. 다리를 사이에 두고 서쪽에 있는 카페가 선유카페, 동쪽에 있는 카페가 양화카페이다. 선유카페는 서양의 이미지를, 양화카페는 동양의 이미지를 보여준다. 선유카페에서는 선유도와 한강공원, 양화카페에서는 당산철교와 여의도를 감상할 수 있다. 해질 무렵 바라보는 한강과 국회의사당이 참 아름답다. 동그란 창으로 불빛이 켜지는 풍경을 보고 있으면 마치 우주선에서 서울을 바라보는 느낌이 든다. 어둠이 완전히 내리면 창밖으로 본격적인 빛의 향연이 시작된다.

주소 영등포구 선유로 313 전화 **선유카페** 02-3667-6446 **양화카페** 02-2675-6446 찾아가기 지하철 9호선 선유도역 4번 출구와 2·9호선 당산역 4번 출구에서 도보 15분 영업시간 10:00~23:00 주차장 양화한강공원 주차장

한강유람선

한강 위에서 특별한 이벤트를

지하철 5호선 여의나루역에서 한강공원으로 내려가면 유람선 선착장이 나온다. 공원에서는 공연이 펼쳐지고 잔디와 벤치, 계단엔 사람들로 가득하다. 63빌딩과 콘래드호텔, LG트윈타워가 실감나게 한눈에 들어온다. 한강유람선은 낮에 운행하는 일반 유람선과 밤에 타는 테마가 있는 라이브크루즈, 뷔페크루즈, 불꽃크루즈 등 종류가 다양하다. 라이브유람선의 인기가 가장 많다. 저녁 7시 30분에 여의도를 출발해 라이브 공연을 즐기며 서울의 야경을 감상할 수 있다. 저녁 8시부터 시작되는 반포대교 무지개 분수 쇼를 가까이서 즐길 수 있다. 환상적인 분수 쇼가 시작되면 배는 서서히 다리 쪽으로 접근하여 분수가 뿜어내는 물벼락을 사람들에게 선물해준다. 그렇게 20여 분 쇼를 감상하고 나면 배는 다시 여의도로 향한다. 한강 양옆으로 펼쳐진 서울의 야경은 너무나 아름답고 환상적이다.

한강유람선 선착장 주소 영등포구 여의동로 280 전화 02-3271-6900 찾아가기 지하철 5호선 여의나루역에서 도보 5분 예산 1만2천원~7만9천원 주차장 한강공원 여의도 지구 주차장 홈페이지 http://www.elandcruise.com/

서래섬 메밀꽃밭

눈이 내린 듯 서정적인 흰 꽃밭 산책

"길은 지금 긴 산허리에 걸려 있다. 밤중을 지난 무렵인지 죽은 듯이 고요한 속에서 짐승 같은 달의 숨소리가 손에 잡힐 듯이 들리며, 콩 포기와 옥수수 잎새가 한층 달에 푸르게 젖었다. 산허리는 온통 메밀밭이어서 피기 시작한 꽃이 소금을 뿌린 듯이 흐뭇한 달빛에 숨이 막힐 지경이다." 이효석의 <메밀꽃 필 무렵>에 나오는 한없이 시적인 풍경을 이제 한강에서도 감상할 수 있다. 가을이 되면 한강 서래섬으로 가자. 서래섬에는 하얀 눈이 소복이 쌓인 듯이 하얀 메밀꽃이 강변 가득 피어난다. 이효석의 소설 속 메밀밭을 그대로 옮겨 놓은 것 같다. 반포대교 분수와 세빛섬의 화려함에 가려있지만, 그래서 더 조용하고 서정적인 운치가 흐른다.

서래섬은 80년대 한강을 개발하면서 만든 인공 섬으로 봄이면 유채꽃이 만발하고 가을이면 억새와 메밀꽃이 피어나는 곳이다. 사람의 손으로 만들었지만 자연과 완벽히 조화를 이루고 있어 더욱 매력적이다. 서래섬 산책길을 걷다보면 아름다운 풍경이 곳곳에 펼쳐져 자꾸 걸음을 멈추게 된다. 서울 한복판에서 이렇게 멋진 풍경을 만날 수 있다는 사실이 그저 놀랍다. 가을 날 늦은 오후, 한강과 메밀밭 풍경은 영화의 한 장면 속에 들어와 있는 듯 황홀하다. 풍경도 사람도 모두 아름답다.

주소 서초구 신반포로11길 40
전화 02-3780-0541
찾아가기 ❶ 지하철 4호선 동작역, 9호선 신반포역과 구반포역, 지하철 3·7·9호선 고속터미널역에서 도보 10~20분
❷ 지하철 3·7·9호선 고속터미널역 6번 출구에서 세빛섬 순환버스 출발 (11:00부터 40분 간격 운행)
주차장 반포 한강시민공원 주차장

세빛섬
한강 위에 떠 있는 복합문화공간

반포 근처 한강변에 가면 인공으로 만든 독특한 섬 모양 구조물이 눈에 들어온다. 한강 위에 떠 있는 세빛섬으로 공연장, 연회장, 레스토랑이 들어서 있다. 세빛섬은 서울시의 '한강 르네상스' 사업의 하나로 2011년 한강 위에 세운 복합문화공간이었지만 총체적인 부실 사업이 되어 미운 오리새끼로 전락하기도 했다. 2013년 다시 부분 개방을 시작하면서 '새빛둥둥섬'이라 불리다가, '세빛섬'으로 이름을 바꾸었다. 쉽게 들러 식사나 차를 즐길 수 있는 위치가 아니라 한낮에는 조금 쓸쓸한 편이다. 하지만 해가 지고 야경을 즐기러 사람들이 하나 둘 모여들기 시작하면 세빛섬은 온갖 빛깔을 바꾸어 가며 요염하게 형체를 드러낸다. 강 위에 떠있는 모습이 호주 시드니의 오페라하우스를 연상시킨다.

세빛섬은 세 개의 인공섬 예빛섬, 채빛섬, 가빛섬에 지은 문화시설로 섬 세 곳은 서로 다리로 연결되어 있다. 복합문화공간, 뷔페 레스토랑, 연회장, 카페, 웨딩홀, 미디어아트갤러리가 들어서 있다. 채빛섬과 가빛섬 야외에서는 종종 버스커의 공연이 열린다. 보트를 운전하며 식음료를 즐길 수 있는 튜브스터도 운영되고 있다. 레스토랑과 뷔페 레스토랑, 카페의 인테리어는 모두 멋지다. 음식 가격이 좀 부담스러운 편이지만 특별한 날에 소중한 추억 만들고 싶은 사람들에게 추천한다.

주소 서초구 올림픽대로 683
전화 1566-3433
찾아가기 ❶ 지하철 4호선 동작역, 9호선 신반포역, 지하철 3·7·9호선 고속터미널역에서 도보 15~20분
❷ 지하철 3·7·9호선 고속터미널역 6번 출구에서 세빛섬 순환버스 출발(11:00부터 40분 간격 운행)
이용시간 09:00~23:00
주차장 반포한강시민공원
주차장 홈페이지 http://www.somesevit.co.kr/

반포대교 달빛무지개분수

폭포처럼 떨어지는 분수의 향연

밤 8시가 되면 반포대교에 알록달록한 조명이 켜지고 이윽고 다리 위에서 물줄기가 아름답게 곡선을 그리며 한강으로 떨어진다. 무지개 분수 쇼가 시작된 것이다. 분수 쇼에 맞추기라도 한 듯 한강 유람선이 다리 아래로 접근한다. 갑판으로 몰려 나온 사람들이 두 팔을 벌려 즐겁게 물세례를 맞는다. 멀리서도 사람들이 행복해하는 모습이 고스란히 전해진다. 어둠이 깊어갈수록 분수는 더 현란하고 화려해진다. 보면 볼수록 다리 분수가 참으로 독특하고 아름답다. 달리던 자동차도 잠시 멈춰 분수쇼를 즐긴다. 사람들도 반포대교 남단에서 분수쇼와 한강 야경을 즐기고 있다. 측면에서 바라보면 아름다운 곡선을 그리며 떨어지는 물줄기 모습이 마치 무지개 같다. 무지개분수라는 이름과 잘 어울린다. 이 분수는 세계에서 가장 긴 교각 분수로 기네스북에도 올라 있다.

전화 02-3780-0578 찾아가기 ❶ 지하철 9호선 신반포역에서 148, 351, 352, 360, 406, 462, 540, 640, 642, 643번 탑승 ❷ 지하철 4호선 동작역, 9호선 신반포역, 지하철 3·7·9호선 고속터미널역에서 도보 15~20분 운영시간 **비수기(4월~6월, 9월~10월)** 평일 12:00, 20:00, 21:00 **주말** 12:00, 17:00, 20:00, 20:30, 21:00, 21:30 **성수기(7월~8월)** 평일 12:00, 20:00, 21:00 **주말** 12:00, 17:00, 17:30, 20:00, 20:30, 21:00, 21:30 주차장 반포한강시민공원 주차장

한남새말카페

탁 트인 한강 전망 카페

한남대교 남단 다리 위에 있다. 새말카페는 원래 '카페레인보우'였는데 인근이 새말나루터였던 역사를 더듬어 '한남새말카페'로 이름을 바꾸었다. 4층 건물 중 카페는 3층과 4층에 있다. 1층부터 2층을 지나 3층 카페까지 이어진 원형 계단을 따라 아기자기한 벽화가 그려져 있어 눈길을 끈다. 그림 따라 카페에 다다르면 사방이 유리라 시원한 한강 모습이 한눈에 들어온다. 사람이 적은 낮에 가면 유리 너머로 보이는 푸르른 하늘과 한강까지 독차지할 수 있다. 혼자만의 비밀스런 장소인양 흐뭇한 마음으로 커피와 음악을 즐기는 묘미가 남다르다. 한강을 더 멀리 더 높은 곳에서 즐기기에 안성맞춤이다. 지하철 3호선 신사역에서 걸어가도 되지만 그보다는 자동차나 버스를 이용하는 게 편리하다. 주소 강남구 강남대로 708 전화 02-511-7345 찾아가기 140, 142, 144, 241, 400번 버스 승차하여 한남대교 전망카페 정류장에서 하차 영업시간 10:00~23:00 주차장 한강공원잠원지구 주차장

한강뚝섬공원 자벌레

한강도 즐기고 분수쇼도 보고

'자벌레'는 성동구 자양동 한강뚝섬공원에 있는 쉼터이자 전망 문화 콤플렉스이다. 지하철 7호선 뚝섬유원지역과 연결되어 있다. 자벌레는 이름만 듣고는 얼른 와 닿지 않는다. 자나방의 애벌레를 부르는 이름인데, 구조물 모양시 실제로 거대한 애벌레처럼 생겼다. 메탈 느낌의 세련된 외관이 멀리서도 한눈에 들어온다. 자벌레의 퇴화된 다리를 디테일하게 표현한 점도 인상적이다. 1층은 문화 시설과 아마추어 예술가들의 전시 공간, 매점 등이 있다. 2층의 '책 읽는 벌레'는 자연, 환경, 생태에 관련된 도서가 비치된 작은 도서관이다. 3층 '놀이벌레'는 한강에 살고 있는 식물과 곤충을 전시하고 있다. 이곳에선 한강 생태 프로그램도 운영한다.

자벌레 밖으로 나오면 널찍한 뚝섬공원 옆으로 한강이 마치 바다인 듯 시원하게 펼쳐져 있다. 맞은편으로 잠실야구경기장도 보인다. 뚝섬공원 한쪽엔 인공암벽이 있고, 청담대교에서 잠실대교까지는 수영장, 축구장, 장미원과 음악 분수, 자연학습 체험장이 자리하고 있다. 저녁 8시가 되면 한낮 내내 존재를 드러내지 않고 있던 음악분수가 신나는 음악 소리를 퍼뜨리며 서서히 워밍업을 시작한다. 음악 소리를 따라 사람들이 모여들면 화려한 형형색색 물줄기가 하늘 높이 솟아오른다. 음악분수의 공연은 5월부터 10월까지 저녁 8시부터 월요일을 제외한 평일과 휴일에 볼 수 있다.

주소 광진구 강변북로 139 전화 02-3780-0521 찾아가기 지하철 7호선 뚝섬유원지역 3번 출구에서 1분
자벌레 관람시간 **3~10월** 10:00~24:00 **11월~2월** 10:00~23:00(연중무휴, 입장료 없음) 주차장 뚝섬한강공원 주차장

구리 코스모스축제

한들한들 코스모스 피어 있는 길

매년 9월이 되면 구리시민한강공원은 알록달록 코스모스 꽃밭으로 변한다. 시선이 닿은 데까지 끝없이 펼쳐진 꽃밭이 볼수록 장관이다. 하늘은 청명하고 땅에선 형형색색 색채의 향연이 펼쳐진다. 작은 바람이 불어도 코스모스는 제 몸을 바람결에 그대로 맡긴다. 코스모스가 한들거린다는 오래된 유행가 가사가 그대로 와 닿는다. 하늘하늘 바람 따라 나부끼는 코스모스 앞에서 사람들은 함박웃음을 가득 머금는다. 가족끼리 연인끼리 다정한 포즈로 사진을 찍거나 대화하는 모습이 꽃만큼이나 아름답다. 코스모스 밭을 곁에 두고 한강변으로는 자전거 도로가 나 있다. 물결치는 꽃밭과 햇살을 받아 은전처럼 빛나는 한강 사이를 달리는 기분이 날아갈 듯 벅차다.

매년 9월 말이 되면 구리시민한강공원에서는 코스모스축제가 열린다. 꽃이 절정일 때 3일 동안 이어지는데 몰려든 인파가 코스모스처럼 물결을 이룬다. 행사장 부스마다 먹을거리, 체험거리가 넘쳐나고 무대에서는 다양한 공연이 펼쳐진다. 꽃과 축제에 흥이 오른 사람들도 코스모스처럼 한들거린다. 서울에서 구리시민한강공원으로 가는 교통편은 마땅치 않다. 승용차를 이용하는 게 가장 편리하다.

주소 구리시 토평동 883-2 구리한강시민공원 전화 031-550-2065
축제기간 매년 9월 말 주차장 구리한강시민공원 주차장
홈페이지 www.guri.go.kr/cms/content/view/2145/

門化光

하루쯤 고궁 산책

경복궁
창덕궁
창덕궁 후원
창경궁
덕수궁
경희궁
종묘
운현궁

경복궁

조선의 슬픔을 품다

찾아가기 지하철 3호선 경복궁역 하차
전화 02-3700-3900~1

경복궁을 거닐다 보면 영화 <마지막 황제>의 주인공 푸이가 생각난다. 그는 세 살에 황제에 올라 역사의 소용돌이를 겪은 후 베이징의 정원사가 되었다. 푸이는 옛날 자신의 집이었던 자금성을 입장객이 되어 들어간다. 출입금지 구역이 된 옥좌에 다가서자, 경비원의 어린 아들이 옛 황제를 제지한다. 푸이는 소년에게 자신이 황제였다고 말하고, 그 말을 증명하기 위해 과거 자금성에 숨겨두었던 귀뚜라미 통을 찾아내 건네고 사라진다. 과거의 영화榮華는 헛되고 헛되다.

1395년, 조선의 설계자 정도전은 경사스러운 일이 많고 백성이 풍요롭게 살게 해달라는 염원을 담아 경복궁景福宮이라 이름 지었다. 1592년 임진왜란으로 불타 없어지는 불운을 겪었으나 고종 때인 1867년 흥선대원군이 중건하였다. 하지만 1915년 일제가 개최한 박람회를 계기로 전각의 90% 이상이 헐렸다. 심지어 총독부 청사를 지어 궁궐의 모습을 가려 버리기도 했다. 90년대 중반부터 복원 작업을 진행하고 있지만 온전한 모습은 2030년이 되어야 볼 수 있다.

수문장 교대식
왕조의 위엄과 질서를 경험하다

한 나라를 상징하는 궁궐의 문을 여닫는 수문장은 왕실의 위엄과 법도를 가장 절도 있게 보여주는 사람이었다. 조선시대 수문장무관 4품은 흥인지문, 숭례문 등 도성문과 경복궁 등의 궁궐 문을 지키는 책임자였다. 정해진 절차에 따라 광화문을 여닫고 근무 교대를 통하여 국가의 중심인 국왕과 왕실을 호위했다. 수문장 제도는 조선 예종 1년1469년에 확립된 것으로, 이제는 우리의 정체성이 담긴 문화유산이 되었다.

경복궁에서는 당시 궁궐을 지키던 군인들의 복식과 무기, 각종 의장물을 그대로 복원하여 수문장 교대식을 재현하고 있다. 교대 의식은 광화문과 흥례문 사이에 있는 태극문양이 그려진 대북을 울리면서 시작된다. 첫 대북소리가 울리면, 취타대악단와 수문군이 출발한다. 두 번째 대북소리가 울리면 좌우 수문군이 광화문으로 이동하여 당직 수문장과 교대 수문장이 교대하는 군례와 신분 확인 절차를 진행하고, 당직 수문군은 광화문 안쪽으로 이동하여 퇴장 준비를 한다. 세 번째 대북소리가 울리면 퇴장과 함께 교대 의식이 끝난다. 교대 의식은 처음부터 끝까지 기개가 넘치는 엄숙한 분위기에서 절도 있는 동작으로 재현된다.

의식 일정 수문장 교대의식 광화문 앞. 10시, 13시, 15시(소요시간 20분) 광화문 파수의식 광화문 앞. 11시, 14시, 16시(소요시간 10분) 수문군 공개 훈련 협생문 밖 12시 35분, 14시 35분(소요시간 15분) 전화 02-3210-1645~6
유의사항 행사 시간은 사정에 의해 변경될 수 있고, 우천 시 취소될 수 있으며, 매주 화요일에는 의식 행사가 없다.

근정전勤政殿
천하의 일을 부지런히 하라

흥례문, 근정문 지나면 경복궁의 정전正殿인 근정전이 나온다. 문무백관이 임금에게 하례하고, 국사를 논하고, 국가 의식을 거행하고, 외국 사신을 접견하던 곳이다. 정도전은 '천하의 일을 부지런히 하라'는 의미를 담아 근정전이라 지었다. 근정전은 두 층의 기단 위에 놓여 있다. 품계석 옆에 서서 근정전을 바라보면 시각적으로는 물론 심리적으로도 우러러 보게 된다. 근정전은 임금의 장소이며 임금 그 자체를 의미한다. 2층 지붕에 치장된 단청은 그윽하고 용상龍床, 임금의 의자 뒤에는 병풍인 삼곡병三曲屛과 일월오봉병一月五峰屛이 둘러쳐져 있다. 또 천장에는 황금빛 칠조룡 장식이 있는데, 이는 모두 왕의 존엄함을 표현한 것이다. 임금은 근정전에서 지금의 세종로당시 육조거리를 내려다보면서 백성들의 일상을 지켜보았다. 근정전은 임금의 전각이지만 그곳에는 또한 백성이 있었다.

© 이학균

경복궁 야간 개장 안내 경복궁에서는 1년에 120차례 야간 특별 관람 행사를 실시하고 있다. 관람을 위해서는 인터넷 사전 예매(옥션이나 인터파크)가 필요하다. 65세 이상 어르신은 전화 예매 가능하고, 외국인은 현장 구매해야 한다.
일정 3월~10월 관람료 3천원(한복 착용 시 무료 입장)
관람시간 19:00~22:00(입장 마감 21:00)
관람구역 광화문, 흥례문, 근정전, 경회루 권역
전화 02-3700-3900~1(경복궁관리소) 찾아가기 지하철 3호선 경복궁역 하차

© 이학균

교태전과 아미산

후원이 아름다운 왕비의 침전

경복궁의 중심축은 광화문, 근정전, 사정전왕의 편전, 강녕전왕의 침전, 교태전왕비의 침전으로 이어진다. 교태전交泰殿은 광화문부터 일직선으로 배열되어 있는 건물 가운데 맨 마지막에 위치해 있다. 왕비의 침전이자 내명부內命婦의 중심이었던 곳이다. '교태'에는 음과 양이 서로 화합한다는 의미가 담겨 있다. 이곳에서 남녀의 음양이 조화를 이루어 후대를 생산해 나가기를 바랐던 것이다. 교태전 지붕에는 용마루가 없다. 다음 대를 이을 용왕을 생산하는 곳이므로 다른 용이 위에서 내리 누르는 걸 막기 위해 용마루를 만들지 않았다고 전해진다. 왕의 침전인 강녕전에도 같은 이유로 용마루가 없다. 원래 교태전은 현재 창덕궁 대조전으로 이전했고, 이 교태전은 근년에 새로 복원한 것이다.

교태전의 뒤에는 아미산峨眉山이라 불리는 나지막한 언덕이 하나 있다. 교태전의 후원으로 사용되었는데, 이는 경회루 연못을 조성하면서 파낸 흙으로 조성한 화계花階, 흙을 높게 쌓아 만든 꽃밭이다. 중국의 아름답고 신비로운 산 '아미산'에서 따다 이름 붙였다. 한반도의 등뼈인 백두대간에서 서남방으로 뻗은 한북정맥은 마지막에 북한산에 이른다. 북한산의 한 갈래가 백악산인데 이 백악산 끝가지가 아미산이다. 아미산 가지 끝에 교태전과 여러 건물들이 놓여 있다. 아미산은 백두산과 경복궁이 만난다는 의미를 상징한다.

경예

자경전
꽃담이 아름다운 전각

자경전慈慶殿, 보물 제809호은 흥선대원군이 경복궁을 중건하면서 고종의 양어머니 조대비신정왕후를 위하여 경복궁 침전 동쪽에 지은 건물이다. '자경'에는 왕이 어머니나 할머니 등 왕실의 웃어른이 되는 여성에게 경사를 바란다는 뜻이 담겨 있다. 지은 지 얼마 지나지 않아 화재로 소실된 것을 고종 25년1888에 다시 지었다.

교태전 후원 아미산에서 건순문建順門과 연휘문延輝門을 지나면 살구나무 몇 그루가 있는 넓은 공터가 나온다. 그 살구나무 아래에 서면 유명한 자경전의 꽃담이 눈에 들어온다. 주황색 벽돌로 축조한 내벽에는 만수문, 결자문, 육각문, 오얏꽃 등이 정교하게 새겨져 있고, 외벽에는 매화, 천도, 모란, 국화, 대나무, 나비, 연꽃 등이 색 벽돌로 새겨져 있다. 작품을 감상하듯 하나하나 살펴보면 액자 여덟 개를 담에 붙여놓은 갤러리 같아, 격조 있는 조형미가 돋보인다. 자경전의 미적 감각은 여기서 머무르지 않는다. 자경전 뒤뜰 중앙에는 거대한 미술 작품을 연상시키는 '자경전 십장생 굴뚝'이 있다. 이 굴뚝은 십장생과 박쥐문, 당초문을 큰 구조의 틀 속에 담고 있다. 자경전 굴뚝은 당시의 미적 수준을 고고하게 뽐내고 있다.

© 이학균

경회루

능수버들 흩날리는 연못 위 누각

ⓒ 이광희

경복궁에는 능수버들이 바람에 흩날리면 둥근 파문을 일으키는 아름다운 연못이 있다. 이 연못 위에 배처럼 떠있는 기품 있는 목조 누각이 있는데, 이것이 경회루국보 제224호이다. 경회루는 정면 7칸, 측면 5칸에, 넓이가 931㎡에 이르는 대규모 목조 건물이다. 태종 12년1412에 크게 연못을 파고 지금과 같은 규모로 만들었고, 임진왜란 때 화재로 모두 소실되었다가 고종 4년1867에 중건하였다. 웅장하면서도 아름다워 조선시대 건축 미학의 절정을 보여준다. 흰색 석축 위에 48개의 돌기둥이 시원하게 세워진 1층과 마루를 깔아 연회장으로 사용한 2층으로 구성되어 있다. 경회慶會는 임금과 신하가 덕으로써 서로 만난다는 의미이다. 당시 경회루는 외국 사신을 맞이하던 영빈관이자, 군신간의 연회 장소였으며, 임금이 올바른 사람을 얻기 위해 경사스러운 모임을 여는 곳이었다. 4월부터 10월까지 특별 관람이 가능하다. 경회루 2층 누각에 오르면 남쪽의 남산, 서쪽의 인왕산, 북쪽의 북악산을 감상할 수 있다.

ⓒ 이학권

향원정
향기에 젖어들다

경회루 서북쪽에는 향원지라는 아름다운 연못이 있다. 이 연못 한가운데에는 조그만 섬이 하나 떠있는데, 향원정香遠亭, 보물 제1761호은 이 섬에 놓여 있는 육각 지붕이 아름다운 정자이다. 정자 이름 '향원'은 '향기가 멀리 퍼져나간다'는 의미를 담고 있다. 향원정에 가려면 연못 위에 놓여 있는 향기에 취하는 다리 취향교醉香橋를 건너면 된다. 경복궁 재건은 흥선대원군의 힘으로 이루어졌지만, 향원정 주변은 모두 고종의 주도로 만들어진 것이다.

고종은 아버지의 그늘에서 벗어나 왕으로서, 정치가로서 자립하려는 의지를 담아 건청궁을 주도하여 지었다. 고종을 위한 궁 안의 궁이었던 셈이다. 그리고 건청궁 앞 연못 향원지에 향원정을 만들고 연못을 건너기 쉽게 취향교를 놓았다. 취향교는 조선시대 연못에 놓인 목교로는 가장 긴 다리이다. 원래 연못 북쪽에 있었는데, 한국 전쟁 때 파괴되어 1953년 남쪽에 재건하였다. 직접 향원정에 들어갈 수는 없으나 향원지 주변 벤치에 앉아 연못과 어우러진 향원정의 아름다운 풍경을 마음껏 감상할 수 있다.

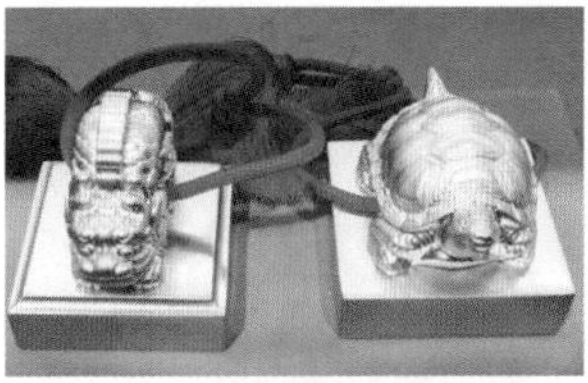

국립고궁박물관

왕조의 내면 풍경 구경하기

국립고궁박물관은 조선 왕조 사람들의 삶과 일상을 상설 전시해 놓은 곳이다. 조선의 국왕과 궁궐, 왕실의 생활과 관련된 품격 있는 왕실 문화 유물을 둘러볼 수 있다. 2층부터 지하 1층까지 10개의 전시실이 있는데, 각 전시실마다 주제를 정하여 전시해 놓고 있다. 2층 조선의 국왕실에서는 어좌御座, 임금의 의자, 병풍 일월오봉도日月五峯圖 같은 국왕의 권위를 보여주는 유물을 볼 수 있다. 1층 천문과학실은 조선 왕들의 천문에 대한 관심이 얼마나 컸는지를 보여준다. 남·북반구 별자리판 평혼의平渾儀, 천문시계 선기옥형璇璣玉衡, 천상열차분야지도각석, 목판본 별자리 그림 등 과학 유물이 전시되어 있다. 지하 1층 왕실의 회화실에는 어진御眞, 궁중기록화, 병풍, 벽화, 궁궐도, 회화식 지도 등이 전시되어 있고, 왕실의 행차실에는 왕이 가마를 타고 수많은 군사와 신하가 호위를 받으며 행차하던 모습이 전시되어 있다. 그 모습이 장엄하기 그지없다.

주소 종로구 효자로 12 전화 02-3701-7500 찾아가기 지하철 3호선 경복궁역 5번 출구, 5호선 광화문역 1번 출구
관람시간 **평일** 09:00~18:00(입장은 17:00까지) **주말·공휴일** 09:00~19:00(입장은 18:00까지)
휴관 매주 월요일 요금 무료 주차 경복궁 주차장 이용

국립민속박물관

타임머신을 타고 돌아보는 민족의 삶

경복궁 안에는 우리 민족의 생활 민속 유물을 전시하는 국립민속박물관이 있다. 건물 남쪽 정면 아랫부분은 불국사의 청운교와 백운교에서, 윗부분은 법주사 팔상전에서, 입구의 지붕은 화엄사 각황전에서, 동쪽 3층 지붕 모양은 금산사 미륵전에서 모양을 빌려 온 것이다. 그런데 애써 보아도 우리 전통의 멋이 느껴지지 않아 아쉽다. 제1전시관은 구석기시대부터 근현대까지의 생활 유물을 전시하고 있다. 제2전시관은 사계절에 맞춰 농경생활을 했던 조선시대 사람들의 생활상을 전시하고 있다. 제3전시관은 사대부 집안 한 개인의 출생부터 제례까지의 주요한 과정을 전시하고 있다. 외부에는 야외 박물관이 있다. 개항기 상점, 전차, 연자방아, 물레방앗간, 돌하르방, 장승동산, 문·무인석무덤 앞의 석상 등을 관람할 수 있다.

주소 종로구 삼청로 37 전화 02-3704-3114 관람시간 **3~5월·9~10월** 09:00~18:00 **6~8월** 09:00~18:30 **11~2월** 09:00~17:00 **주말·공휴일** 09:00~19:00(18:00까지 입장) 휴관 매주 화요일, 1월1일 입장료 무료 주차 경복궁 주차장 이용

고궁 뜨락 박물관 맛집과 뮤지엄숍

국립고궁박물관 지하 1층에 가면, '고궁 뜨락'이라는 카페이자 뮤지엄숍이 나온다. 예쁘고 품위 있는 간판으로 유명하다. 이 간판은 2014년 시민이 뽑은 아름다운 간판으로 선정되었다. 카페와 숍으로 나뉜 실내 공간 또한 간판 분위기와 닮아 있다. 메뉴판은 영어, 중국어, 일본어로 되어 있다. 경복궁이나 고궁 박물관을 둘러보고 식사하러 오는 외국인들도 꽤 있다. 궁중 음식을 재현해 놓은 단품 메뉴 유기골동반정식이 인기가 좋다. 차 종류는 한국적인 스페셜 티와 커피와 주스, 디저트 등이 있다. 카페 입구에서 대각선 방향으로는 뮤지엄숍이 있다. 주로 조선 왕조의 문화 유물을 현대적인 이미지로 재해석한 기념품을 판매한다. 엽서, 부채, 우산, 쿠션, 패션 소품, 도자기, 장신구, 금보 등 종류가 다양하다. 외국인은 한국 여행 기념품으로, 내국인들은 소장하기 좋은 것들이다.

전화 **카페** 02-720-0486 **뮤지엄숍** 02-720-0381 영업시간 **카페** 09:00~19:00 **뮤지엄숍** 09:00~18:00(주말 09:00~19:00) 휴관 월요일 추천메뉴 유기골동반정식, 단호박찜 카페 예산 8천원~2만5천원

긴자 바이린 제주 흑돼지로 만든 돈가스

긴자 바이린은 1927년 일본의 긴자에서 시작된 돈가스 전문점이다. 창업자 시부야 노부카츠는 독특한 돈가스 모양과 타레소스를 개발하여 일본 전 지역에서 명성을 얻었고, 3대에 걸쳐 다양한 아이디어와 독창성을 발휘하여 오늘에 이르렀다. 하와이, 싱가포르, 홍콩, 상하이에 이어 2011년 서울 사간동에도 오픈하였다. 차분한 분위기에서 매너 있는 직원들의 서비스를 받으며 식사할 수 있어 더욱 좋다. 제주도 흑돼지만 사용한다. 소스는 일본 본점에서 공수해온다. 빵가루 제조 업체로부터 직접 노하우를 전수받은 빵가루는 바삭하면서도 거칠지 않은 식감을 자랑한다. 대표 메뉴는 바이린 정식이다. 고기는 부드럽게 씹히고 기름기가 느끼하거나 무겁지 않아 입 안에서 깊은 맛을 느낄 수 있다. 튀김옷이 바스락 경쾌하게 소리를 낸다. 조용히 담소를 나누며 식사하기 좋은 곳이다.

주소 종로구 율곡로1길 37 전화 02-734-9765 찾아가기 지하철 3호선 안국역 1번 출구에서 도보 10분
영업시간 11:30~14:30, 17:30~22:00 추천메뉴 바이린정식, 특로스카츠정식 예산 1만3천원~2만5천원

창덕궁

자연과 조화를 이룬 가장 한국적인 궁궐

창덕궁 달빛 기행 안내 창덕궁 야간 개장이 4~10월까지 120일간 운영된다. 창덕궁과 후원 달빛 산책, 전통예술공연, 다과 시식 등으로 2시간 동안 진행되며, 하루 150명에 한해 전화 및 인터넷 예매제로 운영된다. 참가비는 1인당 3만원이며, 최대 4인까지 가능하다.
예매 1544-1555 또는 인터파크티켓 http://ticket.interpark.com
코스 창덕궁과 후원 달빛 산책, 전통예술공연, 다과 시식 시간 20:00~22:00
참가비 3만원

창덕궁은 1405년 태종 때 건립되었다. 법궁인 경복궁에 이어 이궁으로 창건했지만, 임금들이 주로 창덕궁에 거주하면서 실질적인 법궁 역할을 하였다. 창덕궁이 세워짐으로써 조선의 궁궐 체제는 법궁-이궁의 양궐 체제가 된다. 1592년 임진왜란 때 궁궐이 모두 불탄 후에 경복궁은 터가 불길하다는 이유로 재건되지 않고 1610년에 창덕궁이 재건된다. 그 후 창덕궁은 고종 때 흥선대원군이 경복궁을 재건할 때까지 270여 년 동안 법궁으로 사용되었다. 창덕궁은 주변 지형과 조화를 이루도록 자연스럽게 건축한 가장 한국적인 궁궐이다. 궁의 동쪽에 세운 창경궁과 경계 없이 사용하였으며, 두 궁궐을 '동궐'이라는 별칭으로 불렀다. 1997년 12월 유네스코에 세계문화유산으로 등재되어 한국을 대표하는 궁궐이 되었다.

주소 종로구 율곡로 99 전화 02-3668-2300 찾아가기 지하철 3호선 안국역 2번 출구에서 도보 5분, 종로3가역에서 도보 10분 관람시간 09:00~18:00 휴궁 월요일 입장료 3천원 홈페이지 www.cdg.go.kr

돈화문
품위를 갖춘 창덕궁의 정문

돈화문은 1412년 4월에 세운 창덕궁의 정문이다. '돈화敦化'라는 말은 『중용』에 나오는 말로 '임금이 큰 덕을 베풀어 백성들을 돈독하게 교화한다'는 뜻이다. 보물 제383호로 궁궐 대문 중에서 가장 오래되었다. 창건 당시엔 창덕궁 앞에 종묘가 자리 잡고 있어서 진입로를 궁궐의 서쪽에 세웠다. 왕의 모든 명령과 교지가 이 문을 거쳐 나가고, 왕에게 고하는 각종 보고도 이 문을 통해 들어왔다. 2층 누각형 목조 건물로 궁궐 대문 가운데 가장 규모가 크며, 앞에 넓은 월대를 두어 궁궐 정문의 위엄을 갖추었다. 돈화문은 왕이 행차나 외국의 사신이 방문할 때만 출입문으로 사용했고, 신하들은 서쪽 금호문으로 드나들었다. 원래 돈화문 2층 누각에는 종과 북을 매달아 통행금지 시간에는 종을 울리고 해제 시간에는 북을 쳤다고 한다. 돈화문은 임진왜란 때 전소되었다가 광해군이 즉위한 1609년에 재건되었다.

금천교
가장 오래된 궁궐 돌다리

창덕궁 돈화문과 진선문 사이에 있는 돌다리다. 조선시대에는 궁궐을 지을 때 궐 안으로 들어가기 전에 명당수를 건너게 하였다. 신하들이 악한 마음을 씻고 바른 마음으로 나랏일을 살피라는 의미와 나쁜 기운이 궐 안으로 들어오는 것을 막고자 하는 뜻이 있었다. 궁궐의 안과 밖을 구별해주는 경계 역할을 하였다. 1411년에 다리를 놓았는데 비단처럼 아름다운 물이 흐르는 개울에 놓인 다리라고 하여 '금천교'라 불렀다. 궁궐에 남아있는 가장 오래된 돌다리로 보물 제1762호이다. 금천교를 자세히 살펴보면, 네 모서리와 다리 난간 등에 악귀를 쫓도록 여러 상상의 동물을 배치해 놓았다. 다리 아래쪽에는 둥글게 만든 두 개의 아치가 있다. 아치 사이에는 악귀를 쫓는다는 귀면상이 있고, 북쪽의 돌난간에는 돌거북 현무가, 남쪽의 돌난간에는 해태가 다리를 지키고 있다.

인정전
국가의 중요한 의식을 치르던 곳

인정전국보 225호은 창덕궁의 정전으로 왕의 즉위식, 신하들의 하례, 외국 사신 접견 등 국가적 의식을 치르던 곳이다. 앞쪽으로 넓은 마당이 펼쳐져 있고, 뒤쪽은 응봉과 이어져 있다. 큰 행사를 치를 때면 문관과 무관이 참석하고 건장한 병사들이 배치되었으며, 악공들도 세웠다. 너른 마당인 '조정'에는 박석을 깔고 어도와 품계석을 설치하였는데, 왕과 가까운 쪽부터 직급이 높은 신하가 순서대로 자리했다. 문관은 동쪽 품계석에 자리해 동반이라 부르고, 무관은 서쪽 품계석에 자리해 서반이라 불렀다. 동반과 서반을 합쳐 양반이라 불렀다. 인정전은 이중월대 위에 세운 웅장한 중층 전각으로 보이지만 실제로는 내부가 위아래 트인 통층 건물이다. 내부 중앙에는 어좌가 자리하며, 그 뒤로 머릿병풍인 곡병과 일월오봉병이 놓여 있다. 바닥에는 원래 흙을 구워 만든 전돌이 깔려 있었으나 지금은 마루이다. 커튼, 유리 창문 등과 함께 1908년 서양식으로 개조하였다.

선정전
임금이 집무실로 쓰던 곳

왕이 고위직 신하들과 일상 업무를 보던 공식 집무실인 편전으로, 지형에 맞추어 정전인 인정전 동쪽에 세웠다. 아침 조정 회의, 업무 보고, 국정 세미나인 경연 등이 매일 열렸다. 창건 당시에는 조계청이라 불렀는데, 1461년에 '정치는 베푸는 것이다'는 뜻을 땀아 선정전으로 바꾸었다. 임진왜란과 인조반정 때 소실되었다가 1647년에 인왕산 기슭에 있던 인경궁광해군이 지은 궁궐이다. 인조반정 이후 헐렸다.을 헐어 그 재목으로 재건하였다. 하늘빛을 닮은 선정전 기와가 멋지다. 궁궐에 남아 있는 유일한 청기와 건물이다. 뒤편의 희정당으로 편전이 옮겨가자 순조 이후에는 혼전임금과 왕비의 장사를 마친 뒤 종묘에 입향하기 전까지 신위를 모셔두는 곳으로 사용하기도 했다. 선정전을 왕비가 사용한 일도 있었다. 성종 때 공혜왕후 한씨가 양로연을 이곳에서 베풀었다. 성종의 계비 정현왕후 윤씨는 누에치는 시범을 보이기도 하였다. 사관들은 왕비가 편전을 사용하는 것은 잘못이라는 비판을 남겼다.

낙선재

여인의 공간과 기품이 넘치는 정원

낙선재는 창덕궁 동남쪽과 창경궁 사이에 있다. 궁궐이지만 화려한 치장을 삼가 단아하면서도 아름답다. 조선 24대 임금인 헌종은 김재청의 딸을 경빈으로 맞이한 1847년에 낙선재를, 이듬해에 석복헌을 지어 수강재와 나란히 두었다. 낙선재는 헌종의 서재 겸 사랑채였고, 석복헌은 경빈의 처소였으며, 수강재는 당시 대왕대비인 순원왕후를 위한 집이었다. 후궁을 위해 궁궐 안에 건물을 새로 마련한 것은 매우 이례적인 일이었다. 헌종은 첫 번째 왕비 효현왕후 김씨가 16세 나이로 세상을 뜨자 이듬해 다시 왕비를 간택했는데, 전례 없이 본인이 직접 간택에 참여하였다. 삼간택에 남은 세 사람 중 헌종은 경빈 김씨를 마음에 두었으나, 결정권은 대왕대비에게 있었다. 그의 뜻과 다르게 효정왕후 홍씨가 두 번째 왕비로 간택되었다. 헌종은 3년 지났는데도 왕비의 출산 소식이 없자 생산 가능성이 없다는 핑계를 대고 경빈 김씨를 후궁으로 들였다. 비록 후궁이었으나 경빈은 왕비와 다름없는 대접을 받았다.

세 채의 집 뒤에는 각각 후원이 딸려 있다. 낙선재 뒤에는 육각형 정자인 평원루가, 석복헌 뒤에는 한정당이, 수강재 뒤에는 취운정이 남아있다. 특히 낙선재 후원 담장엔 특이하게도 원형 만월문을 만들었다. 건물과 후원 사이에는 작은 석축들을 계단식으로 쌓아 화초를 심었고, 그 사이사이에 세련된 굴뚝과 괴석들을 배열했다. 후원 세 곳은 마치 건축과 한 몸을 이룬 듯 잘 어울려 기품과 아름다움이 넘친다. 궁궐이 품격과 여인 공간 특유의 아기자기함이 어우러진 우리나라의 대표적인 궁궐 정원이라 평가할 만하다.

낙선재가 일반에 널리 알려진 것은 영친왕의 비 이방자 여사가 이곳에서 생활했기 때문이다. 영친왕은 고종의 아들이자 조선의 마지막 임금 순종의 이복동생으로 일제에 의해 반강제로 일본 유학을 떠나 그곳에서 일본 귀족의 딸과 결혼했다. 그는 일본 육군사관학교를 졸업하고 일본군 장성을 지내기도 했다. 1963년 병자의 상태로 귀국했다가 1970년에 사망하였다. 그후 영친왕의 비 이방자 여사는 1989년 세상을 뜰 때까지 낙선재에서 생활하였다.

承華樓

희정당
침전에서 편전으로 바뀌다

인정전이 창덕궁의 으뜸 전각이라면 희정당은 왕이 가장 많이 머물렀던 건물이었다. 원래 이름은 숭문당이었느나 1494년에 희정당으로 바꾸었다. 편전인 선정전이 비좁고 종종 국장을 위한 혼전으로 쓰이면서, 침전이었던 희정당이 편전 기능을 대신하였다. 1917년 화재로 소실된 것을 1920년에 경복궁 강녕전을 옮겨 다시 지었다. <동궐도>에 그려진 원래의 희정당은 여러 돌기둥 위에 세운 아담한 집이었고 마당에 연못도 있었다. 지금의 모습과 완전히 다르고, 강녕전과도 다르다. 재건된 희정당 내부는 쪽마루와 카펫, 유리 창문, 천장 샹들리에를 설치하여 서양식으로 꾸몄다.

효명세자의 못 다 핀 개혁 정치의 꿈 희정당은 정조의 손자이자 순조의 아들인 효명세자가 승하한 곳이기도 하다. 외모와 총명함은 물론이고 책을 좋아하는 모습까지 할아버지 정조를 빼닮았다고 전해지는 효명세자. 순조의 명으로 19세에 대리청정을 시작한 효명세자는 안동 김씨 세력과 맞서 참신한 인재를 등용하고 개혁 정치를 펼쳤다. 그러나 아버지의 희망, 할아버지의 이상, 그리고 조선 백성들의 염원을 이루지 못하고 22세의 꽃다운 나이로 요절하고 말았다. 정사를 돌본지 겨우 3년 3개월 만이었다. 생전에 효명세자는 후원에 작은 공부방 의두합을 짓고 이곳에서 독서를 즐겼다.

대조전
비극적 역사를 품은 침전

대조전은 창덕궁의 정식 침전으로 왕비의 생활공간이다. '대조'란 대업을 이룬다는 의미로, 왕업을 계승할 왕자가 탄생한다는 데에서 비롯한 이름이다. 대조전은 희정당과 마주보는 구조로, 희정당에서 업무를 마친 왕이 바로 침전으로 건너올 수 있도록 복도로 연결되어 있다. 대조전 뒤쪽 경사진 언덕에는 계단식으로 장대석을 쌓아 화단을 조성하여 굴뚝을 세우고 화초를 심었다. 바깥 출입이 자유롭지 못한데다 내명부의 일로 지친 왕비가 심신을 달랠 수 있도록 조성한 것이다. 경복궁 교태전과 낙선재에도 이와 비슷한 뒤뜰이 있다. 대조전은 1917년 불타 없어졌으나 1920년 경복궁의 침전인 교태전을 옮겨 다시 지었다. 희정당과 마찬가지로 내부는 서양식으로 개조하였으며, 왕실 생활의 마지막 모습이 비교적 잘 보존되어 있다. 대조전 부속 건물의 하나인 흥복헌은 1910년 마지막 어전회의를 열어 경술국치가 결정되었던 비극의 현장이다.

비원 손칼국수 창덕궁 옆 국수집

원서동 창덕궁 돌담길 왼편, 북촌1경 근처에 있는 35년 전통의 손칼국수집이다. 정확한 위치는 한정식집 용수산 건너편 포르투갈 대사관 옆이다. 북촌에서 손꼽히는 집으로 주 메뉴는 사골국물을 기본으로 한 소고기 칼국수이다. 담백해서 질리지 않는 맛으로 유명하다. 김치나 깍두기랑 함께 먹으면 더 맛있다. 손만두나 전도 칼국수 못지않게 맛이 좋기로 소문이 나 있다. 주차장이 없으므로, 차를 가지고 갈 때는 창덕궁 돌담 옆 공영주차장을 이용해야 한다. 지하철 3호선 안국역에서 걸어서 5분 거리이다.

주소 종로구 창덕궁1길 9-1 전화 02-744-4848

찾아가기 안국역 2번 출구에서 도보 5분

영업시간 **월~금** 11:30~21:30 **주말** 11:30~19:30

예산 1만원 이내

깡통만두 북촌의 이름난 만두집

1988년에 문을 열어 30년 동안 이어오고 있는 수제 만두집이다. 북촌 헌법재판소 맞은편 재동의 좁은 맛집 골목에 자리 잡고 있다. 종종 TV 음식 프로그램에 나올 만큼 제법 이름난 집이다. 이 집은 직접 뽑은 생면, 손수 빚은 만두, 오래 우려낸 사골 육수가 맛의 핵심이라고 내세운다. 칼국수와 만두를 함께 넣은 칼만두와 만두전골이 이 집의 대표 메뉴이다. 온반, 손만두국, 비빔국수, 조랭이떡만두국 등도 맛이 좋기로 이름이 난 편이다. 간단한 식사를 할 거라면 칼만두와 손만두국을 추천한다. 3~4명이 식사 겸 술안주로 즐길 거라면 만두전골을 추천한다. 육전, 파전, 생선전 등 간단한 술안주도 갖추고 있다. 김치손만두국은 겨울철만 판매하고, 보쌈은 예약 주문만 받는다. 매주 일요일은 휴무이고, 주차할 공간은 없다.

주소 종로구 북촌로2길 5-6 전화 02-794-4243

찾아가기 안국역 2번 출구에서 도보 3분 이내

영업시간 **월~금** 11:30~21:30 **토** 11:30~20:00(브레크타임 15:30~17:00) 휴무 매주 일요일 예산 1만원~4만원

창덕궁 후원

아시아의 3대 정원

창덕궁 달빛 기행 안내 창덕궁 야간 개장이 4~10월까지 120일간 운영된다. 창덕궁과 후원 달빛 산책, 전통예술공연, 다과 시식 등으로 2시간 동안 진행되며, 하루 150명에 한해 전화 및 인터넷 예매제로 운영된다. 참가비는 1인당 3만원이며, 최대 4인까지 가능하다.

예매 1544-1555 또는 인터파크티켓 http://ticket.interpark.com

코스 창덕궁과 후원 달빛 산책, 전통예술공연, 다과 시식 시간 20:00~22:00

참가비 3만원

창덕궁 후원은 조선 왕실의 대표적인 정원이다. 궁궐 뒤에 있어서 '후원', 궁궐 북쪽에 있어서 '북원', 왕족 이외에 들어갈 수 없는 금지구역이라 '금원', 궁궐 안에 있어서 '내원', 왕의 정원이라 '상림원', 비밀스런 공간이라 '비원' 등으로 불렸다. 후원은 중국의 이화원, 일본의 겐로쿠엔과 더불어 아시아의 3대 정원 중 하나로 꼽힌다. 자연 지형을 그대로 살리면서 골짜기마다 아름다운 숲과 정자를 만들었다. 약간의 인위적인 손질을 더해 자연을 더 아름답게 완성한 절묘한 솜씨이다. 후원은 다양한 용도로 사용되었다. 자연 풍광은 즐기며 시를 짓고 학문을 논하는 것은 물론 과거시험, 군사 훈련, 임금이 베푸는 잔치, 농사 체험, 누에치기 등 갖가지 야외 행사가 열렸다. 후원은 인터넷 예약 후 문화해설사의 안내에 따라 관람해야 한다. 결제는 신분증 제시 후 관람 당일 매표소에서 하면 된다. 창덕궁 야간 개장창덕궁 달빛 기행, 4월~10월 때에도 후원을 관람할 수 있다.

인터넷 예약 www.cdg.go.kr:9901 요금 8천원 관람 시간 90분

부용지와 주합루
정조와 정약용이 '수어지교'를 나눈 곳

사각 연못 부용지와 2층 누각 주합루가 있는 후원의 중심 정원이다. 부용지부용은 연꽃을 뜻한다. 한 가운데 작고 둥근 섬 위에 소나무 한그루가 심어져 있다. 하늘은 둥글고 땅은 네모지다천원지방는 조형 원리에 따라 조성된 것으로 사각의 연못은 땅을, 가운데 둥근 섬은 하늘을 상징한다. 연못가에 있는 부용정은 연못에 피어 있는 한 송이 꽃을 닮았다. 왕은 이 정자에서 낚싯대를 드리웠다. 가끔은 비단 돛을 단 배를 띄우고 시도 짓고 꽃놀이도 즐겼다.

부용정 맞은편에는 2층 누각인 주합루가 있다. 1776년 정조 때 지은 도서관 건물이다. 주합루로 오르기 위해서는 어수문을 지나야 한다. 가운데 큰 문을 사이에 두고 양옆에 작은 문이 하나씩 나 있는데, 크고 높은 가운데 문은 왕이 드나들고 양 옆 작은 문은 신하들이 다녔다. 어수문은 '수어지교'에서 비롯되었다. 왕과 신하와의 관계는 물과 물고기처럼 떼려야 뗄 수 없는 사이라는 의미이다. 어수문 위쪽 주합루 1층은 서고인 규장각이고 2층은 열람실 겸 누마루인 주합루이다. 규장각은 문장을 담당하는 규수별가 빛나는 집이라는 뜻이고, 주합루는 우주와 통하는 집이라는 의미이다. 정약용, 박제가, 유득공 갈

은 조선 후기 문신들이 정조와 더불어 '수어지교'를 나누었다. 현판은 학문을 부흥하고자 인재를 과감히 등용한 정조가 직접 쓴 것이다.

주합루 옆에는 '책의 향기가 그윽한 곳'이라는 의미를 담은 서향각이 있다. 왕의 초상화나 글씨, 규장각의 도서를 말리는 장소로 사용되었다. 부용지 옆에는 건물 앞뒤에 툇마루를 둔 영화당이 있다. 왕의 휴식처이자 왕이 입회하는 특별 과거 시험장으로 쓰였다.

애련지

불로문과 연꽃 연못

부용지에서 후원 안쪽으로 좀 더 깊이 들어가면 왼편으로 담장이 나온다. 담장에는 '늙지 않는 문'이라는 뜻을 가진 '불로문'이 서 있다. 통으로 된 큰 돌을 깎아 만들어 이음매가 없다. 십장생의 하나인 돌로 왕의 불로장생을 기원하는 문을 만들었다. 이 문을 통과하면 오래 살 수 있다고 믿었다. 불로문을 들어서면, 연꽃을 사랑한다는 의미를 담고 있는 애련지가 있다. 연못 가운데 섬을 쌓고 정자를 지었는데 지금 그 섬은 없고 정자는 연못 북쪽 끝에 걸쳐있다. 연꽃을 특히 좋아했던 숙종이 정자에 애련愛蓮이라는 이름을 붙여주었다. 숙종은 '내 연꽃을 사랑하는 이유는 더러운 곳에 처하여도 맑고 깨끗하여 군자의 덕을 지녔기 때문이다'라고 새 정자의 이름을 지은 까닭을 밝혀 놓았다. 정조의 손자이자 순조의 아들인 효명세자는 애련지 남쪽에 개인 서실을 짓고 주경야독을 했다. '기오헌'이라는 현판이 붙은 서재는 단청이 없는 매우 소박한 건물이다.

관람정과 존덕정
정조와 손자 효명세자가 즐겨 찾은 곳

존덕정 일원은 후원 가운데 가장 늦게 조성된 곳이다. 원래는 둥글거나 네모난 작은 연못 세 개가 있었으나 1900년대 이후 곡선형 연못 하나로 통합되었다. 연못 생김새가 한반도 모습과 유사하게 보인다. 연못을 중심으로 겹지붕 육각형 정자인 존덕정, 부채꼴 형태를 한 관람정, 서쪽 언덕 위에 위치한 길쭉한 맞배지붕의 폄우사, 관람정 맞은편의 승재정 등 형태가 다양한 정자가 있다. 폄우사는 '어리석음을 일깨우는 공간'이라는 의미이며 효명세자가 자주 머물던 독서채이다. 원래 부속채가 딸린 'ㄱ'자의 모양이었으나 지금은 부속채가 없어져 단출한 모습이다. 숲속에 자리 잡은 승재정은 날렵한 사모지붕을 이고 있다. 현재는 마루로 되어있지만 집 뒤쪽 아궁이로 보아 온돌이 있었던 것으로 짐작된다. 효명세자를 위한 배려로 보인다.

존덕정은 이 일대에서 가장 오래된 것으로 육각형 모양 정자이다. 존덕정 천장 중앙의 쌍룡이 여의주를 희롱하는 그림은 왕권의 지엄함을 상징한다. 북쪽 창방에는 글이 빽빽하게 적힌 나무판이 걸려있다. 정조가 쓴 '만천명월주인'이라는 글이다. '만 개의 개울에 만 개의 달이 비치지만 하늘에 떠 있는 달은 바로 정조 자신뿐'이라는 뜻으로 강력한 왕권을 선포하는 내용이다. 평생 왕권 강화와 개혁 정치를 위해 노력했던 정조의 음성이 들리는 듯하다.

옥류천과 태극정
영조와 정조가 자연을 즐긴 곳

관람정을 지나 산마루 턱을 오르다 보면 취규정이 보인다. 별들이 모여든다는 뜻을 가진 정자이다. 취규정에서 북쪽 아래로 가면 옥류천이 나온다. 옥류천은 후원 북쪽 가장 깊은 골짜기에 흐르는 작은 물길이다. 1636년 거대한 바위인 소요암을 깎아 내고 그 위에 홈을 파서 휘도는 물길을 끌어들여 작은 폭포를 만들었다. 곡선형 수로를 따라 흐르는 물 위에 술잔을 띄우고 시를 짓는 유상곡수연을 이곳에서 벌이기도 했다. 바위에 새겨진 '옥류천' 세 글자는 인조의 친필이다. 숙종은 이 일대 경치를 읊은 오언절구 시를 새겨놓았다. 옥류천 주변엔 규모가 작은 정자를 배치했다. 소요정, 태극정, 농산정, 취한정, 청의정을 곳곳에 세워, 다양한 방향에서, 조금씩 다른 정원 풍경을 감상할 수 있도록 한 점이 눈길을 끈다. 작은 논을 끼고 있는 청의정은 볏짚으로 지붕을 덮은 초가이다.

개혁 군주 정조도 가끔 후원의 정취를 즐겼다. 특히 농산정을 좋아하여 이곳에서 밤을 지내기도 하였으며, 화성 행차 준비도 이곳에서 했다. 화성은 정조가 아버지 사도세자의 묘에서 가까운 곳에 건설한 신도시였다. 가마 메기 등 화성 행차 예행 연습을 한 뒤 농산정에서 신하들에게 음식을 대접했다.

연경당
사대부 살림집을 닮았다

효명세자가 아버지 순조에게 존호왕의 업적을 찬양하기 위해 올리는 호칭를 올리는 의례를 행하기 위해 창건했다. 사랑채·안채·행랑채·서재·정자 등으로 구성되어 있다. 지금의 연경당은 고종 때 수리하며 일부는 새로 지은 것이다. 사대부 살림집을 본떠 지었고 단청을 생략하였다. 사랑채와 안채로 구분하여 지었으나 내부가 연결되어 있는 점도 사대부 살림집과 유사하다. 그러나 일반 민가가 99칸으로 제한된 데 비해, 연경당은 109칸으로 규모가 더 크다.

연경당의 정문 이름은 장락문이다. 달나라에 있다는 장락궁에서 빌려온 이름이다. 신선처럼 아무 걱정과 근심 없이 살고 싶다는 염원을 담았다. 장락문을 통해 행랑 마당으로 들어서면 바깥 행랑채가 나온다. 왼쪽에는 가마를 두던 곳, 오른쪽에는 마구간이 있다. 북쪽으로 두 개의 중문이 있다. 오른쪽 문은 사랑채로 통하는 장양문이다. 가마나 말을 타고 드나들 수 있도록 솟을 대문으로 지었다. 왼쪽에는 안채로 통하는 수인문이 있다.

연경당 동쪽에 있는 선향재는 서재이다. 청나라풍 벽돌을 사용하고, 지붕에 동판을 씌우고, 도르래식 차양을 설치하는 등 이국적인 느낌이 풍기는 독특한 건물이다. 서재 뒤편에 계단식 정원을 만들었다. 선향재 위쪽에는 정자 농수정을 배치했다. 마치 새가 날개를 편 것 같이 날렵한 모습이다.

창경궁

영조와 정조, 진경문화를 열다

창경궁은 고요하고 서글픈 궁궐이다. 사연이 많기에 비밀도 많고 슬픔도 많다. 고난을 두 눈 가득 담고 말하는 법을 잊어버린 여인 같다. 창경궁 터는 1418년 세종이 상왕인 태종을 위해 창건한 수강궁이 있던 곳이다. 성종은 이곳에 세 명의 대비정희왕후, 소혜왕후, 안순왕후를 모시기 위해 다시 궁궐을 짓고 창경궁성종 14년, 1483이라 이름 붙였다. 애초에 왕비와 대비를 위해 지은 궁궐이었지만, 많은 왕이 머물렀던 곳이기도 하다. 특히 영조와 정조 시대에는 진경문화를 여는 베이스캠프 역할을 했다. 장희빈과 혜경궁 홍씨, 대장금과 같은 왕실 여인의 이야기, 영조와 사도세자의 비극적인 이야기, 소현세자와 정조의 독살 미스터리 같은 비정한 권력의 역사도 더해져 있다. 일제 때에는 동물원과 식물원, 유원지로 전락하는 수모도 겪었다. 창경궁은 이 모든 것을 지켜보았으나 누구에게나 함부로 얘기할 수 없었던 슬픔이 깊게 스며든 궁궐이다.

창경궁 야간 개방

일시 **3월부터 10월까지 120일**
관람시간 19:00~22:00
인터넷 예매 http://ticket.auction.co.kr
http://ticket.interpark.com
관람료 **1천원**

전화 **02-762-4868** 찾아가기 **지하철 4호선 혜화역, 3호선 안국역, 1호선 종로5가역에서 도보 7~12분** 휴궁일 **월요일** 홈페이지 **cgg.cha.go.kr**

홍화문

임금이 백성과 소통하던 문

홍화문보물 384호은 400년 된 창경궁의 정문이다. 창건 후 임진왜란 때 소실되자 광해군 8년1616년에 재건하였다. 2층 누각형식으로 지은 홍화문은 조선의 궁궐 정문 중 유일하게 동쪽에 있다. 다른 궁궐 정문과 달리 위엄보다 친근함이 느껴진다. 소박한 느낌은 크기 때문이 아니라 영조와 정조대왕에 얽힌 애민 이야기 때문일 것이다. 영조는 균역법 같은 법령을 놓고 홍화문 앞에서 직접 백성을 만나 소통했다. 정조는 어머니 혜경궁 홍씨의 회갑을 기념하여 홍화문 앞에서 가난한 백성들에게 쌀을 나누어 주었다. 백성들에게 쌀을 나누어 주던 모습을 담은 그림이 남아 있는데, 이것이 <홍화문 사미도>이다. 홍화문은 왕과 백성을 연결하는 문이었다. 홍화弘化라는 이름은 덕행으로 백성을 감화시키고 널리 떨친다는 의미를 담고 있다.

옥천교

귀한 물 금천이 흐른다

홍화문을 들어서면 옥류천이 흐르고, 이 개천 위를 가로질러 다리가 놓여있다. 만든 지 500년도 더 된 옥천교보물 386호이다. 대궐에 흐르는 물을 명당수라 하고, 궁궐 정문 안쪽에 흐르는 물길을 금천이라 하는데, 이 옥천교 아래로 흐르는 물이 귀하디귀한 금천, 즉 옥류천이다. 궁궐의 물길 중에서 자연수가 흐르고 있는 곳은 창경궁 옥류천뿐이다. 옥천교 난간 아래에는 무지개 모양의 홍예 두 개가 있고 홍예 사이에는 귀면귀신의 얼굴을 부조한 돌이 박혀 있다. 귀면상은 궁궐로 나쁜 기운이 들어오는 것을 막기 위해 새겨놓은 도깨비상이다. 그 모습이 더 험악해야 했을까? 궁궐이 놀이공원이 되는 수모를 막아내지 못한 귀면상은 일제가 창경궁을 창경원으로 만들 때 땅에 묻히는 오욕까지 감내해야 했다. 복원된 옥천교 귀면상이 이제는 막강한 힘을 발휘하길 기대해본다.

명정전
아담하고 단아한 기품이 돋보인다

오래된 건물에서는 예외 없이 그 건물이 품은 시간의 힘과 내공이 느껴진다. 창경궁의 정전인 명정전국보 226호은 다른 궁의 정전에 비해 품세가 크지 않은 단아한 단층 건물로, 현존하는 궁궐 정전 가운데 가장 오래된 건축물이다. 창건 후 임진왜란 때 소실된 것을 1616년광해8년에 재건했다. 명정전은 왕실의 공식 행사보다는 연회장으로 자주 사용되던 곳이다. 구석구석 살펴보면 소소한 매력이 담겨 있다. 특히 퇴방과 마당 사이에 있는 좁은 마루를 내달아 만든 복도가 있는데, 이 복도는 돌계단으로 연결되어 내전으로 향하는 빈양문까지 이어져 있다. 명정전 마당은 궁궐의 여러 마당 가운데 필자가 가장 좋아하는 곳이다. 조정 앞마당에는 박석이 자연스럽게 펼쳐져 있다. 품계석 뒤로 가 과거를 치르는 선비처럼 앉아 보거나, 마루 위에서 임금의 시선으로 조정을 내려다 보는 것도 재미있다.

문정전
사도세자의 비운을 지켜 본 왕의 집무실

건물에도 운명이 있다면 문정전은 잔혹한 운명을 타고났음이 분명하다. 문정전 앞뜰은 아버지가 아들을 뒤주에 가둬 죽인 잔혹한 사건이 벌어졌던 곳이다. 문정전 월대에 앉으면, 살려달라고 울부짖었을 사도세자와 뒤주에 못을 박아 아들을 가두는 영조대왕, 그 모습을 목도한 정조의 피눈물 어린 비극이 고스란히 느껴진다. 왕과 아들이 왕좌를 놓고 대립하는 정적관계였던 역사는 적지 않지만, 아버지가 아들을 직접 못 박아 가두고 굶겨 죽인 경우는 찾아보기 어렵다. 250년이 지났지만 문정전 앞뜰을 담담히 지나기는 쉽지 않다. 수백 년간 조선과 대한제국을 거쳐 오늘에 이르기까지 노론으로 대표되는 정치 집단에 대한 깊은 상념이 가슴에 인다. 문정전은 왕이 공식 업무를 보던 편전이다. 임금은 남쪽을 보고 나랏일을 봐야한다는 유교적 원칙에 따라 남향으로 지어 묘하게도 정전인 명정전을 외면하고 있다.

관천대와 궐내각사터

아직도 역사 이야기가 아프게 흐른다

창경궁 남쪽 동궁터 일원에는 천문을 관측하던 시설인 관천대가 있다. 높이 2.2m로 축조된 관천대는 보물 851호로, 1688년숙종 14에 세워졌으며, 17세기 유물임에도 완전한 모습을 갖추고 있다. 관천대 동쪽과 남쪽에는 잘 자란 나무들이 서 있는 빈터가 있는데, 이곳은 궁궐 내의 관청인 궐내각사가 있던 곳이다. 이곳이 예사롭지 않은 건 일제가 건물을 모두 허물고 동물원을 만들었던 곳이기 때문이다. 궐내각사 동남쪽에는 동궁세자가 정무를 보던 곳의 정문인 선인문이 있다. 이 선인문 앞에는 수령 400년 된 회화나무 한 그루가 서 있다. 문정전 뜰에서 뒤주에 갇힌 사도세자는 8일 만에 선인문 회화나무 아래에서 죽음을 맞이했다. 이 회화나무는 한 번 보면 잊기 힘든 괴이한 모습을 하고 있다. 사도세자의 죽음을 지켜본 나무가 괴로움에 몸을 비틀고 엎드려 울고 있는 것 같아 마음이 아파온다.

경춘전

정조, 이곳에서 태어나다

경춘전은 성종 때 인수대비소혜왕후를 위한 침전으로 창건되었다. 그 후로도 많은 왕비와 세자빈 등 왕실 여인의 공간으로 사용되었지만, 알고 보면 경춘전은 정조의 전각이다. 사도세자는 경춘전에서 잠을 자다 꿈을 꾸었다. 용 가운데 최고라는 흑룡이 여의주를 물고 나타난 태몽이었다. 사도세자는 꿈이 너무 생생하여 경춘전 안 동쪽 벽에 흑룡을 그려 '묵룡도'를 새겨 넣기도 했다. 그리고 몇 달 뒤 정조가 경춘전에서 태어났다. 정조의 어머니 혜경궁 홍씨는 말년에 이곳에서 한 많은 인생을 회고한 한중록을 쓰고 승하했다. 지금의 경춘전은 1834년순조34년 재건한 것이다. 경춘전 계단에 앉아 하늘을 올려다보고 있으면 위대하고 지혜로운 왕 정조가 떠오른다. 그가 좀 더 오래 살아 조선을 이끌었다면, 부패한 지배 세력 노론에 맞서 싸우며 역사를 바꿔 놓았다면, 오늘의 우리는 더 좋은 세상에 살고 있으리라!

환경전

대장금과 소현세자의 사연을 품다

내전 한가운데 가장 양지 바른 곳에 '기쁘고 경사스러운 집'이라는 뜻을 가진 환경전이 있다. 경춘전을 오른팔에 안은 듯한 자세로 정남향을 향해 당당히 자리 잡고 있다. 경춘전, 통명전, 양화전, 환경전은 주로 왕과 왕비의 생활 공간으로 사용하던 내전이었다. 환경전은 주로 왕과 왕자의 침전으로 쓰였다. <중종실록>에는 대장금이 환경전에서 중종을 진료했다는 기록이 남아 있다. 또 환경전에는 사도세자 못지않은 비운의 왕세자 소현세자의 죽음이 깃들어 있다. 소현세자는 병자호란 후 청에 볼모로 잡혀갔다가 9년 만에 돌아와 곧바로 환경전에서 의문의 죽음1645을 맞이했다. 그는 청에서 서구 문명과 새로운 국제 정세에 눈을 뜨고 조선의 변화를 꿈꾸었던 사람이었다. 인조실록조차 죽음의 이유를 명확하게 기록하지 않아 독살을 의심한다. 지금도 그렇지만 당시에도 기득권 세력은 냉혹하기 그지없었다.

통명전

장희빈의 욕망을 생각하다

통명전보물 818호은 창경궁의 모든 전각 중에 가장 극적인 장소로, 장희빈의 욕망과 저주가 서린 곳이다. 그녀는 궁궐 안 주인 가운데 가장 드라마틱한 삶을 살았던 여인이다. 통명전은 궁궐 가장 깊숙한 곳에서 임금이 머물던 전각을 내려다보는 위치에 놓여 있다. 게다가 박석을 깐 마당을 거느리고 월대 위에 앉은 품세가 도도하기까지 하여 마음을 사로잡는다. 통영전 지붕에는 다른 전각에서 흔히 볼 수 있는 용마루를 얹지 않았는데, 이는 왕비의 몸에 다음 왕용이 들어설 때 다른 용에 눌리지 않게 하려고 이렇게 한 것이다. 중인 출신 장희빈이 통명전의 주인이 되기까지 얼마나 많은 사연과 슬픔이 있었을지, 같은 여자로서 이해하고 싶어지기도 한다. 여인들의 질투와 욕망의 역사를 담고 있는 통영전은 현존하는 중궁전 가운데 가장 오래된 전각1834년 재건이다.

영춘헌과 집복헌

정조의 죽음과 순조의 탄생을 지켜보다

영춘헌은 개혁 군주 정조가 독서를 즐겼던 곳이다. 그는 가벼운 종기로 시작된 병으로 보름 만에 갑자기 이곳에서 숨을 거두었다. 산업혁명과 시민혁명으로 전 세계가 근대화를 준비하던 18세기, 정조 또한 완고한 신분제를 완화하고 기술과 상업을 활성화 하는 등 조선의 근대화를 착착 준비하고 있었다. 조선의 미래는 밝아보였다. 하지만 정조 사후 정순왕후와 노론 강경파는 조선을 쇠락의 길로 내몰았다. 그의 죽음은 다시 생각해도 너무 안타깝다. 영춘헌 서쪽에 있는 집복헌은 정조의 아버지 사도세자와 아들 순조가 태어난 곳이다. 집복헌과 양화당 사이에는 큰 바위 하나가 있다. 일제는 창경궁으로 흐르는 북악산의 정기를 끊기 위해 이곳에 말뚝을 박았다. 일제는 잔인했고 참으로 엽기적이었다. 영춘헌에서 정조를 만나고 집복헌에 갔다가 말뚝을 보고 있으면, 궁궐이 그저 옛 이야기나 들려주려고 존재하는 것은 아니라는 생각이 든다. 고칠 수 없는 슬픈 역사를 상기시켜 주고, 우리가 나아갈 방향을 찾을 수 있도록 도와주는 것 같다.

자경전터와 춘당지

지우고 싶으나 물빛은 아름답다

자경전은 정조가 즉위 직후 어머니 혜경궁 홍씨에게 지어 선사한 침전으로, 창경궁에서 가장 깊고 높은 곳에 있었다. 일제는 이 터에 박물관을 지었다. 지금은 수풀이 우거진 빈터이다. 춘당지는 창경궁의 후원에 있는 연못이다. 큰 연못에 작은 못이 이어진 호리병 모양이다. 큰 연못 자리는 조선의 임금이 몸소 농사를 지어 장려하고 풍·흉을 예측하던 권농장이 있던 내농포였다. 일제는 이 농토를 파헤쳐 연못으로 만들어버렸다. 내농포는 사라졌지만, 춘당지에 비친 물그림자는 씁쓸한 마음을 아는지 모르는지 아름답기만 하다.

대온실

최초의 서양식 온실

이미 벌어진 일을 거부하고 싶지만 현실로 받아들여야 한다는 것은 쉬운 일이 아니다. 춘당지의 물빛은 아름다우나 그곳은 본래 조선의 임금들이 직접 농사를 지어 백성을 사랑하는 마음을 표현하는 농토였다. 일제는 애민사상을 지우기 위해 농장을 밀고 호수로 만들어 버렸다. 대온실도 마찬가지다. 대온실은 일제가 창경궁을 창경원으로 개조할 목적으로 만든 식물원이다. 왕궁을 놀이공원으로 만든 그들의 파렴치함에 두 손이 불끈 쥐어진다. 창경궁이 복원되면서 동물원은 헐어버렸으나 대온실은 그대로 남겨두었다. 준공 당시 동양 최대의 목조 식물원이었으며, 우리나라 최초의 서양식 온실이라는 역사적 의미를 인정한 것이다. 건축적으로도 아름다워 등록문화재 83호로 지정되었다.

주소 종로구 창경궁로 185 전화 02-762-4868 찾아가기 혜화역 3번 출구로 나와 서울대 연건캠퍼스 학생회관 앞 왼쪽으로 접어들어 대학로9길과 창경궁로26번길로 이동. 도보 15분 소요 휴관 월요일(현재 공사중. 2017년 12월 재개관)
홈페이지 http://cgg.cha.go.kr/

칼국수닷컴 면 요리의 진수

처음 식당 이름을 보면 대개는 고개를 갸우뚱한다. 솔직히 맛에 대해 의문이 드는 이름이다. 손칼국수집 이름에 닷컴이 붙은 게 썩 내키기 않지만, 그러나 국물 한 숟갈 입에 담는 순간 모든 의심은 사라진다. 다른 표현이 필요 없다. 진짜 칼국수 그 자체이다. 바지락으로 깨끗하게 끓인 국물에 호박과 김이 올라간 칼국수는 물론 수제비도 엄마가 끓여주던 그 맛이다. 이 집의 김치는 칼국수의 맛을 배가시킨다. 배추김치와 열무김치 모두 직접 담근 김치로, 보기만 해도 침이 고인다. 면은 주문을 하는 순간 반죽을 밀어 뽑아내 쫄깃하기 그지없다. 김치전에는 브로콜리가 들어가 있어 첫인상은 좀 낯설지만 맛은 일품이다. 여름이 끝나가는 초가을에 땀을 쭉 빼며 먹은 칼제비와 김치전은 단연 최고였다. 종로5가 보령제약 빌딩 맞은편에 있으며 창경궁에서 걸어서 5분 거리에 있다.

주소 종로구 창경궁로 131-1 전화 02-743-7300 찾아가기 종로5가 보령제약 빌딩 맞은편. 창경궁에서 걸어서 5분
예산 5~6천원

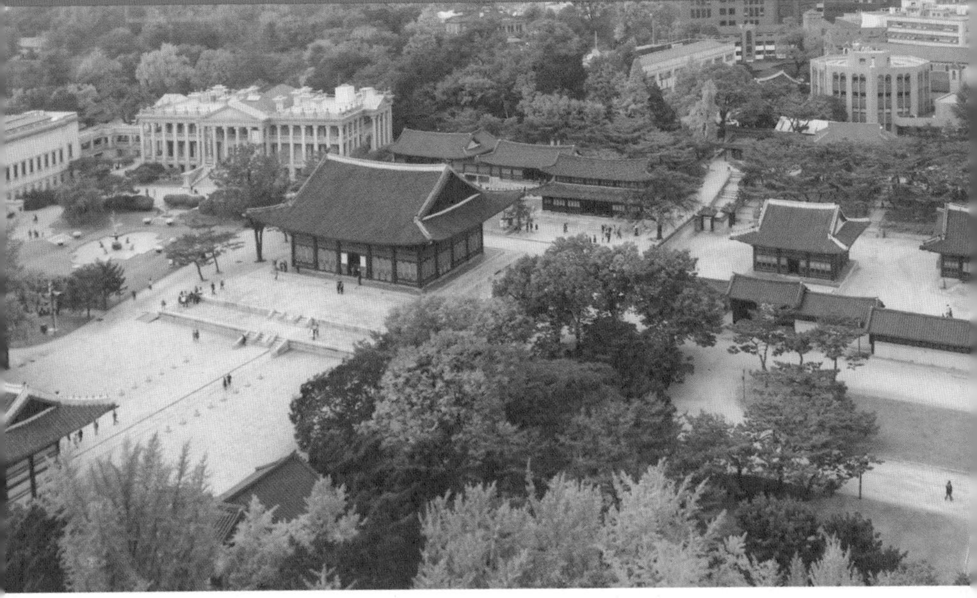

덕수궁

목조와 석조의 조화
그리고 근대의 아픔

덕수궁 대한문으로 들어서는 순간, 도시의 소음은 거짓말처럼 사라진다. 시간이 멈춘 듯 고요하고 은은하다. 덕수궁은 원래 월산대군성종의 형의 저택이었으나, 임진왜란으로 궁궐이 모두 불타자 임시 궁궐로 사용되면서 경운궁이라 불렸다. 그 뒤 대한제국 출범과 함께 역사의 중심에 등장했다. 그 무렵 덕수궁 주변으로 외국 공관과 근대 교육 기관, 난생 처음 보는 교회가 몰려들었다. 100년 전 정동은 서양 문물이 밀려드는 가장 핫한 곳이었다. 석조전이 들어선 것도 그 무렵이었다. 1907년 고종의 장수를 빈다는 뜻을 담아 이름을 경운궁에서 덕수궁으로 바꾸었다. 고종은 장수를 했으나 대한제국은 몇 년 후 일제에 쓰러지고 말았다. 덕수궁 관람은 자유제이나 석조전은 인터넷 예약제이고, 덕수궁 미술관은 별도 입장료를 내야 한다. 매월 한번 석조전 앞에서 무료 음악회가 열린다. 인터넷으로 선착순 신청을 받는다.

주소 중구 세종대로 99 전화 02-771-9952 찾아가기 지하철 1호선과 2호선 시청역에서 도보 1분 관람시간 09:00~21:00(월요일 휴무) 입장료 1천원 홈페이지 www.deoksugung.go.kr

대한문과 왕궁수문장교대의식

근대를 향해 문을 열다

대한문은 원래는 '크게 편안하다'는 뜻을 가진 대안문이었다. 1906년 수리를 한 뒤 대한문으로 이름을 바꾸었다. 새로 태어난 대한제국1897~1910이 영원히 창대하라는 염원을 담은 말이다. 대한문은 원래 덕수궁의 동문이었다. 정문은 남쪽으로 난 인화문이었다. 하지만 대한문 앞으로 여러 도로가 나고 환구단1897년엔 건립된 하늘에 제사를 지내는 제단. 현재 소공동 조선호텔 경내에 있다.이 건립되면서 궁궐 동쪽이 새로운 도심이 되자 대한문이 실질적인 정문 역할을 하게 되었다. 대한문을 지나면 1986년 발굴하여 정비한 금천교가 있다. 금천교를 건너 중화문 앞에 이르는 길은 궁궐의 중심 행차로이다.

대한문 앞에서는 왕궁수문장교대의식이 하루 세 차례, 순라의식이 두 차례 열린다. 조선시대 궁성에는 궁궐문을 책임지는 관청인 수문장청이 있었다. 수문장을 비롯하여 참하와 수문군이 궐 내외 수위를 담당하였다. 도성문의 개폐와 통행인 단속도 하였다. 대한문 앞에서는 1996년부터 전문가의 고증을 받아 '왕궁수문장교대의식'을 재현하고 있다. 월요일 및 혹서기·영하 5℃ 이하의 혹한기, 눈 오는 날, 비 오는 날은 열리지 않는다. 전통 의상 입기 체험, 수문장과의 포토타임도 열린다.

왕궁수문장교대의식 안내

일시 연중 상설(월요일 휴무)
장소 덕수궁 대한문
교대의식 11:00, 14:00, 15:30
순라의식 11:25~12:25(대한문-보신각), 15:40~16:10(대한문-광화문 광장)

ⓒ이학균

중화전
덕수궁의 중심 건물

대한문을 지나 은행나무가 늘어선 돌담길을 따라 걷다보면 덕수궁의 정전 중화전보물 819호이 보인다. 1902년 2층 건물로 지었으나 1904년 화재 후 단층 건물로 다시 지었다. 앞 마당 바닥에는 화강암으로 된 박석이 깔려 있고, 품계석이 양쪽으로 쭉 늘어서 있다. 중화전을 향해 박석 위를 걸으면 양쪽에서 신하들이 허리숙여 인사를 할 것 같은 느낌이 든다. 박석은 울퉁불퉁하여 불편함이 느껴지는데, 미끄러움과 빛 반사로 인한 눈부심을 방지하게 위한 선조들의 지혜가 담겨있다. 중화전은 이중월대사각 모양으로 생긴 넓은 단 위에 있어 시선이 절로 높아진다. 왕이 있는 곳을 자연스럽게 우러러 보게 되는 원리이다.

올라가는 계단 답도에는 황제를 상징하는 용 두 마리가 새겨져 있다. 중화전 월대에 올라서 건물 주변을 한 바퀴 돌아보면 각 모서리마다 넓적하게 생긴 큰 독, 드므가 놓여 있다. 드므에는 물이 담겨져 있는데, 이는 화마가 물에 비친 자신의 모습을 보고 놀라서 도망가기를 바라는 주술적인 의미이다. 실제 불을 끄기 위한 방화수 기능도 하였다. 덕수궁 드므에는 '만세' 글자가 새겨져 있는데, 이것은 중화전이 대한제국의 정전이기 때문이다. 시선을 들어 하늘을 바라보면 기와지붕 위에 토우어처구니들이 보인다. 밤이 되면 어처구니가 요정이 되어 덕수궁의 전각들을 뛰어다니며 장난을 칠 것 같은 상상을 저절로 하게 한다.

ⓒ김용순

즉조당 일원
서궁유폐와 인조반정의 현장

중화전 뒤로 세 개준명당, 즉조당, 석어당의 건물이 보인다. 이곳은 선조-광해군-인조로 이어지는 왕들의 공간으로 덕수궁의 모태가 된 곳이다. 석어당은 덕수궁에서 유일한 2층 건물로 단청을 하지 않은 것이 특징이다. 전란의 아픔을 깊이 새기는 의미와 유교 사회의 검약을 강조하던 당시 사회 분위기가 반영된 것이다. 석어당은 서궁유폐와 인조반정을 모두 지켜본 역사의 현장이다. 선조의 계비인 인목왕후 김씨가 10여 년 동안 이곳에서 감금 생활을 했다. 광해군1575~1641, 재위 1608~23은 왕위에 오른 후 왕위를 위협할 가능성이 있는 형제들을 차례로 제거하고 인목대비를 폐위시켜 경운궁에 유폐하였다. 서궁유폐는 이후 인조반정의 구실이 되었고 반정에 성공한 인조는 경운궁으로 인목대비를 찾아가 전통성을 인정받고 즉위하였다.

석어당 서쪽에 있는 준명당과 즉조당은 복도로 연결되어 있다. 즉조당은 왕이 즉위를 한 곳이라는 의미로 15대 광해군, 16대 인조가 즉위하였다. 중화전이 지어지기 전에 임시 정전으로 사용되던 곳이다. 준명당은 고종의 집무실로, 업무를 보거나 신하들과 회의를 하던 편전이다. 이후 고종이 나이 예순에 양귀인과의 사이에서 얻은 덕혜옹주의 교육을 위해 유치원으로 사용하였다. 고종의 딸 사랑을 엿볼 수 있는 전각이다.

©김용순

함녕전과 덕홍전
고종의 침전과 접견실

함녕전보물 820호은 고종 황제의 침전으로 사용하던 건물로 석어당 동쪽에 있는 전각이다. 고종이 기거하다 승하한 후 고종의 빈전상여가 나갈 때까지 왕이나 왕비의 관을 모시던 곳 및 혼전임금이나 왕비의 국장 뒤 삼년 동안 신위를 모시던 전각으로 사용되었다. 원래 함녕전에는 광명문이라는 정문이 있었는데, 현재 광명문은 덕수궁미술관 가는 길로 옮겨져 있다. 문 안쪽은 자격루, 흥천사종, 신기전기화차를 전시하는 공간으로 쓰이고 있다. 함녕전 뒤편은 계단식 정원으로 꾸미고 전벽돌로 만든 유현문과 아름다운 장식을 한 굴뚝을 설치하였다. 왕의 전각에 궁궐 여인들의 공간에나 있는 뒤뜰이라! 고종의 성격과 고민이 많은 왕의 내면을 엿볼 수 있는 대목이 아닐까. 뒤뜰을 걷다보면 불운의 왕 고종의 한숨 소리가 가늘게 들리는 듯하다.

덕홍전은 덕수궁에서 가장 나중에 지어진 건물이다. 이 건물은 강제한일병합 이후 고종 황제가 고위 관료와 외교 사절을 맞이하는 접견실로 사용하였다. 내부는 샹들리에, 봉황 단청, 오얏문양 등으로 화려하게 꾸며져 있으나 차가운 느낌을 준다. 전기 시설을 갖추고 있으며 일상 생활을 하던 곳이 아니므로 바닥은 온돌이 아닌 마루로 되어있다.

©김용순

정관헌

한국 최초의 카페

함녕전 계단식 정원 뒤쪽 언덕 위에 있다. 나무 사이로 언뜻 보이는 정관헌은 후원의 정자 기능을 대신하는 건물이다. 덕홍전과 함녕전의 휴식 공간으로 전통 양식과 서양 건축 양식이 공존하는 독특한 건물이다. 기단 위에 로마네스크 양식으로 장식한 인조석 기둥을 둘러 내부 공간을 만들고 둘레에 서양식 베란다를 설치하였다. 나무기둥도 있는데 기둥 상부에 청룡, 황룡, 박쥐, 꽃병 등 한국 전통 문양을 새겼다. 고종 황제는 정관헌에서 커피를 마시며 외교 사절들과 연회를 즐겼다. 관광객 출입이 가능한 공간이기에 테이블에 앉아 덕수궁을 내려다볼 수 있다. 정관헌에서 덕수궁을 바라보며 커피를 마시고 있는 고종을 떠올려 본다. 스러져가는 왕조를 바라보는 왕의 마음은 어땠을까? 커피보다 몇 배는 더 썼으리라.

덕수궁미술관

먼 길 돌아 다시 미술관으로

국립현대미술관의 여러 분관 가운데 하나이다. 지금은 분관이지만 1973년부터 1986년 과천으로 이전하기까지 석조전과 더불어 국립현대미술관 본관이었다. 이 건물의 역사는 참 기구하다. 덕수궁미술관은 1938년에 완성한 좌우 대칭형 3층 건물로, 중앙부에 코린트식 기둥의 현관이 덧붙여진 형식이다. 일제 때는 이왕가박물관, 해방 후에는 미소공동위원회 회의실, 유엔 국제연합한국위원단 사무실로 쓰였다. 한국전쟁 직후에는 국립박물관, 70~80연대에는 국립현대미술관으로 사용되는 등 이력이 한국 근현대사만큼이나 참 복잡하였다. 1998년 덕수궁미술관으로 개관하면서 마침내 제 자리를 찾았다. 지금은 1900년대부터 1960년대까지의 한국 근대 미술과 아시아 및 서구 근대 미술을 주로 전시하고 있다. 미술관 안에 디자인 문화 상품, 공예품, 국립현대미술관 도록을 파는 아트숍이 있다.

전화 02-2022-0600 이용시간 10:00~19:00(수·토 10:00~21:00) 휴관 월요일, 1월 1일
홈페이지 http://www.mmca.go.kr/

석조전
대한제국 역사 산책

덕수궁 돌담길을 왼쪽에 두고 궁궐 안으로 끝까지 걸어가면 전시관으로 쓰이고 있는 광명문이 나오고, 그 앞으로 커다란 분수와 석조 건물이 눈에 들어온다. 대한제국역사관이다. 광명문 옆 의자에서 석조전과 중화전, 뒤로 보이는 빌딩 숲을 함께 바라보고 있으면 중세와 근대, 현대를 동시에 느낄 수 있어 그 맛이 남다르다.

석조전은 1910년에 완성된 대한제국의 대표적인 서양식 건물이다. 고종이 황제국을 선포한 후 만들어진 대한제국 황궁의 정전으로, 대한제국의 근대화 정책을 상징하는 건물이다. 엄격한 비례와 좌우대칭이 돋보이는 신고전주의 양식이다. 접견실과 대식당, 침실, 서재 등을 갖춘 황궁 정전으로 건립되었으나 일제강점기에 미술관으로 용도가 변경된 이후 국제회의장, 박물관 등으로 사용되면서 원형이 많이 훼손되었다. 복원 공사를 한 후 2014년 10월 '석조전 대한제국역사관'으로 다시 개관하였다.

석조전은 도면과 옛 사진, 신문기사, 카탈로그 등 고증 자료의 검증을 거쳐 준공 당시 모습으로 다시 태어났다. 지하층은 고종의 근대적 개혁 자료, 대한제국의 근대 문물, 석조전 복원 내용을 전시하고 있고, 1층과 2층은 대한제국 때의 생활 공간을 재현해 놓았다. 1층과 2층은 인터넷 사전 예약제로 운영되고 있으며, 관람 시 해설자의 안내를 받을 수 있다. 나라를 지키려 발버둥치는 마지막 왕의 노력과 좌절을 동시에 느낄 수 있다.

석조전 인터넷 예약 안내 관람 예약은 7일 전부터 1인당 5매까지 가능하다. 관람 시간은 1시간 15분이며, 문화해설사의 설명을 들을 수 있다. 예약 화면을 스마트폰으로 촬영하거나 사전 출력 후 석조전 안내데스크에 제시하면 된다. (www.deoksugung.go.kr, 02-751-0753)

경희궁

정조가 이곳에서 즉위했다

지하철 광화문역에서 서울역사박물관 지나 서대문 방향으로 조금 더 가면 경희궁이 나온다. 이곳이 설마 조선시대 궁궐인가 싶을 정도로 몇 개의 문과 전각만 쓸쓸히 궁을 지키고 있다. 처음 명칭은 경덕궁이었으나 1760년영조 36 경희궁으로 바뀌었다. 도성의 서쪽에 있어 서궐이라 불렸다. 1620년 창건 이후 인조부터 철종까지 10대에 걸친 왕이 간헐적으로 이곳에 머물렀다. 특히 영조가 경희궁에 머물다 승하하였고, 정조는 경희궁에서 즉위하고 창경궁에서 승하하였다. 1910년대 일본인 학교였던 경성중학교가 들어서면서 궁궐 대부분이 헐려 나갔다. 그 이후에도 일제는 남은 건물을 민간에 불하했다. 현재까지 경희궁에 남아 있는 건물은 정문인 흥화문이 유일하다. 숭정전은 현재 동국대학교에 있고, 황학정은 사직공원 뒤편 국궁터로 옮겨져 다행히 살아 남았다. 경성중학교 자리에 들어선 서울중고등학교가 서초구로 이전 한 뒤 건물 중 일부를 복원하였다.

찾아가기 **지하철 5호선 광화문역 7번 출구와 서대문역 4번 출구에서 도보 5~6분** 관람시간 **09:00~18:00** 휴무 **월요일** 입장료 **무료**

흥화문과 숭정전

일제 때 수난을 겪은 두 건물

흥화문은 경희궁의 정문이다. 원래는 서울역사박물관 앞 현재의 구세군회관빌딩 자리에서 동쪽을 바라보고 있었다. 일제가 1932년 흥화문을 이토 히로부미를 위한 사당인 박문사 장충동 신라호텔 자리에 있었다. 정문으로 사용하기 위하여 떼어갔던 것을 1988년 경희궁 복원 사업 때 현재의 위치로 다시 이전하였다.

숭정전은 경희궁의 정전으로 국왕이 신하들과 조회를 하거나 궁중 연회, 사신 접대 등 공식 행사를 열던 곳이다. 특히 경종·정조·헌종 등 세 임금은 이곳에서 즉위식을 거행하였다. 그러나 일제가 경희궁을 훼손하면서 1926년 숭정전 건물을 조계사에 팔았다. 현재는 동국대학교 정각원으로 남아있다. 유교의 정전이 불교 법당으로 바뀐 것이다. 현 위치의 숭정원은 정각원을 본떠 복원한 것이다.

자정전과 태령전

일제가 헐어낸 것을 복원하다

자정전은 편전으로 국왕이 신하들과 회의를 하거나 경연을 여는 등 공무를 수행하던 곳이다. 숙종이 승하하였을 때는 빈전상여가 나갈 때까지 왕이나 왕비의 관을 모시던 곳으로 사용되었으며, 선왕들의 어진이나 위패를 임시로 보관하기도 하였다. 일제가 헐어 내었던 것을 발굴하여 <서궐도안>에 따라 복원하였다.

태령전은 특별한 용도가 지정되지는 않은 건물이었으나 영조의 어진을 보관하기 위해 중수하였다. 일제에 의해 흔적도 없이 파괴되었지만 2000년 <서궐도안>에 따라 정면 5칸, 측면 2칸의 건물로 복원하였다. 현판은 석봉 한호의 글씨를 집자하여 만들었다.

서암과 금천교
광해군이 경희궁을 지은 까닭은

서암은 태령전 뒤에 있는 기이한 모양의 바위이다. 바위 속에 샘이 있어 예로부터 경희궁의 명물이었다. 본래는 왕암으로 불리었는데 그 이유로 이곳에 왕기가 서려있다는 속설이 퍼졌다. 이 지역의 왕기를 누르려고 광해군이 경희궁을 지었다는 이야기가 전해진다. 1708년숙종 34에 이름을 서암으로 고치고 숙종이 직접 글자를 크게 써서 새겨 두게 하였다. 현재 서암을 새겼던 돌은 전해지지 않는다.
금천교는 흥화문과 경희궁 내 여러 전각들 사이로 흐르던 금천에 놓은 돌다리이다. 나쁜 기운이 대궐 안으로 들어오지 못하게 하려고 다리 난간에 돌짐승을 새기고 무지개 다리 사이에는 도깨비 상을 새겼다. 일제가 매몰시켰지만 2001년 서울역사박물관 앞에 복원하였다.

나무가 있는 집 경희궁 두부 전문 맛집

나무가 있는 집은 광화문과 새문안 거리에서 꽤 이름난 두부 음식 전문점이다. 구세군회관과 서울역사박물관 앞 금천교 사이 도로를 따라 성곡미술관 방향으로 조금 올라가면 나온다. 두부전골, 두부조림, 두부보쌈, 순두부찌개, 곤드레나물솥밥 등 몸에 좋은 토속 음식을 맛볼 수 있다. 매장에서 하루 두 번 직접 두부를 만든다. 강원도 정선 지역에서 유기농으로 재배한 곤드레, 산채나물, 콩 등을 사용한다. 지하철 5호선 광화문역 7번 출구에서 4분 거리에 있다. 강남구 대치동과 분당에 지점이 있다.

주소 종로구 경희궁길 10-2 전화 02-737-3888 찾아가기 지하철 5호선 광화문역 7번 출구에서 4~5분
영업시간 월~금 11:00~22:00 예산 1~4만원 홈페이지 http://www.treefullhouse.co.kr

©전성영

종묘

동양의 파르테논 신전

종묘 관람정보 주소 종로구 종로 157
전화 02-765-0195 찾아가기 지하철 1호선 종로3가역 11번 출구, 지하철 3호선 종로3가역 8번 출구, 지하철 5호선 종로3가역 8번 출구에서 도보 5분 시간제 관람 한국어, 일본어, 중국어로 문화해설사의 안내를 받으며 관람이 가능하다. 언어별 안내 시간은 http://jm.cha.go.kr에서 확인 자유 관람 매주 토요일과 매달 마지막 주 수요일, 관람 시간은 http://jm.cha.go.kr에서 확인
휴관 매주 화요일 입장료 500원~1천원
홈페이지 http://jm.cha.go.kr

종묘는 서양의 파르테논 신전에 비견되는 동양을 대표하는 신전 건축이다. 조선시대 역대 왕과 왕비의 신주神主를 모시고 제사 지내는 사당으로, 단아함과 절제미로 그 특징을 요약할 수 있다. 꼭 필요한 장식 외에는 하지 않았으며, 단청의 색깔이나 문양의 사용도 절제되어 있다. 간결함과 단순함은 신전으로서의 종묘 이미지를 더욱 숙연하면서도 성스럽게 만들어 주고 있다. 종묘는 400년 넘게 원형이 그대로 보존되고 있는, 동양에서 뿐만 아니라 세계적으로도 보기 드문 독특한 목조 건축이자 의례공간이다. 유네스코는 원형이 그대로 살아있는 신전 건축의 가치를 인정하여 1995년 12월 세계문화유산으로 등재하였다. 또 2001년에는 종묘제례와 종묘제례악을 인류 구전 및 무형유산걸작으로 등재하였다. 종묘제례는 매년 5월 첫째 주 일요일 전주 이 씨 종친들이 거행하고 있다.

정전正殿

조선의 품위를 보여주다

가로109m, 세로 69m의 넓은 월대 위에 놓인 정전은 군더더기 없는 장중함으로 조선의 품위를 보여준다. 궁궐의 화려함과 전혀 다른 아름다움이 느껴진다. 검은색 지붕과 붉은 기둥은 장식 없는 직선으로 서로 연결되어 있으며, 왕실 조상에 대한 마음을 단순하게 그러나 육중하고 경건하게 표현하고 있다.

정전은 역대 왕과 왕비의 신주를 모신 곳이다. 신주란 혼령을 새겨 넣은 나무 상징물이다. 왕과 왕비가 승하하면 궁궐에서 3년상을 치른 후 신주를 정전에 모셨다. 현재 정전에 모셔진 왕과 왕비의 신위는 대체로 우리가 역사책에서 익히 만난 왕들이다. 서쪽 첫째 칸에 태조의 신주를 시작으로 고종과 순종의 신위까지 왕과 왕비를 합쳐 모두 49위를 19칸에 모시고 있다.

종묘의 중심 건물인 정전에는 모두 3개의 출입문이 있다. 남문은 조상의 혼백이 드나는 문인 신문神門이고, 동문은 제례 때 왕과 왕세자 그리고 제관이 출입하는 문이며, 서문은 악공 등 종사원의 출입문이다. 동문에 서서 정전의 신실로 뻗은 신로혼령이 다니는 길를 바라보고 있노라면 선왕들의 은덕이 느껴지는 듯하다.

©전성영

영녕전永寧殿
영원한 평안을 소망하다

정전을 들판에 굳건히 서 있는 소나무 같은 건축물이라 한다면, 영녕전永寧殿은 뜰 안의 소나무 같은 건축물로 편안하고 온화한 분위기가 흐른다. 영녕전이라는 이름 또한 '왕실의 조상과 자손이 함께 길이 평안하라.'는 뜻을 담고 있다.

세종 때 신주를 모실 공간이 부족하게 되자 정전 서쪽에 별묘를 짓고 신주를 옮겨 모시게 되었는데, 이 건물이 영녕전이다. 규모는 작지만 검정기와, 붉은 기둥, 상월대와 하월대가 있어, 그 형식은 정전과 같다. 4칸의 중앙 태실을 중심으로 동서로 각 6칸으로 되어 있는 영녕전에는 34위의 신주를 모셨다. 지붕이 높은 중앙 태실은 이성계의 4대 조상목조, 익조, 도조, 환조와 왕비들을 모신 곳이다. 좌우 6칸에는 정전에서 옮겨 온 왕과 왕비 및 추존한 왕과 왕비의 신주가 모셔져 있다. 서협실서쪽 태실 6칸에는 조선 2대왕 정종에서 시작하여 영친왕의 신주까지 모셔놓고 있다.

종묘제례宗廟祭禮
혼을 부르는 예식

어릴 때 집에서 제사 지내던 날의 풍경이 아직도 눈에 선하다. 할아버지는 깊은 밤이지만 조상님 들어오신다고 대문과 방문을 활짝 열어놓으셨다. 엄숙한 동작으로 제사상에 음식을 올리고 향을 피우고 술을 올리셨다. 죽음이라는 이별을 치루고 올리는 제사였지만 모두들 슬퍼하기보다는 격식을 중시하는 것 같아 조금 이상하게 생각하긴 했지만, 한 가지 분명한 것은 경건한 마음으로 정성을 다하고 있다는 것이었다. 여염집 제사도 이랬는데 종묘에서 선대왕께 올리는 제사는 얼마나 대단했을지 상상이 간다.

종묘제례는 조선 최대 제사였다. 유교 예법에 따라 왕이 친히 행하는 격식 있는 제사로, 신을 맞이하는 의식, 신을 즐겁게 하는 의식, 신을 보내 드리는 의식 순으로 진행되었고, 여기에 종묘제례악이 함께 했다. 종묘제례악은 세종1447년이 만들었다. 악기의 연주에 맞추어 돌아가신 왕의 공덕을 기리는 노래와 춤으로 구성되어 있다. 제례악은 선왕들이 후손에게 복을 내려 나라가 창성하게 되리라는 기원을 표현하는 내용이었다. 이렇듯 종묘제례는 슬프거나 허무한 죽음을 기억하려는 것이 아니라 경사스러운 길사吉事이자 길례吉禮였다. 종묘제례는 정전에서는 일 년에 다섯 번, 영녕전에서는 두 번 봉행하였다. 지금은 1년에 한번 5월 첫째 주 일요일에 제례를 올린다. 종묘제례와 종묘제례악은 의례 절차, 연주와 노래, 그리고 무용이 조화를 이루고 있는 세계에서 가장 오래된 종합적인 의례문화유산이다. 유네스코는 종묘제례와 종묘제례악의 정신문화적인 가치를 높이 평가하여 2001년 5월 18일 세계무형유산걸작으로 등재하였다.

©전성영

©전성영

©전성영

계림닭볶음탕 그야말로 유명한 맛집

계림닭볶음탕은 종로3가 길거리 안쪽 음식 골목에 있는 50년 전통의 맛집이다. 식사 시간이 되면 사람들이 긴 줄을 서서 기다릴 만큼 인기가 있다. 실내에는 오밀조밀하게 탁자가 놓여 있고, 탁자마다 놓여 있는 양은그릇이 정겹다. 일하는 아주머니들은 모두 먼 길 찾아온 조카를 반가워하는 정겨운 이모 같다. 메뉴는 오로지 닭도리탕닭볶음탕 한 가지이다. 대4인, 중3인, 소2인로 양이 구분되어 있어서, 사람 수에 따라 주문하면 된다. 마늘이 듬뿍 들어 있는 매콤한 양념이 끓기 시작하면 먹음직한 냄새가 입맛을 돋운다. 칼국수나 볶음밥으로 식사를 마무리하면 한 끼가 가뿐히 해결된다. 소박하고 정겨운 지인들과 소주 한 잔 곁들이며 식사하고 싶을 때, 이웃사촌과 거리낌 없이 정을 나누고 싶을 때 찾아가기 좋은 곳이다.

주소 종로구 돈화문로4길 39 전화 02-2263-6658 찾아가기 지하철 1·3호선 종로3가역 12번 출구에서 도보 3분
영업시간 11:30~21:50(매주 일요일 휴무) 예산 2만~4만원

함흥곰보냉면 생활문화유산으로 인정받은 맛집

50년 넘은 종로 4가의 냉면 맛집이다. 이 집의 역사를 말해주는 함흥식 냉면을 뽑던 반기계식 제면기가 눈길을 끈다. 문화재청에서 지정한 생활문화유산이다. 식당은 넓고 깔끔하다. 주방은 반 개방식이다. 나이 드신 단골과 맛집 투어를 하는 사람들, 외국 여행객까지 많이 찾아온다. 회냉면, 비빔냉면, 물냉면, 왕만두가 주 메뉴이지만 불고기뚝배기, 갈비탕, 떡만두국도 많이 찾는다. 아마도 손님의 요구에 따라 메뉴가 다양해진 듯하다. 냉면 맛도 조금 변했다고 한다. 사람들의 기호에 따라 계속 연구하여 오늘의 냉면 맛이 되었다고 한다. 음식도 시대와 함께 하는 일종의 문화로 생각하며 찾아오면 더 좋을 것 같다.

주소 종로구 창경궁로 109 세운스퀘어 라이프관 401, 405호
전화 02-2273-2833, 02-2267-6922
찾아가기 지하철 1호선 종로5가역 12번 출구에서 도보 5분
영업시간 10:30~20:30(명절 휴무) 예산 8천원~1만5천원

운현궁

흥선대원군의 꿈과 좌절의 공간

운현궁 가는 길은 흥선대원군을 만나러 가는 길이기도 하다. 운현궁은 고종의 잠저潛邸, 임금이 즉위하기 전에 살던 집이며 고종의 아버지 흥선대원군 이하응1820~1898의 사저이다. 고종은 왕이 되기 전인 12살까지 이곳에서 살았다. 이하응은 아들이 왕이 되기 전 시정잡배들과 어울리고, 당시 세도가인 안동 김씨 집안을 기웃거리며 그림이나 팔아볼 궁리를 하는 몰락한 왕족의 모습을 아낌없이 보여줬다. 그러나 이것은 때를 기다리는 자의 의도적인 시나리오였다. 고종이 즉위하자1864 이하응은 대원군이 되고 그의 집은 운현궁이 되었다. '운현'은 당시 부근에 있던 언덕의 이름이다. 규모가 컸을 때는 담장 길이가 몇 리에 달했고, 네 개의 대문이 궁궐처럼 웅장하였다고 전해진다. 대단한 기세는 모두 사라지고 지금은 오히려 조촐한 기운마저 느껴진다. 마당의 큰 느티나무가 운현궁의 스토리와 세월을 품고 주인처럼 서서 우리를 맞이한다.

주소 **종로구 삼일대로 464** 전화 **02-766-9090** 관람시간 **4월~10월 09:00~19:00 11월~3월 09:00~18:00(매주 월요일 휴관)**

노안당老安堂

대원군의 호령이 들릴 듯하다

노안당은 1864년고종 1년에 지은 정면 6칸 측면 3칸 건물로, 운현궁의 사랑방 역할을 하던 곳이자 대원군의 거처였다. 온돌방과 마루, 누마루인 영화루迎和樓로 구성되어 있다. <논어>에 나오는 '노안老安'이라는 말은 '노인을 공경하며 편안하게 한다.'는 뜻이다. 그러나 흥선대원군은 언제나 행복할 수 없었다. 국정을 논의했던 곳이자 섭정하면서 호령하던 곳이었지만, 일제강점기엔 은둔의 장소였고, 결국 이곳에서 임종을 맞이했다. 노안당이라는 이름은 대원군의 이상향일 뿐이었던 모양이다. 이곳은 지금 적막하고 조용하다. 누마루에 올라 노안당 실내로 들어가면 흥선대원군이 앉아서 국정을 논하던 자리가 보인다. 조선이 근대의 거센 소용돌이에 휘말려 들어가는 모습을 지켜보며 그는 깊은 좌절감을 느꼈으리라.

노락당老樂堂

고종과 명성황후가 가례를 치른 곳

노락당은 운현궁의 중심이 되는 건물이자 안채이다. 고종 3년1866 고종과 명성황후가 이곳에서 가례를 올렸다. 노안당과 같은 해고종 1년, 1864에 지어졌으며, 가운데 대청을 중심으로 양쪽으로 온돌방을 둔 일자형 건물로 궁궐 내전 평면 구성과 같다. 기둥머리에 새 날개 모양으로 장식한 익공의 공포처마 끝의 무게를 받치기 위하여 댄 나무쪽, 동쪽 끝 노안당에서 이로당까지 이어지는 복도 등의 기법과 구조로 보아, 노락당은 궁궐과 비교해도 손색이 없을 만큼 화려하고 웅장하다. 노락당 마당에 들어서면 걸음걸이가 조심스러워지고, 어깨가 반듯하게 펴진다. 공간이 묘하게 사람을 이끄는 느낌이 든다. 왕가의 내도內道가 아직 흐르는 모양이다. 마당에 서서 대청마루를 바라보면 가례를 올린 어린 명성황후의 귀품 있는 모습이 눈에 그려진다.

이로당二老堂

품격이 흐르는 운현궁의 안채

고종 6년1869년에 증축한 이로당은 노락당과 함께 안채로 쓰이던 건물로, 노락당의 별당이다. 정면 7칸, 측면 7칸 규모의 마루와 온돌방이 있는 ㅁ자형 구조이며, 노안당과 노락당과 같은 수준의 세부 기법을 사용하여 세련된 품격을 갖추었다. 동쪽 끝 복도는 노락당과 연결되는데, 이 또한 궁궐과 흡사한 구성이다. '이로'二老는 두 노인 흥선대원군과 부대부인 여흥 민씨를 가리키는 것으로 해석할 수 있다. 이로당은 고종의 어머니이자 명성황후의 시어머니인 부대부인을 위한 특별한 공간이었다. 이로당의 구석구석을 돌아보고 있으면 흥선대원군의 호령소리 못지않은 안살림의 규모와 위엄이 느껴진다. 그 이면으로는 애끊는 인고의 눈물을 얼마나 많이 흘러내렸을지 상상이 되고도 남는다.

운현궁 양관

구한말의 슬픈 유산

운현궁 옆에는 한옥과 대조되는 서양식 건물이 하나 있는데, 이것이 운현궁 양관洋館이다. 1907년 일본이 왕족을 회유하기 위해 흥선대원군의 손자인 이준용에게 지어준 저택이다. 원래는 대원군 아버지의 사당이 있던 자리였다. 사당을 철거하고 지어올린 저택에서 어쩐지 조선 왕조의 맥을 끊으려 했던 일본의 속셈이 느껴진다. 일본의 의도가 통했는지 애초 배일주의자였던 이준용은 훗날 친일파로 변절한다. 정문을 지나면 잘 가꾸어진 정원 사이로 하얀 건물이 보인다. 구한말의 슬픈 이야기를 모르고 본다면 나름 아름답다고 할 수 있겠다. 함석지붕, 발코니의 철제 장식, 원형기둥과 아치, 지붕 있는 현관 등에서 전형적인 프렌치 르네상스 양식을 확인할 수 있다. 1947년 덕성학원이 인수하여 지금은 덕성여자대학교 평생교육원이 들어서 있다.

전통 의상 체험과 명성황후 가례식
왕실 문화 체험하기

운현궁은 조선 말기의 정치적 중심지였지만, 동시에 왕실 문화의 산실이기도 했다. 지금도 운현궁에서는 궁중 의상 패션쇼, 궁중 음식 전시회 등의 문화 행사가 열린다. 일반인들이 직접 참여할 수 있는 행사도 있는데, '전통 의상 체험', '명성황후 가례식'이 그것이다. '전통 의상 체험'은 전통 의상을 직접 입고 운현궁 곳곳을 거닐며 기념촬영도 하고, 우리 옷을 입는 법도 함께 배울 수 있는 체험 교실이다. 휴관일을 제외하고 기획전시실에서 상시 운영하고 있다. 명성황후 가례식은 매년 봄과 가을 2회에 걸쳐 고종과 명성황후의 가례를 재현하는 정기 행사이다. 가례의식은 크게 왕비가 책명을 받는 비수책의妃受冊儀와 국왕이 왕비를 맞아들이는 의식인 친영의親迎儀로 구성된다. 가례 절차를 직접 구경할 수 있다.

전통 의상 체험 장소 기획전시실 운영시간 **4월~10월** 10:00~18:00 **11월~3월** 10:00~17:00 이용요금 3,300원 대여시간 한복 대여 후 10분

사과나무 사과나무가 있는 풍경

기와집 앞마당에 사과나무가 있는 낭만적인 퓨전 음식점이다. 가을이면 빨간 사과가 주렁주렁 달린다. 실내는 물론 사과나무 밑에도 탁자가 있다. 20년 전 문을 연 주인이 여전히 손님들을 정겹게 맞이한다. 젊은 연인들, 친구들이 삼삼오오 즐겁게 이야기하는 장소로 적격이다. 추천 메뉴를 물으니 달밧네팔 요리의 하나과 가래떡찜을 먹어보란다. 요리해 나온 음식이 먹음직하다. 스테이크, 밥 요리, 스파게티, 샐러드, 타파스새우꼬지, 로스트비프, 버섯, 치즈, 야채, 토르티야로 구성됨, 다양한 맥주와 와인이 차림표를 채우고 있다. 한옥 서까래가 드러난 천장이 고풍스럽다. 한옥과 대조적으로 실내 장식은 현대적이지만 세련미보다는 소박함과 아늑함이 느껴진다. 햇살이 쏟아지는 마당 풍경이 정겹고 여유롭다.

주소 종로구 인사동14길 24-1 전화 02-722-5051
찾아가기 안국역 6번 출구에서 3분 영업시간 11:30~23:30 예산 8천원~3만원

예술의전당

하루쯤 문화 산책

DDP
국립중앙박물관
예술의전당
서울역사와 약현성당
문래예술촌
서대문독립공원

DDP 동대문디자인플라자

물결치는
은빛 곡선의 향연

동대문 밀레오레 건너편에는 우주선 같은 거대한 은빛 금속 물체가 사뿐히 내려 앉아 있다. 동대문디자인플라자이다. DDP가 들어선 곳은 원래 1925년 일본 히로히토 왕세자의 결혼을 기념하기 위해 한양의 성곽을 없애고 건립한 경성운동장 자리였다. 해방 후 동대문운동장으로 이름이 바뀌었다. 한동안 한일전을 비롯한 국제축구대회와 고교 야구로 명성을 얻었으나 '88서울올림픽' 이후 스포츠 전당의 명성을 잠실종합운동장에 넘겨주었다. DDP는 세계 최대 규모의 3차원 비정형 건축물이다. 2015년에는 뉴욕 타임즈가 선정한 '꼭 가봐야 할 세계 명소 58곳'에 뽑혔다. 내부와 외부에 직선이 전혀 없으며, 알루미늄 패널 4만 장이 물이 흘러가듯 이어지며 지붕이 되고 벽이 된다. 동대문에선 물결치듯 은빛 곡선의 향연이 1년 내내 펼쳐진다.

주소 **중구 을지로 281** 전화 **02-2153-0000** 찾아가기 **지하철 2·4·5호선 동대문역사문화공원역 1번 출구에서 1분** 개관 **외부 24시간 내부 10:00~19:00(수·금 10:00~21:00)** 휴관 **매주 월요일, 추석과 구정 당일**

어울림광장
DDP의 앞마당

동대문역사문화공원역지하철 2·4·5호선에서 1번 출구로 나가면 광장을 가로지르는 거대한 육교 '미래로'가 있다. 육교 아래가 DDP어울림 광장이다. 어울림 광장은 디자인 장터, 다양한 문화 예술 행사, 만남과 휴식의 공간으로 활용되고 있다. DDP의 다양한 건축적 요소를 한곳에서 볼 수 있으며, 좌우 앞뒤로 돌며 DDP의 매력을 느껴볼 수 있다. 육교 교각을 지나면 잔디밭이 나온다. 조선시대 하도감조선 후기 훈련도감에 속했던 관청의 하나이 있던 곳으로 지금은 건물지와 축대 등 발굴 유적을 전시해 놓았다. 우주선 같은 초현대식 건축물 중앙에서 뜻하지 않게 수백 년 전 유물 터를 만나니 기분이 숙연해진다. 광장에는 DDP종합안내센터가 있다. 누구나 참여 가능한 DDP 투어프로그램을 진행한다. 외국인 안내도 이곳에서 한다.

DDP종합안내센터 전화 02-2153-0410 홈페이지 www. ddp.or.kr

이간수문

돌로 만든 무지개 수문 두 개

흥인지문동대문 주변은 옛 한양의 도성이 지나는 곳이었다. 지금은 도성 자리에 대형 빌딩과 동대문디자인플라자가 들어서 있다. 흥인지문과 광희문 사이는 도성길 중에서도 가장 지대가 낮은 곳으로 남산에서 흘러든 물이 모이는 자리였다. 고인 물을 도성 밖으로 원활히 배수하기 위해 수문을 설치했는데, 그것이 이간수문이다. 홍예문 두 개가 있어 이간수문이라 불렸다. 이간수문은 동대문디자인플라자 공사를 하던 도중 발굴되었다. 옛 지도에서만 확인할 수 있던 이간수문의 존재가 최초로 확인되어, 길이 7.4m, 높이 5.4m의 수문을 복원하였다. 이간수문을 지나면 평화로운 분지에 온 듯 도심의 번화로움은 사라지고 고즈넉함만 남는다. 수문 부근 낮은 언덕에는 서울 성곽 일부와 치성부도 복원되어 있다. 온전한 모습을 보지 못해 안타깝지만 일부라도 복원되어 있으니 그나마 다행이다.

동대문역사문화공원

역사와 디자인이 공존하는 테마 공원

동대문역사문화공원은 DDP 북쪽에 있다. 공원 안에는 이간수문이 있다. 이간수문 옆으로는 복원된 한양 성곽이 DDP와 동대문역사문화공원 사이를 담처럼 둘러서 있다. 이간수문 전시장, 동대문운동장 기념관 등도 이곳에 있다. 이간수문 언덕에는 거북이 등처럼 생긴 둥근 노출 콘크리트 건물이 있는데, 이곳이 이간수문 전시장이다. 다목적 공간으로 행사장이나 전시장으로 사용된다. 동대문운동장 기념관은 운동장의 역사 연표와 운동장 모형, 운동장 보존 유물을 전시하는 곳이다. 고교 야구, 프로 야구, 연고전 체육 행사가 새록새록 그리워진다. 함성으로 늘 북적이던 이곳을 기념하기 위하여 원형 그대로 세워 둔 두 개의 높다란 조명탑이 그나마 위로가 된다. 공원 산책로에는 스트리트 퍼니처 작품이 전시되어 있어 눈길을 끈다. 동대문운동장 부지에서 발굴된 문화재를 상설 전시하는 동대문 역사관, 갤러리 문도 이곳에 있다.

잔디언덕과 잔디사랑방
쉼터 같은 전시장

잔디언덕은 DDP 뒤편에 있는 넓고 완만한 언덕이다. 축구장 잔디밭 같아, 80년 넘게 시민과 함께 해오다 사라진 동대문운동장을 떠올리게 해준다. 개관 1주년을 기념하기 위해 LED로 2만 5천 송이 하얀 장미 꽃밭을 연출한 'LED 장미 정원'으로 큰 인기를 끌었던 곳이다. 잔디사랑방은 처음엔 쉼터 정도로 생각하기 쉽지만, 실제로는 전시 공간이다. 이곳에서는 다양한 디자인 관련 전시가 주로 열린다. 그동안 예술품으로 승화시킨 세계의 의자 전람회, 현대카드가 주최한 장 폴 고티에 전, 페리에Perrier와 함께 하는 디자인 파티, 이탈리아 주얼리 전시회, 몽블랑 런칭 파티, 'I LOVE SEOUL' 포스터 전시회, 패션쇼 등이 열렸다.

디자인둘레길과 조형계단
예술 작품 속을 걷는 기분

디자인둘레길은 DDP의 중심인 배움터 지하 2층부터 지상 4층의 533m에 이르는 순환 통로 둘레길을 말한다. 액체의 흐름을 연상시키는 DDP의 공간적 유연성을 체험할 수 있는 상징적인 장소이다. 바닥부터 천장까지 온통 하얗고 둥근 복도라, 하얀 동굴 같다. 어떤 장식도 없이 두 줄의 천장 조명이 물 흐르듯 이어져 있다. 하얀 동굴을 계속 걷다보면 알프스 융프라우 정상에 있는 얼음 동굴을 걷고 있는 듯한 느낌마저 든다. 복도 중간 중간에 놓여 있는 의자는 작품인 것도 있고, 앉아서 쉬도록 배치해 놓은 것도 있다. 2층 디자인박물관에서는 간송문화전이 열린다. 지하 2층에는 디자인전시관이 있다. 디자인전시관 앞 로비부터 지상 4층까지 연결된 계단은 나선형 조형 계단이다. 각 층마다 디자인을 달리하며 곡선미를 구현하고 있는데 하나하나가 설치 예술작품 같다. 예술작품 속에 내가 포함된 기분이 든다.

디자인박물관

3년 동안 이어지는 간송문화전

디자인박물관은 DDP의 중심 배움터M, Museum 2층에 있다. 디자인둘레길을 통해 접근할 수도 있고, 큰 도로에서 미래로를 통하여 직접 들어올 수도 있다. 디자인이 걸어온 길을 조명하고 나아갈 길을 전시, 교육, 소장하는 곳이다. 우수한 민간자원을 유치하여 DDP와 공동 기획으로 상설 전시를 한다. 현재는 간송문화전을 12부로 나누어 전시하고 있다. 1부를 3개월씩, 3년 동안 전시 할 계획이다. 간송미술관이 소유하고 있는 국보와 보물, 그 밖의 고미술품을 감상할 수 있다. 디자인박물관에는 DDP에서 유일하게 기둥 다섯 개가 있다. 그러나 기둥이 천장을 받치고 있는 것이 아니라 아래 전시관을 위로 끌어당기는 구조라 독특하다. 문화재 감상과 동시에 건축적 의미도 감상할 수 있어 더 재미있다. 벽과 천장 모두 흰색이고 바닥은 대나무라 아늑하다.

관람시간 10:00~19:00(수, 금 10:00~21:00) 휴관 매주 월요일, 추석과 설 당일

디자인전시관

당대 최고의 예술과 디자인을 선보인다

디자인전시관은 배움터M, Museum 지하 2층에 있다. 디자인둘레길을 걷다가 지하 2층에 이르러 들어갈 수도 있고, 어울림광장에서 직접 들어갈 수도 있다. 디자인전시관은 세계의 트렌드를 조명하고 발산하는 디자인 패션 전시관이다. 디자인박물관과 비슷한 구조인데, 이곳에는 DDP 건축적 특징답게 기둥이 하나도 없다. 온통 벽은 하얗고 천장에는 직선 트랙형 조명이 달려 있어 더욱 넓게 느껴진다. 디자인전시관에서는 기업회의, 기업행사, 런칭쇼, 패션쇼, 시상식, 학회, 공연, 아트 페어, 박람회, 전시회가 열린다. 그동안 디자인 스포츠 - 모두를 위한 스포츠 그리고 디자인, 앙리 카르티에 브레송의 사진 전시회, 앤디 워홀 전시회, 백남준 10주기 전시회 등이 열렸다.

관람시간 10:00~19:00(수, 금 10:00~21:00) 휴관 매주 월요일, 추석과 설 당일

살림터D, Design 1·2관
살아있는 디자인 라이브러리

살림터는 동대문역사문화공원역지하철 2·4·5호선 1번 출구로 나가면 바로 연결된다. 출입구가 네 곳이어서 출입하기가 편리하다. 디자인 뮤지엄과 도서관, 백화점을 융합하여 놓은 공간이다. 다양한 디자인 상품과 아이디어를 전시하고 판매하는 디자이너 갤러리 숍이자 프로모션 공간으로, 아이디어가 참신한 신진 디자이너를 위한 '박스갤러리'도 운영한다. 아트와 전통 공예품, 디자인 관련 서적 등도 판매한다. 살림1관에 들어서면 넓은 계단이 양쪽에서 쭉 내려오고 있는 모습이 눈에 들어오는데, 마치 우주선의 두 다리 같이 보여 마음이 즐거워진다. 어린이 놀이터의 거대한 미끄럼틀로 올라가는 층계 같기도 하고, 비정형적이면서 현대적 감각이 느껴진다. 창조성과 실험성이 돋보이는 디자인의 미래를 보는 것 같다.

진옥화할매 닭한마리 50년 전통 닭 요리 전문점

DDP 쪽에서 청계천 전태일 다리를 건너 왼쪽 골목으로 들어가면 나온다. 유명한 '동대문 닭 한마리' 골목이다. 좁은 골목을 한참 들어가면 3층 건물에 '진옥화할매 닭한마리'라는 간판이 보인다. 테이블에 앉으면 이동 가스레인지 위에 커다란 양푼이 놓이고 곧 불이 지펴진다. 양푼 속에는 맑은 육수와 넓죽 엎드린 중간 크기 닭 한 마리, 파, 감자 몇 쪽이 들어 있다. 육수가 끓기 시작하면 닭을 가위로 적당히 조각낸다. 가위질은 셀프이다. 식탁에 있는 양념과 간장, 식초를 입맛에 맞게 조합하여 소스를 만든다. 끓는 육수에 떡 사리를 넣고 익힌다. 직접 조리에 참여하는 즐거움이 크다. 게다가 그 맛은 더없이 구수하고 담백하다. 김치는 커다란 통에 가득하므로 자유롭게 가져다 먹을 수 있다. 떡 사리, 국수사리, 공깃밥은 추가할 수 있다. 어떻게 알고 왔는지 일본 관광객도 제법 눈에 띈다. 주소 종로구 종로40가길 18 전화 02-2275-9666 찾아가기 지하철 1, 4호선 동대문역 9번 출구에서 도보 5분 영업시간 10:30~23:30 휴일 추석 2일, 설 2일 추천메뉴 닭 한 마리 예산 기본 2만 원 이상

국립중앙박물관

대한민국
5천년을 품다

국립중앙박물관은 1945년 광복 후 경복궁, 부산, 덕수궁 석조전, 중앙청 등으로 6차례나 이전해 다니는 아픔을 겪었다. 2005년 10월 미군 부대가 이전한 용산공원 10만평 대지에 한강을 내려다보며 둥지를 틀었다. 우리의 빛나는 유물 13만여 점을 소장하고 있다. 박물관 건물은 한국의 전통 성곽을 재해석하여 지었다. 동관과 서관으로 이루어진 본관의 길이는 무려 404m에 달한다. 멀리서 보면 실제로 성벽을 보고 있는 듯한 느낌을 준다. 동관과 서관 사이 광장열린마당에 서면 북으로 '남산'이 보이고 남으로는 '거울못'박물관 안의 연못과 한강이 바라다 보인다. 본관 앞은 야외 전시장이다. 햇빛 좋은 봄날, 단풍이 드는 가을날엔 고즈넉하게 산책을 즐기기에 좋다. 대한민국 5천년을 품은 곳, 국립중앙박물관으로 문화 산책을 떠나자.

주소 용산구 서빙고로 137 전화 02-2077-9000 찾아가기 지하철 4호선 국립중앙박물관역, 경의중앙선 이촌역에서 도보 5분 관람시간 화·목·금 09:00~18:00 수·토 09:00~21:00 일·공휴일 09:00~19:00 관람료 상설전시 무료, 기획전시 유료 휴관 1월1일, 매주 월요일, 그밖에 박물관이 지정한 날

야외 박물관과 거울못

박물관을 더 풍요롭게 만들다

박물관 초입에 늘어선 청사초롱 모양 기둥을 따라 오른쪽으로 돌아 거울못으로 가면 울긋불긋한 꽃과 과실수가 있는 정원이 나온다. 야외 박물관이다. 고인돌, 석탑, 부도, 석등, 석비 등 우리나라 석조 문화재가 전시되어 있어 석조물 정원이라고도 부른다. 조금 더 들어가면 계곡과 돌다리가 나오고, 운무를 드리운 아름다운 '미르폭포'와 작은 호수도 나온다. 계곡 미니어처는 설악산 계곡을 작게 만들어 옮겨 놓은 것 같다. 석조문화재 가운데 보물 2호인 보신각종이 단연 돋보인다. 동쪽 끝 누각 안에 있다. 중앙부의 연못 거울못은 음과 양의 조화와 균형, 배산임수의 건물 배치를 중시해 온 한국의 풍수사상에 맞춰 만든 호수이다. 햇빛이 좋은 날에는 동관이 거울못에 비치는데, 그 모습이 현대적인 성벽 같다. 거울못 가에 있는 팔각 정자는 연못의 운치를 더해준다. 정자에 오르면 시 한 수 읊고 싶은 마음이 절로 든다.

실내 전시실 동관

한국 문화의 정수를 느끼자

열린마당에서 오른쪽 출입구로 들어가면 실내 전시실의 로비인 '으뜸홀'이 나온다. 으뜸홀은 둥근 천장이 6층 높이까지 개방되어 있어 제법 웅장한 느낌을 준다. 유리벽을 통해 밝은 빛이 들어와 실내를 화사하게 해준다. 파리 루브르박물관의 유리 피라미드나 대영박물관 마당의 유리홀에 비견될만하다. 1층 복도에 있는 월광사 원랑선사 탑비와 고려 충목왕 4년에 세운 경천사 십층석탑도 퍽 인상적이다. 실내 전시실은 상설전시관과 특별·테마전시실로 나뉘어져 있다. 1층은 선사·고대관과 중·근세관, 2층은 기증관과 서화관이며, 3층은 아시아관과 조각·공예관이다. 가장 인기가 높은 곳은 금관이 있는 신라관과 반가사유상을 볼 수 있는 3층 전시실이다. 해설 시간을 이용하거나, 음성 안내기를 대여하면 자세한 설명을 들으며 우리의 문화유산을 더 깊이 느낄 수 있다.

뮤지엄 숍
한국을 담은 소품이 가득

국립중앙박물관에는 뮤지엄 숍이 여러 군데 나누어져 있다. 박물관 1층 서관, 상설전시관 1층, 상설전시관 3층 등에 있는데, 이중 서관에 있는 숍이 가장 규모가 크고 상품도 다양하다. 전통 공예품에서 서적까지 다양한 상품이 구비되어 있다. 반가사유상·석조금강역사상·12지신 미니어처와 천마총 금관 모형, 붓, 연적, 청자, 백자 등이 주인을 기다리고 있다. 앞치마, 머플러, 넥타이, 은 식기, 도자 그릇, 장신구, 우산 등 생활 용품도 판매한다. 대부분 상품에는 우리의 '한글'이 예쁘게 디자인 되어 있어 외국 친구들에게 선물하기도 좋다. 더 안쪽으로 들어가면 한국을 담은 서적과 사진집, 영문 서적이 전시되어 있다. 한국 가요와 국악, 클래식 CD도 진열되어 있다.

어린이박물관
체험하며 배우는 우리 역사

서관 뮤지엄 숍을 지나면 어린이박물관이 나온다. 노란 유치원복을 입은 어린이들이 손잡고 현장 학습을 나온 풍경이 따뜻하기 그지없다. 어린이박물관은 눈으로 보고 손으로 만지며 가슴으로 느낄 수 있는 체험 박물관이다. 주거, 농경, 음악, 전쟁 4개 영역으로 나누어 57개의 체험 전시물을 전시하고 있다. 움집은 직접 들어가 볼 수 있도록 만들어 놓아 아이들에게 인기가 좋다. 고구려의 부엌 살림살이를 진열한 곳에서는 기와 쌓기 체험을 해볼 수 있다. 전통 가마에서는 그릇이 만들어지는 과정을 살펴볼 수 있고, 고대 전쟁 유물에서는 옛 사람들이 평화를 위해 어떤 노력을 했는지 이해하게 된다. 이밖에 어린이들을 위한 그림이나 자연 관련 특별 전시도 열린다. 책과 영상을 볼 수 있는 도서관, 교육프로그램을 운영하는 어린이 교실과 과학 놀이터도 있다. 시차별로 한번에 300명까지 입장할 수 있으므로 예약은 필수이다.

관람시간 09:00~18:00 휴관 매주 월요일, 1월 1일 관람료 무료(만 3세 이상부터 입장 가능)

국립한글박물관

우리말 조금 더 알기

국립중앙박물관 초입 오른쪽에 있다. 화강암으로 지은 3층 건물인데 넓은 계단이 지상에서 2층 상설전시관까지 시원하게 이어져 있다. 한국의 추녀를 현대적으로 재해석하여 디자인하였다. 실내로 들어가기 전에 만나게 되는 개방 베란다는 우리의 툇마루를 연상시킨다. 건축물 외관은 한글의 합자 원리를 기하학적으로 시각화하였고, 각 층의 구성은 모음 글자의 토대인 '하늘·사람·땅'을 형상화하여 꾸며 놓았다. 강의실, 도서관 등이 있는 1층은 땅, 상설전시실과 카페가 있는 2층은 사람, 한글 배움터와 한글 놀이터, 기획전시실이 있는 3층은 하늘을 나타낸다. 상설전시실에서는 한글의 창제원리, 다양한 한글 자료와 영상·체험 자료를 전시하고 있다. 도서관과 한글 놀이터는 어린이를 위한 한글 체험 학습 공간이고, 한글 배움터는 외국인에게 한글을 교육시키는 곳이다. 2층에는 현대적 감각이 돋보이는 한글 문화상품점이 있다. 주소 용산구 서빙고로 139 전화 02-2124-6200 관람시간 **화·목·금** 09:00~18:00 **수·토** 09:00~21:00 **일·공휴일** 09:00~19:00 관람료 무료 휴관 1월 1일, 매주 월요일, 국립한글박물관이 지정한 날

용산가족공원

박물관 옆 도심 공원

1991년 5월 미8군 골프장 자리에 들어선 공원이다. 넓이는 약 2만7천 평이다. 잔디와 숲, 나무와 연못에서 오래도록 관리해온 손길이 느껴지는 아름다운 공원이다. 특히 나무 70여 종 4만5천 그루가 자라고 있는데 서울 도심 한가운데 이런 숲이 있다는 것이 믿겨지지 않는다. 영국의 많은 공원이 토지개혁이 일어나지 않아 남게 되었다는데, 우리의 용산가족공원 또한 미군 부대 덕에 숲으로 남게 되었다니 아이러니하다. 공원엔 넓은 잔디밭, 연못, 2km에 달하는 산책로, 자연학습장, 태극기 공원, 운동 시설이 잘 갖추어져 있다. 연못 주변에 즐비하게 늘어진 수양버들은 조용하고 평화로운 시골 마을 풍경을 떠올리게 해준다. 학생들의 소풍, 사생 대회, 백일장 장소로 이용하기도 한다. 주차가 가능하며 입장료는 무료이다. 24시간 연중무휴로 개방하고 있다.
주소 용산구 서빙고로 185 전화 02-792-5661

마루 연못가의 한식 전문점

야외박물관 거울못 부근에 납작한 건물이 보이는데, 이곳이 한식당 '마루'이다. 진한 나무 빛깔의 인테리어와 직원들의 몸가짐에서 품격이 느껴진다. 식당 벽면이 유리여서 거울못과 박물관 정원을 가득 품고 식사를 할 수 있다. 주요 메뉴는 한식 코스 요리로, 각 코스의 이름도 박물관답게 수정, 백자, 청자, 은관, 금관, 천마 등으로 지었다. 요리는 하나하나가 그릇에 멋지게 담겨 나오는데 그 모습이 얼마나 고귀해 보이는지 단순히 음식이라고 말하면 실례를 범하는 기분이 든다. 누군가를 초대해서 대접하기 좋은 곳이다. 외국인도 즐겨 찾는데, 한식도 즐기고 자연과 어우러진 공간도 즐길 수 있기 때문이 아닐까 싶다. 점심에는 일품요리 전복죽과 사골우거지탕, 계절 생선구이, 갈비찜 반상을 주문할 수 있다. 예약은 필수이다.

주소 용산구 서빙고로 137
전화 02-796-1875
영업시간 11:00~21:00
휴일 1월 1일, 매주 월요일
예산 **점심 코스** 2만9천원~4만7천원 **저녁 코스** 3만8천원~9만원 **점심 일품** 2만원~2만8천원

카페 으뜸 동화나라 같은 박물관 카페

박물관 동관의 유물을 감상하다 잠시 앉아 쉬고 싶어질 즈음 2층에 있는 카페 안내판이 눈에 들어온다. 카페에 들어서면 삼면이 유리로 되어 있어 하얀 동화 나라 같다. 유리벽 너머로 으뜸홀 전경이 보이며, 밖을 내다보면 공중에 떠 있는 비행접시에 올라탄 기분이 든다. 어둑한 전시실에서 선사·고대 전시물을 관람하다가 현대적 감각이 물씬 풍기는 카페에 들어가면 돌연 시대를 순간 이동한 듯 묘한 느낌이 든다. 혼자 차를 마시며 책을 읽고 있는 젊은이, 서너 명이 앉아 담소하는 사람들, 아이들을 데리고 온 엄마 모두 편안한 표정으로 휴식을 즐기고 있다. 다양한 커피와 홍차, 허브차, 주스, 조각 케이크, 아이스크림 등이 있다. 코코아를 주문하면 밀크로 하트 모양을 멋지게 그려 내온다. 젊은 바리스타의 손재주가 느껴진다.

전화 02-2077-9776 영업시간 박물관 관람시간과 동일
휴일 1월 1일, 매주 월요일, 국립중앙박물관이 지정한 날
예산 2천원~5천원

예술의전당

세계 10대 아트센터

예술의 전당은 서초동 우면산 아래에 있다. 1988년 설립된 세계 10대 아트센터 가운데 하나이다. 오페라하우스, 한가람미술관, 디자인미술관, 서예박물관, 음악당이 들어서 있다. 부대시설로 음악분수, 레스토랑 등이 있는 비타민스테이션, 야외무대와 조각 작품을 전시해 놓은 미술광장이 있다. 필자는 종종 비타민스테이션 식당가에서 친구 모임을 갖는다. 식사 후에는 전시장에 가거나 야외 음악 분수 앞에서 분수 쇼를 감상하는데, 일상의 여유를 즐기기에 그만이다. 음악 분수 앞 광장 감나무에 감이 붉게 익어 갈 때를 가장 좋아하는데, 가을 풍경을 보고 있으면 저절로 평화로움을 느낀다. 예술의전당 서쪽에는 우리 음악과 춤 공연을 감상할 수 있는 국립국악원이 있다.

주소 **서초구 남부순환로 240** 전화 **전시정보 및 예매 콜센터 02-580-1300** 찾아가기 **지하철 남부터미널역에서 도보 7분 또는 마을버스 승차**

오페라하우스

한국 최고의 오페라와 발레 공연이 열린다

서초경찰서와 지하철 2호선 서초역에서 남쪽을 바라보면 눈앞에 웅장하고 특이한 건물이 나타난다. 성벽 같은 건물은 커다란 전통 갓을 쓰고 있다. 예술의 전당 메인 공간인 오페라하우스이다. 이곳을 지날 때마다 갓머리가 좀 더 높게 솟아올랐으면 좋았을 걸 하는 생각이 든다. 그렇게 했으면 균형미와 조형성이 더 빛났을 것 같아 두고두고 아쉬움이 남는다. 오페라하우스는 1993년 개관하였다. 예술의전당으로 들어가서 폭이 넓은 계단을 오르면 광장이 나타나고, 왼쪽으로 오페라하우스 주출입구가 있다. 지붕을 둥근 선으로 마무리하였고, 벽면은 화강암으로 마감하였다. 5층 건물 안에 1,000석 규모의 CJ토월극장, 300석 규모의 자유소극장, 2,200석 규모의 고급스럽고 화려한 오페라극장이 있다. 오래 전 오페라 명성황후를 관람한 기억이 아직도 생생하다.

한가람미술관과 서울서예박물관

미술관으로 나들이 가자

예술의전당에 있는 전시 공간으로는 한가람미술관과 디자인미술관, 서울서예박물관을 꼽을 수 있다. 한가람미술관은 오페라하우스 건너편에 있다. 주로 현대 미술 전람회가 열리며, 종종 세계적 미술관에서 대여해 온 작품을 기획 전시하기도 한다. 빈센트 반 고흐 전시회는 특별히 인기를 끌었다. 디자인미술관은 한가람미술관 광장 서쪽에 있다. 프랑스 장식예술박물관 특별전처럼 일상의 디자인을 감상할 수 있다. 1층은 전시실이고 2층과 3층은 국립자료예술원이 입주해 있어, 시민들에게 문화예술 정보자료를 제공해 주고 있다. 1988년에 건립된 서울서예박물관은 야외 음악 분수 옆, 산 아래에 있는 건물이다. 세계 유일의 서예 전용 전시장으로 동양적인 분위기 때문에 외국인들도 많이 찾는다.

미술관과 박물관 개관시간 **3월-10월** 11:00~20:00 **11월-2월** 11:00~19:00

음악당
국내 최초의 클래식 전용 공연장

1988년 예술의전당 설립과 함께 개관하였다. 단아한 곡선미를 드러낸 건축물이다. 세계적인 음악가들이 음향 조건과 무대 시설 등의 진가를 인정한 콘서트 연주장이다. 콘서트 전용 홀은 2,523석, IBK챔버홀은 600석, 리사이틀 홀은 354석이다. 콘서트 전용 홀은 우리나라에서 처음으로 지어진 클래식 전용 공연장이다. 로비 한쪽 벽면에는 고급스런 객석 의자 한 개가 전시되어 있다. '콘서트홀 객석 기부' 제도를 홍보하는 전시물이다. 연주장에 들어가면 의자 등받이 뒷면에 누가 어떤 뜻으로 기부하였는지를 써놓은 표지판을 볼 수 있다. 예술을 사랑하는 시민이라면 누구나 기부자로 참여할 수 있다. 음악당 로비는 누구에게나 개방하고 있으며, 간단한 차나 커피, 쿠키를 즐길 수 있는 카페도 있다.

비타민스테이션
전시장과 카페, 음식점이 공존하는

비타민스테이션은 마을버스 정류장이 있는 곳에서 바로 들어가게 되어 있다. 음악당과 각 전시장 가는 주 통로이자 만남의 장소이다. 뷔페, 피자, 스파게티, 샌드위치 전문점 등 다양한 레스토랑이 들어서 있다. 공간 이름은 '예술은 정신적인 자양분을 공급하는 요소'라는 의미를 담고 있다. 비타민스테이션 한쪽엔 한가람미술관 제7전시실이 있다. 사진, 회화, 설치 등 다양한 장르의 예술 작품을 소개하는 공간으로, 예상치 않은 즐거움을 주는 곳이다. 비타민스테이션 안쪽에 안내 데스크가 있고, 더 직진하면 오페라하우스 지하층이다. 비타민스테이션에 갔다면 지상 광장으로 이어진 유리 계단을 꼭 올라가 보기 바란다. 계단을 밟으면 유리가 깨질 듯하여 스릴이 넘친다.

Information & Tickets 데스크 운영시간

방문 예매 09:00-20:00 전화 예매 09:00-18:00 기타 안내 09:00-20:00

예술의 전당 야외 공간
음악 분수와 야외무대

공연장이나 전시 공간에 가지 않더라도 예술의전당은 반나절쯤 여유롭게 산책을 즐기기에 아주 좋은 곳이다. 친구와 연인, 가족, 그리고 애기를 데리고 온 엄마까지 다양한 사람들이 야외 벤치에 앉아 담소를 나눈다. 어떤 이는 조각품들이 진열되어 있는 미술광장을 둘러보며 햇살을 즐긴다. 음악 분수도 인기 명소이다. 한국화를 형상화한 산맥 분수, 갓 분수, 난초 분수, 학날개 분수, 그리고 안개 분수와 발레 분수가 음악에 맞추어 춤을 춘다. 음악은 주간 단위로 교체하는데 1회에 15곡 내외를 연출한다. 일반 시민이 인터넷으로 분수 음악을 신청할 수도 있다. 계단 광장은 아마추어들의 공연 발표의 장이고, 야외무대인 신세계스퀘어는 다양한 공연과 전시가 열린다. 이곳에서는 해설을 곁들인 음악 영화도 상영한다. 산 밑의 카페 '모차르트'도 인기 명소이다.

음악 분수 운영 기간 3월 15일~11월 초

가동 시간 **평일(화·수·목·금)** 12:00~13:00, 18:30~19:50, 21:30~22:20

토·일요일(공휴일 포함) 12:00~13:00, 18:30~19:50, 21:30~22:20

국립국악원
우리의 소리를 찾아서

예술의전당에서 사당동 쪽으로 남부순환로 언덕을 오르다 보면 경복궁 자경전과 창덕궁 낙선재 꽃담 굴뚝에서 볼 수 있는 화조 무늬 돌담을 만나게 된다. 꽃담 안쪽에 있는 건물이 국립국악원이다. 넓은 광장을 가운데 두고 너댓 개 건물이 'ㅁ'자 모양으로 배치되어 있다. 국악박물관, 우면당, 국악연수관, 예악당 건물이다. 국악박물관 옆으로 난 계단을 오르면 야외무대인 연희풍류극장이 나온다. 국악박물관 정자 근처로 가면 국악이 흘러나와 귀를 기울이게 된다. 이곳은 국악 야외 체험장으로, 바닥에는 북과 장구, 징, 꽹과리가 놓여있다. 누구나 악기를 두드리며 국악 체험을 할 수 있다. 국악연수관에서는 청소년과 가족을 대상으로 국악 강좌를 연다. 국악문화학교에서도 국내외 시민들에게 국악 체험 교육을 하고 있다. 국악원 안에 있는 카페와 식당은 누구나 이용할 수 있다.

백년옥 오래된 두부 전문점

예술의전당 큰 길 건너에 있는 이름난 두부 전문점이다. 1991년 20석 규모로 개업하였는데, 지금은 본관 1, 2층과 옆 건물, 뒤편 건물 등 모두 네 군데에 식당이 있다. 그래도 늘 손님으로 붐빈다. 본관 1층 자리에 배당되었을 때 가장 기쁘다. 무슨 추첨에 당첨된 기분이 든다. 아버지에 이어 2대째 운영중인데, 삼형제가 모두 이 사업에 매진하고 있다. 강원도 고랭지에서 자란 콩만을 구입하여 처음부터 지금까지 속초식 순두부를 만들고 있다. 백년옥의 주요 메뉴는 순두부 몇 가지와 콩비지, 팥죽이다. 두부전골과 전, 도토리묵도 별미이다. 백년옥의 고유 반찬으로는 미역무침과 무생채가 있다. 주차가 가능하고, 판교도서관 앞에 판교점도 오픈하였다.

주소 서초구 남부순환로 2407 전화 02-523-2860 영업시간 10:00-22:00 휴일 명절 연후 3일 동안
추천메뉴 이북식 시래기 순두부, 콩비지 백반 예산 1만원 내외

서울역사와 약현성당

근대 건축 산책

멀지 않은 과거를 품은 근대 건축물 앞에 서면 묘하게 가슴에 슬픔이 인다. 우리 근대사의 슬픔이 고스란히 느껴지기 때문일 것이다. 더 안타까운 것은 서울에 남아있는 근대 건축물이 손으로 꼽을 만큼 적다는 것이다. 옛 서울역사와 약현성당은 그래서 고맙고 더 반갑다. 옛 서울역은 1925년에 세워진 르네상스 양식 건축물로 아름다운 돔을 이고 있어서 이국적 멋을 풍긴다. 2011년 복합문화공간으로 재탄생하면서 '문화역 서울284'라는 새로운 이름을 얻었다. 서울역 근처 중림동 언덕에 있는 약현성당은 1898년 세워진 한국 최초의 서양식 벽돌 성당이다. 순교자들의 넋을 기리기 위해 서소문 성지가 내려다보이는 언덕에 세웠다고 전해진다. 서소문 성지는 한국천주교회 최대 순교지이다. 서울역 북쪽 서소문 근린공원에 있다. 성지에 빼곡히 기록된 성인과 복자, 순교자 명단을 보면 전율이 느껴진다. 2014년 프란체스코 교황이 이곳에서 간이 미사를 올렸다.

문화역 서울284
서울의 오르세 미술관

우리의 철도 역사가 시작된 것은 1899년이다. 1년 뒤 염천교 아래에 10평 남짓한 목조건물 '남대문정거장'이 들어섰는데, 이 자리가 지금의 서울역이다. 철도 교통량이 늘어나자 1925년 르네상스 양식으로 새 역사를 짓고 이름을 경성역으로 바꾸었다. 2004년 KTX 개통과 함께 잠시 폐쇄되었다가, 2011년 '문화역 서울284'라는 전시 공간으로 다시 태어났다. 출입구로 들어가면 중앙 홀이다. 이국적인 원형 창문과 돌기둥, 돔 천장이 외관 못지않게 아름답다. 암스테르담 중앙역을 모델로 건축하여 준공할 때부터 장안의 화제였다는데, 둥근 천장을 보고 있노라면 감탄이 절로 나온다. 실내는 3등 대합실, 1·2등 대합실, 부인 대합실, 귀빈실 등 예전 모습 그대로 구분하여 전시실로 사용하고 있다. 장르 융합 전시, 실험적 작품 전시, 공연, 컨퍼런스가 열린다. '문화역 서울284'에서 숫자 '284'는, 옛 서울역의 사적 번호이다.

주소 중구 통일로 1
전화 02-3407-3500
관람시간 주중·주말 10:00~19:00
(매주 수요일은 21:00까지)
주차 KTX 역사 지하와 옥상 주차장

서소문 순교성지

프란치스코 교황이 다녀가다

서소문 근린공원 안에 있다. 서울역에서 북쪽으로 400m 직진하면 된다. 이곳은 조선시대 천주교도의 처형 장소가 새남터로 옮겨지기 전까지 공식 처형장이었다. 이승훈, 정약종, 황사영 등이 이곳에서 순교하였다. 공원 한 쪽에 순교자 현양탑이 세워져 있다. 현양탑은 조광호 시몬 신부 작품이다. 각각 일곱 개 줄이 새겨진 직사각형 화강암 세 개가 분수대 위에 놓여 있다. 화강암은 순교자의 목에 걸렸던 목칼을, 일곱 개 줄은 가톨릭의 일곱 가지 성사세례, 견진, 고해, 신품, 혼배, 병자, 성체를, 분수의 물은 생명의 근원을, 분수 속 검정 조약돌은 무명 순교자를 뜻한다. 조형물에는 이곳에서 순교한 순교자 71위의 명단이 새겨져 있다. 모두 1984년 교황 요한 바오로 2세와 2014년 교황 프란치스코에 의해 시복된 이들이다. 2014년 방한한 프란체스코 교황이 이곳 통곡의 벽에 손을 대고 참배했다.

주소 중구 칠패로 5 찾아가기 지하철 서울역, 시청역, 충정로역에서 도보 5~7분 주차 불가

약현성당

최초의 서양식 벽돌 성당

서소문 순교성지를 나오면 서쪽 높은 언덕 위로 성당 첨탑이 보인다. 1892년 서소문 성지 순교자들의 넋을 기리기 위하여, 성지가 내려다보이는 언덕을 매입하여 성당을 지었다. 이곳은 본디 약초가 많이 나는 고개라고 해서 '약현'藥峴이라 불렸는데, 고개 이름대로 성당 이름을 지었다. 약현성당은 한국 최초 서양식 벽돌 성당사적 제252호으로 이후 우리나라 벽돌식 성당의 원형이 되었다. 약현성당 초대 주임 두세 신부는 성요셉병원과 성요셉간호고등기술학교를 세웠는데 성요셉병원이 지금의 성모병원이고, 간호학교는 지금의 가톨릭 의대와 간호대학이 되었다. 1998년 초 행려병자의 방화로 일부 훼손되었으나 곧 원래대로 복원되어 여전히 성스럽고 고결한 분위기를 지키고 있다. TV 드라마 <백년의 신부>, <신사의 품격>, <제빵왕 김탁구> 등이 촬영되기도 했다.

주소 중구 청파로 447-1 전화 02-362-1891

찾아가기 지하철 충정로역에서 도보 5분, 서울역에서 도보 10분 주차 가능

문래예술촌

철공소가
예술촌으로 거듭나다

지하철 2호선 문래역 지하도 벽화에는 목화가 활짝 피어 있다. 문래동은 일제강점기에 방적 공장이 들어섰던 곳이다. 광복 후 이 지역은 문익점의 목화 전래와 방적할 때 사용하는 물레에서 그 연관성을 찾아 문래동이라 불리게 되었다. 1970년대부터 철재를 가공하는 철공소가 모여 들어 철강 산업의 메카를 이루었으나, 1990년대 공장 이전 정책으로 철재상들은 하나 둘 다른 곳으로 떠났다. 비어 있는 공간은 누군가가 채우기 마련이다. 예술가들이 하나 둘 모여들기 시작하더니, 동네 곳곳에 벽화가 생기고 조형물이 세워지고 꽃이 심어졌다. 아담한 카페도 하나 둘 문을 열었다. 슬럼화되어가는 곳이 예술 지구로 변신하는 경우가 종종 있다. 뉴욕의 소호와 부르클린, 베이징의 789예술지구, 런던 동부의 쇼오디치 벽화 마을이 그런 곳이다. 문래역 7번 출구로 나와 2~3분 걸으면 용접용 마스크 조형물과 창작촌 인포메이션 부스가 나온다. 이곳에서 잊지 말고 안내 지도를 챙기자.

찾아가기 지하철 2호선 문래역 7번 출구에서 도보 6분

벽화와 조형물

지붕 없는 미술관

몇몇 철공소에서는 아직 불꽃을 튀기며 한창 작업 중이다. 조형물 '못? 빼는 망치'를 지나 철공소 옆 좁은 골목으로 들어서면 유명한 벽화 '빨간 모자 소녀와 늑대'가 나온다. 골목 여기저기에는 '매너 있는 사진 촬영'을 당부하는 스티커가 붙어 있다. 벽화와 조형물 안내서를 들춰가며 미로 같은 골목길을 누비다 보면 '하늘하늘 대나무', '바다로 향하는 거북이', '날개 달린 초록 거북', '높이 뛰는 고등어' 같은 벽화가 반갑게 맞아준다. 미술관 못지않게 보는 즐거움이 쏠쏠하다. 어린 시절 소풍가서 보물찾기 하던 기분이 든다. 작품은 골목에서 끝나지 않고 옥상이나 건물 꼭대기에서도 찾아볼 수 있다. '아이유' 벽화가 있는 옥상과 발레리나 조형물이 있는 건물 꼭대기도 꼭 찾아 가보기 바란다. 안내서에 소개된 작품이 30여 개 정도이고 안내서에 없는 작품들도 꽤 있다.

문래예술공장

신진 예술가들의 요람

문래동 사거리에 있는 문래초등학교를 지나 세무서를 끼고 골목으로 들어가면 '문래예술공장'이라는 간판이 붙은 4층 건물이 눈에 들어온다. 1층에는 공연장, 2층에는 박스 시어터, 공동 스튜디오, 사무실이, 3층에는 카페가 있다. 차를 마실 수 있는 카페는 아니고 탁자와 의자, 각종 팸플릿과 잡지 등이 비치되어 있는 자유로운 휴식공간이다. 4층에는 전시 기간 중 예술가 대여용 호스텔이 있고, 4층을 지나면 옥상에 오를 수 있다. 문래예술공장은 문래창작촌과 국내외의 예술가들을 위해 설립된 지원센터다. 주로 신진 예술가들을 지원하며, 또 유망 예술가를 발굴하여 다양한 국제 교류 프로그램을 개최한다. 공업 도시에서 디자인 도시로 유명해진 프랑스 생테티엔의 디자인센터를 떠올리며 문래예술촌도 세계적인 창작 공간이 되기를 기원해본다.

주소 영등포구 경인로88길 5-4 전화 02-2676-4300

대안공간 정다방프로젝트
전시와 공연을 논하다

'정다방프로젝트'를 찾아 가는 내내 다방의 추억이 떠올라 마음이 설렌다. 철공소 골목 못 미쳐 큰길가 철공소 사이에 있다. 간판을 보면 라떼나 마끼아또가 아닌 옛날 다방 커피가 그리워진다. 정다방은 문래동 철공소 골목 사람들이 사업을 논의하고 돈을 거래하던 곳이었다. 2010년, 30여 년 간 이 골목을 지켜온 다방은 문을 닫고, 그곳에 대안공간인 '정다방프로젝트'가 탄생했다. 간판은 그대로 두었으나 그 공간에서 벌어지는 일은 영 딴판이다. 신진 작가의 작품 전시와 공연, 세미나, 동호회 모임도 열린다. 또 벽화 그리기, 와인 시음회, 핸드드립 커피 배우기, 전시 작가와의 만남 같은 행사도 진행한다. 정다방프로젝트를 기점으로 철공소 골목에는 갤러리 두들, 갤러리 문 등 문화 예술 공간이 여럿 문을 열었다. '다방'인 줄 알고 찾아오는 방문객을 위하여 길 건너편에 '카페 정다방프로젝트'를 새로이 오픈했다. 주소 영등포구 도림로 475 B1 전화 02-2633-4711 영업시간 11:00~18:00 휴무 월요일

철공소 거리
철공소와 예술의 기묘한 공존

철공소 거리는 오늘도 우당탕탕, 찌직지직 철물 제작 소리가 요란하게 들린다. 여기저기 기웃거리다 보면 스페이스 문, 이상공간 두들, 대안예술공간 이포, 사회문화공간 아지트, 상상채굴단, 갤러리 솜씨의 간판이 눈에 들어온다. 이들은 모두 문화 예술 전시, 공연 공간으로 근방에 10여 개가 넘는다. 대부분 오후 1시부터 오후 8시까지 개방한다. '예술과 도시사회연구소'는 상시 공개를 지향하는 오픈 작업실로, 이 부근에 이 같은 작업실이 10여 개가 넘는다. 보물을 찾듯 골목을 걸어 다니다 피곤이 몰려오면 커피 잔과 샌드위치가 그려져 있는 북카페이자 갤러리 '치포리'가 눈에 들어온다. 탁자와 의자가 있고, 벽면 책장에는 책이 가득하다. 한쪽에는 소규모 공연장이 있고, 옥상에는 텃밭도 있다.

서대문독립공원

민족정신을 만나러 가는 길

지하철 3호선 독립문역 4번 출구로 나가면 독립문이 보인다. 탁 트인 잔디 공원에 웅장하게 서 있다. 독립공원은 독립문, 서대문형무소 역사관, 독립협회 사무실로 사용하던 독립관, 순국선열 기념탑 등을 유기적으로 연결하여 조성한 공원이다. 안산 둘레길과 연결된 공원의 전 구간은 역사여행길이다. 3·1독립선언추념탑을 둘러보면 자주 독립을 외치던 선열의 기개가 떠올라 나도 모르게 불끈 주먹을 쥐게 된다. 서대문형무소 역사관 앞에 서자 죽음 앞에서도 굴하지 않았던 애국지사들의 숭고한 정신에 머리가 숙여진다. 70~80년대에는 민주화 운동의 선봉에 섰던 김근태, 이소선, 리영희, 백기완 선생이 옥고를 치른 곳이기도 하다. 대한민국이 애국지사와 민주 투사의 희생 위에 피어났음을 새삼 느끼게 된다.

주소 서대문구 통일로 251

전화 02-364-4686(독립공원 관리사무소) 주차 불가

독립문
사대주의 극복 의지가 담겼다

독립문사적 제32호은 동쪽에 인왕산, 서쪽에 안산을 두고 웅장하고 고고하게 서있다. 대부분 화강암으로 건축되었고 아치형 홍예문 천장만 붉은 벽돌이다. 이맛돌에는 '독립문'이라 새겼고, 문 중앙에는 대한제국 황실의 상징인 이화 무늬 방패를 새겨 놓았다. 한국적인 상징이 이국적 건축 디자인과 합쳐져 더욱 아름다워 보인다. 독립문은 서재필1864~1951 박사가 조직한 독립협회가 중심이 되어 국민 성금으로 지은 건축물이다. 1896년 11월 공사를 시작하여 1897년 11월 완공하였다. 프랑스 파리의 개선문을 모델로 지은 우리나라 최초의 서양식 건축물이며, 러시아 건축가 아파나시 세레딘 사바틴이 설계와 시공을 하였다.
독립문 바로 앞에는 모화관의 정문인 영은문 초석사적 제33호이 서 있다. 모화관은 명나라와 청나라 사신을 영접하기 위하여 1407년태종 7년에 지은 건물이다. 독립협회는 1896년 모화관을 수리하여 독립관집회 장소으로 사용하면서, 모화관의 정문인 영은문을 사대외교의 상징으로 여겨 철거하고 그 터에 독립문을 세웠다. 하지만 독립문은 우리가 알고 있는 것과 달리 일제로부터의 독립을 의미하는 것이 아니라 사대주의를 극복하고 청으로부터 독립하자는 의미를 담고 있다. 원래 독립문은 고가도로 아래의 사거리에 있었으나 고가 차도 건설을 이유로 지금의 자리로 옮겼다. 옛날 자리에는 '독립문지'라고 새긴 표지판이 세워져 있다.

서대문형무소 역사관

겨레와 민주주의의 이름으로

3·1독립선언기념탑 뒤로 내려가면 펜스 너머로 크고 작은 붉은 벽돌 건물들이 보이는데, 이곳이 서대문형무소 역사관옛 서대문형무소이다. 옛 보안과 청사, 중앙사, 옥사들이 그대로 보존되어 있다. 이중에서 가장 작은 건물이 여옥사여성 독립 운동가들이 수감되었던 곳이다. 축대 아래 사형장 옆에는 '통곡의 미루나무' 한그루가 아직도 아픈 역사를 품은 채 바람을 맞고 서 있다. 일제강점기 독립 운동가들이 옥고를 치르다 처형되었던 순국의 기억에 마음이 먹먹해진다. 형무소 역사관 입구 쪽에 남아있는 높고 붉은 벽돌담은 당시 외부와 차단시키기 위해 쌓은 것이다. 높은 담장만 봐도 가슴이 먹먹해진다.

서대문형무소 역사관은 1908년 일본이 조선의 의병 운동을 탄압하기 위해 만든 최초의 근대식 감옥이었다. 처음엔 경성감옥이라 불리다가 해방 후에는 서울구치소라는 이름으로 계속 사용되어 왔다. 1987년 서울구치소가 의왕시로 이전하면서, 1998년 서대문형무소 역사관으로 개관하였다.

현재 전시관으로 쓰이는 건물은 일제강점기에 형무소의 핵심 역할을 하던 보안과 청사였는데, 고문으로 악명 높았던 곳이다. 보안과 청사 뒤쪽의 중앙사 건물은 18세기 영국에서 등장한 '중앙형의 감시 기능'을 갖춘 수감자 수용 시설이다. 조그만 배식구가 있는 20여 개 방이 보존되어 있다. 여옥사에는 방이 여덟 개 있는데 8호 방이 유관순 열사가 갇혀 있던 곳이다. 보고만 있어도 눈물이 나고 가슴이 저려온다. 70~80년대 박정희와 전두환의 군사독재시절엔 이곳에 수많은 민주 투사가 투옥되고 고문받기도 했다. 독재에 항거한 민주 인사의 투옥이 80년대 중반까지 이어졌다.

관람시간 **3월~10월** 09:30~18:00 **11월~2월** 09:30~17:00

휴관 1월 1일, 설날, 추석, 매주 월요일(월요일이 공휴일인 경우는 다음날)

서재필 동상과 기념탑 두 개
지금도 만세 소리가 들리는 듯하다

독립문 바로 뒤편에는 서재필 박사의 동상이 있다. 1990년에 세워진 것으로, 오른손에 1896년 4월 7일 창간한 독립신문을 높이 들고 서 있다. 그는 1884년 갑신정변 실패 후 미국으로 망명하여 의사 생활을 하다 박영효의 권유를 받고 1896년 말 귀국했다. 대한제국의 지원을 받아 한글 독립신문을 창간하여 국민 계몽에 앞장서고, 독립협회초대 위원장은 이완용이었다. 독립문 현판도 그가 썼다는 설과 김가진이 썼다는 설이 공존한다. 창설에 참여하고, 독립문을 건설하는 등 많은 업적을 남겼지만 친일파라는 비판으로부터 자유롭지 못했다.

서재필 동상 뒤로는 3·1독립선언기념탑이 보인다. 탑 위에는 남녀노소 네 명이 태극기를 들고 독립을 소리 높여 선언하고 있는 조각상이 세워져 있고, 탑 뒤쪽에는 독립선언문과 민족대표 33인의 이름이 새겨져 있다. 원래 3·1독립선언기념탑은 1963년 탑골공원에 세워졌는데, 1992년 이곳에 다시 세웠다. 오솔길로 한참 들어가면 순국선열추념탑이 우뚝 솟아 있다. 높이 22.3m에 길이 40m나 된다. 탑 주변은 적막할 정도로 고요하다. 아랫단 화강석에는 이름 없는 의병들, 윤봉길 의사, 안중근 의사의 이등박문 저격 모습, 유관순 열사와 3·1독립운동의 생생한 현장, 처형당하는 순국 의병의 모습이 역력하게 새겨져 있다. 항일투쟁 과정에서 전사, 옥사, 병사, 고문사한 선열이 수십만이라 한다. 우리가 아무리 오래 추념해도 그 뜻을 다 새기기에는 부족할 듯하다.

독립관
숭고한 그들의 넋을 위로하다

독립관은 2만8천여 개의 순국선열 신위를 봉안하고 있는 한옥 사당이다. 독립관 현판은 당시의 황태자순종가 써서 하사한 것이다. 독립관은 원래 1407년태종 7년에 중국 사신을 맞이하고 전송하기 위해 지어진 '모화루'라는 건물이었다. 그후 '모화관'이라고 개칭하여 사용해오다, 1897년 5월부터 1898년 말까지 독립협회가 사무실과 집회 장소로 사용해 왔다. 개화운동과 애국계몽운동의 중심지였던 건물은 일제에 의해 강제 철거당했지만, 1996년 현재 위치에 168평 규모의 한옥 건물로 복원되었다. 안에는 위패가 벽면 가득 나열되어 있다. 향내를 맡으며 그 앞에 서니 독립유공자이셨던 외조부를 그리워하시던 어머니가 오늘따라 무척 뵙고 싶다. 지하 1층은 교육장과 전시장으로 사용하고 있다.

개방시간 10:00~16:00

대성집 60년이 넘은 도가니탕 전문점

독립문에서 사직터널 방향 길 건너에 보이는 핑크빛 건물 1층에 있다. 간판에 60년 원조라고 쓰여 있다. 차림표는 간단하다. 도가니탕과 수육 그리고 해장국이 전부이다. 국물은 맛이 깊고 구수하다. 뭉글뭉글한 도가니를 소스에 찍어 먹으면 영양을 보충하고 있는 기분이 든다. 밤새 핏물을 빼서 깨끗이 씻고 아침에 하루 판매량만 정성껏 고아내는 것이 맛의 비결이다.

모던함이라고는 찾아볼 수 없는 소소한 실내 분위기지만 벽면에 김동선 화백의 글과 스케치가 걸려 있어 눈길을 끈다. 1952년 2월 서울대 미대 졸업생이라고 서명해 놓은 걸 보니, 학창시절 오던 식당을 오랜만에 찾아와 그 감회를 글과 그림으로 남겨 선물해준 모양이다. 처음 찾아온 곳이건만 괜히 필자에게도 추억의 식당처럼 느껴진다. 또 한쪽 벽에는 1985년에 받은 '대성각 도가니탕' 특허 등록표가 당당히 걸려 있다.

주소 종로구 사직로 5 전화 02-735-4259, 02-734-4714 영업시간 08:00~21:00 휴일 명절 연휴 3일
추천메뉴 도가니탕 예산 6천원~2만2천원 주차 가능

행복한 걷기 여행

북한산둘레길
남산둘레길
월드컵공원
청계천
서울숲
양재천
항동 철길과 푸른수목원
홍릉수목원과 세종대왕기념관
북서울꿈의숲
아차산

북한산둘레길

아름다운 자연을 즐기며 역사와 문화를 만나자

북한산835.6m둘레길은 21개의 구간으로 나누어져 있다. 1구간부터 12구간까지는 북한산 관내이고, 13구간부터 20구간까지는 도봉산 관내에 있다. 21구간은 북한산과 도봉산 사이에 있는 우이령길이다. 둘레길은 강북구 우이동 우이령길 입구에서 시작해1구간 시계 방향으로 북한산과 도봉산을 돌아 다시 우이령 입구에서 끝20구간을 맺는다. 전체 길이는 71.8km이다. 대부분은 편안한 산책로이나 몇 개 코스는 제법 험난한 편이다. 둘레길 곳곳에는 사찰과 문화재, 근현대사의 솔깃한 이야기가 자리를 틀고 있다. 볼거리가 다양하고 풍광이 좋아 산책하는 마음으로 가벼이 걷기에 좋다. 각 구간마다 붙여진 이름을 명상해도 좋고, 그곳에 얽힌 이야기, 자연 경관, 생태에 눈길을 주며 걷는다면 산책의 묘미를 제대로 맛볼 수 있을 것이다. 음료수와 간단한 요기 거리를 준비하는 것이 좋다. 눈 내린 겨울엔 등산 장비를 꼼꼼하게 챙기는 것도 잊지 말자.

둘레길 1~3구간 소나무숲길, 순례길, 흰구름길

가벼운 마음으로 즐기는 하루 산책 코스

1구간 소나무숲길은 우이령 입구에서 강북구 우이동 솔밭근린공원까지이다. 길이는 3.1km, 소요 시간은 1시간 30분 내외이다. 솔향기 맡으며 일제강점기의 숭고한 독립 정신과 한국전쟁의 상흔을 되새기고 전통문화를 감상할 수 있다. 손병희 선생이 독립운동 지도자 양성을 위해 세운 봉황각서울시 유형문화재 제42호, 산책하다 목을 축일 수 있는 만고강산 약수터, 한국전쟁 당시 서울 수복 때 게릴라전으로 기개를 드높였던 이용문 장군 묘소, 전통 자수와 근현대 회화를 접목시켜 한국 현대 자수의 근간을 마련한 박을복 선생의 자수박물관 등을 둘러볼 수 있다.

2구간 순례길은 솔밭근린공원에서 강북구 수유동 이준 열사 묘역 입구까지이다. 우리나라의 독립과 민주 발전을 다진 분들의 위업을 묵상하면서 걷는 구간이다. 4·19민주묘지 전망대에선 민주 혁명을 위해 목숨

을 바친 열사들의 숭고한 희생을 되새길 수 있다. 이시영 선생, 이준 열사, 신익희 선생, 김병로 선생 등 애국지사의 묘소와 광복군 합동 묘소도 순례길 구간에 있다. 길이는 2.3km이고, 1시간 15분 남짓 소요된다.

3구간 흰구름길은 이준 열사 묘역 입구부터 성북구 정릉동 북한산생태숲에 이르는 4.1km구간으로 소요 시간은 2시간이다. 계곡과 산중턱을 오르내리며 제법 등산 맛을 느낄 수 있는 구간이다. 유명 사찰 화계사와 서울의 스카이라인을 감상할 수 있는 구름전망대, 무수리들이 애용하던 조선의 궁중 빨래터 '빨래골', 아름다운 자연을 품고 있는 북한산생태숲과 자연생태체험장 등이 있다.

1구간 소나무숲길 코스 우이동 우이령길 입구 ~ 수유동 솔밭근린공원 상단 거리와 소요 시간 3.1km, 1.5시간 소요 난이도 하 찾아가기 지하철 4호선 수유역 3번 출구 - 버스 120번이나 153번 승차 - 우이동 차고지 종점 하차 - 큰 길로 내려와 먹거리 마을 쪽으로 100m 이동 - 우이령길 입구 표지목 주차 강북구 견인차량보관소 내 주차장(강북구 우이동 5-1, 전화 02-944-3028) 주변 명소 봉황각, 손병희 묘역, 이용문 장군 묘소, 박을복자수박물관

2구간 순례길 코스 수유동 솔밭근린공원 상단 ~ 이준 열사 묘역 입구 거리와 소요 시간 2.3km, 1시간 15분 소요
난이도 하 찾아가기 지하철 수유역 3번 출구 - 버스 120, 153번 - 덕성여대 입구 하차(길 건너 도보 5분)
주차 공영주차장(둘레길 탐방 안내센터 앞, 강북구 수유동 산 73-1, 전화 02-944-3025)
주변 명소 4·19민주묘지 전망대, 이준 열사 묘역, 애국지사 묘소, 광복군 합동 묘소

3구간 흰구름길 코스 강북구 수유동 이준 열사 묘역 입구 ~ 성북구 정릉동 북한산생태숲 앞 거리와 소요 시간 4.1km, 2시간 소요 난이도 중 찾아가기 지하철 수유역 4번 출구 - 마을버스 강북01번 - 통일교육원 하차
주변 명소 화계사, 구름전망대, 빨래골, 북한산생태숲, 자연생태체험장

둘레길 6구간 평창마을길
산자락 마을을 굽어보며 걷는 길

평창동은 조선시대 선혜청광해군 때 설치된 조세를 관리하던 관청의 비상 창고와 군량 창고인 평창平倉이 있던 곳이다. 평창마을길은 북한산 남쪽 산자락 평창동과 구기동의 고급 주택 사이에 조성된 산책로로, 형제봉 입구에서 탕춘대성 암문 입구까지다.

평창마을길 산책은 평창동의 형제봉 입구에서 시작하는 것이 좋다. 형제봉 입구에서 500m 정도 걸으면 연화정사가 나오고, 평창공원 지킴터 바로 옆에 고급스러운 전통 찻집 풍경소리가 나온다. 이곳은 빙수 맛도 좋지만, 평창 마을과 북악산, 인왕산, 북한산을 비롯하여 저 멀리 관악산까지 펼쳐져 있는 파노라마를 감상하기 좋은 곳이다. 이곳에서 다시 보현산신각, 혜광사, 청련사를 지나면 보각사 위의 포토 포인트에 다다른다. 이곳에서는 북한산 자락에 자리한 멋진 주택가 풍경을 한눈에 담을 수 있다. 여기서 계속 걸으면 전심사가 나오고 구기터널을 지나면 탕춘대성 암문 입구에 다다른다. 탕춘대성숙종 45년, 1719은 인왕산 동북쪽에서 북한산 서남쪽의 비봉 아래까지 축성한 길이 4Km의 산성이다. 이곳에서 계속 걸으면 7구간으로 접어들지만, 둘레길 걷기를 잠시 멈추고 북악터널 쪽으로 빠지면 역사 소설가 월탄 박종화 가옥평창11길 80에 다다른다. 근대문화유산으로 지정되었지만 개인 소유라 안타깝게도 일반인에게 개방하지는 않는다.

6구간 평창마을길

코스 형제봉 매표소 입구(종로구 평창동)~탕춘대성 암문 입구(종로구 구기동)

난이도 중 거리와 소요 시간 5Km, 2.5시간 소요

찾아가기 ❶ 지하철 길음역 3번 출구 - 버스 153, 7211번 승차 - 롯데캐슬아파트 하차 - 북악터널 방향으로 100m 걸으면 '평창마을길' 표지목 등장 - 평창40길 따라 올라가면 형제봉 입구(버스 하차 후 도보 15분)
❷ 지하철 3호선 경복궁역 하차 3번 출구 - 버스 1020번, 1711번 탑승 - 북악터널 앞 롯데캐슬아파트 하차 - 길 건너 터널 방향으로 100m 걸으면 '평창마을길' 표지목 등장 - 평창40길 따라 올라가면 형제봉 입구(버스 하차 후 도보 15분) 주변명소 연화정사, 보각사, 전심사, 탕춘대성, 박종화 가옥

둘레길 8구간~9구간 구름정원길, 마실길

등산도 즐기고, 휴식 같은 마실도 즐기고

8구간과 9구간은 묶어서 함께 걷기 좋다. 8구간 구름정원길에서 약간 강도 있는 등산을 즐기고 9구간 마실길에서 편안한 산책을 즐긴다면 북한산 둘레길의 묘미를 제대로 맛볼 수 있을 것이다.

구름정원길은 소박하고 아담한 절 불광사에서 화의군 묘역 부근의 진관생태다리까지 조성된 등산로이다. 불광사 입구 옆에 빨간 우체통이 하나 놓여 있는데, 이것은 서울 둘레길 완주 인증 스탬프를 받는 곳이다. 이 우체통 바로 옆에 구름정원길의 시작을 알리는 아치문이 있다. 아치문 너머 나무 계단을 오르기 시작하면서 난이도 '중' 수준의 등산이 시작된다. 서울 서북 지역의 스카이라인을 감상할 수 있는 하늘전망대, 구기터널 위쪽 계곡을 횡단하는 60m 길이의 나무 데크 스카이워크하늘다리를 굽이굽이 지나면, 가을에 더욱 빛나는 8구간의 명소 억새밭이 나온다. 억새밭 벤치에 앉으면 우람하면서 아름다운 북한산을 한눈에 조망할 수 있다. 이옥고 세종의 여섯 째 아들

화의군 묘역을 지나 진관생태다리 앞에 다다르면 8구간은 끝이 난다.
그러나 끝은 또 다른 시작이기도 하다. 진관생태다리 앞에서 바로 9구간 마실길이 시작된다. 마실길은 방패교육대까지 쉬엄쉬엄 산책하듯 이어진 조경이 잘 된 예쁜 길이다. 수령 250년이 넘은 느티나무, 은평뉴타운의 한옥마을, 은행나무 100여 그루로 꾸며진 은행나무숲길, 진관사 등이 있다. 마실길은 정말 마실 나가는 기분으로, 잠깐 아주 편안하게 지나간다.

8구간 구름정원길 코스 은평구 불광동 북한산생태공원~진관동 진관생태다리 앞 거리와 소요 시간 5.2km, 2.5시간~3시간 난이도 중 찾아가기 ❶ 지하철 3호선 불광역 2번 출구 - 북한산생태공원(도보 15분) ❷ 불광역에서 버스 7022번, 7211번 승차 - 독박골 북한산래미안아파트 정류장 하차 - 북한산생태공원 주변 명소 불광사, 하늘전망대, 스카이워크, 억새밭

9구간 마실길 코스 진관생태다리 앞 ~ 진관동 방패교육대 앞 거리와 소요 시간 1.5km, 45분 난이도 하
찾아가기 지하철 연신내역 3번 출구 - 버스 7211번 승차 - 진관사 입구 하차 - 진관생태다리 앞(도보 15분)
주변 명소 느티나무, 은평한옥마을, 진관사, 은행나무숲

둘레길 21구간 우이령길
숲 향기 가득한 걷기 좋은 길

21구간 우이령길은 북쪽의 도봉산과 남쪽의 북한산 사이의 평탄한 도로로, 서울 강북구 우이동과 경기도 양주시 교현리를 연결하는 길이다. 1965년 차량 통행이 가능하도록 넓혀졌지만 1968년 무장공비의 청와대 침투 사건으로 40년간 민간인 출입이 금지되기도 했다. 그러다 2009년 7월 탐방 예약제를 실시하며 다시 개방되었다. 이 구간은 자연 생태가 잘 보존된 지역으로, 다양한 수목과 야생화, 곤충과 새를 관찰할 수 있다. 우이령 계곡은 아직 출입할 수 없으나 걷는 동안 개울물 소리를 들을 수 있어 내내 계곡과 함께 하는 느낌이 든다. 울창한 숲에서 내뿜는 피톤치드 향기는 싱그럽기 그지없다. 어린이, 노약자 모두 쉽게 걸을 수 있는 평탄한 길이며, 일반 자동차는 통행할 수 없지만 우이령의 사찰 석굴암의 차량은 수시로 운행되고 있다. 탐방지원센터는 교현리와 우이동 양쪽에 모두 설치되어 있고, 탐방지원센터에서 예약 상태가 확인되면 출입할 수 있다. 하루 천 명만 입장할 수 있어 사전

예약을 하지 않은 탐방객은 입장하지 못할 가능성이 많으나, 탐방지원센터에서 당일 예약 상태를 확인하여 인원이 차지 않았으면 입장이 가능하다. 우이령길은 사람의 오감 중 촉감을 체험할 수 있는 곳으로도 유명하다. 우이동 쪽 우이령길 입구에서 우이탐방지원센터 사이에 마련된 520m의 길과 탐방지원센터 지나 석굴암 입구까지 2km는 맨발로 산책할 수 있도록 잘 다듬어 놓았다. 맨발 체험 구간을 걷다보면 독특한 모양의 바위 다섯 개가 줄지어 있는 오봉의 포토 포인터가 나온다.

21구간 우이령길 코스 우이탐방지원센터(강북구 우이동, 02-998-8365)~교현탐방지원센터(경기도 양주시, 031-855-6559) 거리와 소요 시간 6.5km, 3시간 난이도 하 찾아가기 ❶ **우이동 우이령길** 지하철 4호선 수유역 3번 출구 - 버스 120번, 153번 승차 - 우이동 차고지 종점에서 하차 - 우이령길 입구 표지목 - 우이탐방지원센터(표지목에서 약2.1km) ❷ **교현 우이령길** 지하철 3호선 구파발역 1번 출구 - 버스 704번, 34번 승차 - 석굴암 입구 하차(구파발역에서 30분 소요) - 석굴암 입구(버스정류장에서 2.5km) - 교현탐방지원센터 주변 명소 석굴암, 오봉산의 오봉 기타 신분증 지참 필수 인터넷예약 http://reservation.knps.or.kr

남산둘레길

굽이굽이 이어진 아름다운 산책로

'남산'은 애국가 가사에도 나올만큼 서울을 상징하는 산이다. 이 산 중턱엔 굽이굽이 이어진 9.8km의 산책로 남산둘레길이 있다. 남산둘레길은 서울역 – 북측 순환로 – 남측 순환로 – N서울타워 – 남산도서관 – 서울역으로 이어지는 서울에서 가장 걷기 좋은 산책길이다. 서울시에서 선정한 생태 문화길 우수 코스 30선 가운데 하나이며, 산책로의 방향에 따라 북측 순환로와 남측 순환로로 나누어져 있다. 국립극장에서 와룡묘를 거쳐 안중근의사기념관에 이르는 구간이 북측 순환로이다. 차량은 물론 자전거 통행조차 금지된 보행 전용 도로이다. 남측 순환로는 국립극장에서 포토 아일랜드를 거쳐 N서울타워에 이르는 산책길이다. 남산둘레길은 서울역, 3호선 동국대입구역, 4호선 회현역, 6호선 한강진역 등에서 진입할 수 있다.

찾아가기 서울역, 지하철 4호선 회현역과 충무로역, 3호선 충무로역과 동국대입구역, 6호선 한강진역과 녹사평역에서 도보 7~15분
홈페이지 parks.seoul.go.kr/namsan

안중근기념관에서 N서울타워까지

나무 산책로를 오르며 서울을 담다

서울역 또는 회현역에서 백범광장을 지나 언덕을 오르면 직육면체를 닮은 우유빛 현대식 건축물 4개가 나란히 서 있다. 안중근의사기념관이다. 광장엔 안중근 의사가 32세 청년의 모습으로 '대한독립'이라고 쓴 휘장을 흔들며 서 있다. 기념관에 들르면 안중근 의사의 삶과 사상, 독립운동에 관한 유물과 자료 등을 세심하게 살펴볼 수 있다. 기념관에서 남산도서관을 지나면 N서울타워까지 오르는 긴 계단 길이 나온다. 고층 빌딩이 즐비한 산 아래 도심과 달리 남산은 딴 세상인 듯 숲과 자연의 소리로 가득하다. 봄 기운 무성한 숲 속에서 새 소리와 함께 흰색 꽃비를 맞으면 이런 복이 또 있을까 싶다. 계단을 오르다 보면 '잠두봉 포토 아일랜드'가 나온다. 삼각산, 인왕산, 명동 시가지가 한눈에 들어오는 곳이다. 계단이 힘겨울 것 같으면 남산 케이블카를 이용하는 좋은 방법도 있다.

N서울타워 근처에 다다르면 외국 여행자가 종종 눈에 띈다. 타워 입구 발코니에는 '사랑의 열쇠'를 칭칭 두른 커다란 나무 예닐곱 그루가 서 있다. 사랑을 약속한 연인들이 걸어놓은 것이다. N서울타워에 오르면 서울 풍경을 발아래 두고 마음껏 눈에 담을 수 있다. 회전 레스토랑은 N서울타워의 명소이다. N서울타워는 트립어드바이저가 선정한 '트래블러스 초이스 어워드 2013'에 대한민국을 대표하는 최고의 명소 1위로 뽑혔다. 2012년에는 세계타워연맹 가입 타워 중 '글로벌 타워 탑 10'에 들기도 했다. 에펠탑, 도쿄타워 등과 어깨를 나란히 하게 된 것이다.

남측 순환산책로

N서울타워에서 국립극장까지

남측 순환산책로는 N서울타워에서 남측 포토 아일랜드를 거쳐 국립극장까지 연결되는 둘레길로, 버스도 다니는 도로이다. 셔틀버스와 관광버스를 타고 내리는 인파로 버스 정류장에는 사람이 많은 편이다. 버스가 조심스럽게 산을 오르내리지만, 걷고 있는 사람들도 조심스럽기는 마찬가지이다. 남측 포토 아일랜드에 다다르면 확 트인 서울 전경이 한 눈에 내려다보인다. 포토 아일랜드는 서울시 전경을 배경으로 사진을 찍을 수 있도록 남산에 조성해 놓은 전망대로, 올라서서 바라보기만 해도 감동이 밀려온다. 서울의 동·서·남쪽 전경은 물론 저 멀리로는 한강 너머 청계산, 관악산, 월드컵경기장까지 보인다. 유유히 멈춘 듯 흐르는 한강과 반포대교, 여의도의 고층 건물은 한국의 발전상을 보여주는 듯하여 자랑스럽다. 여기서 고개를 살짝 오른쪽으로 돌리면 아름다운 남산 숲의 정기를 받으며 우뚝 서 있는 N서울타워가 보인다. 좀 더 내려가서 한남대교 전망대를 지나면 국립극장 지붕이 보이고, 곧 두 갈래 길이 나타난다. 왼쪽 길은 북측순환로로 연결되고, 오른쪽 길은 국립극장으로 가는 길이다.

남산 소나무 숲 산책하기

N서울타워에서 국립극장을 향해 인도로 내려오다 보면 도로 때문에 서울 성곽이 끊어지는 지점이 있다. 도로의 소란스러움이 싫다면 여기서 오른쪽 숲길로 들어가라. 이곳은 속리산 산책길에 버금가는 소나무 숲길로, 남산의 소나무는 모두 여기에 있는 듯하다. 가슴 깊이 들이 마시며 굽이굽이 걷는 재미가 그만이다.

북측 순환산책로
국립극장에서 안중근의사 기념관까지

지하철 3호선 동국대입구역 6번 출구로 나와 남산 방향으로 걷다, 유관순 동상과 3·1독립운동기념탑을 지나면, 국립극장으로 오르는 등나무 터널 계단이 보인다. 계단을 오르면 왼쪽에 정사각형에 가까운 국립극장이 보인다. 국립극장 뒤로는 봄에는 꽃의 향연이, 가을엔 형형색색 단풍 터널이 펼쳐지는 아름다운 산책로가 있는데, 이것이 안중근의사 기념관까지 이어진 북측순환산책로이다.

서울 시내 한 복판에서 만나는 북측 순환로는 너무 아름다워 오히려 비현실적으로 느껴진다. 봄이면 샛노란 개나리부터 진분홍 진달래와 하얀 벚꽃이 동시에 꽃망울을 터트려 말 그대로 꽃의 향연을 벌인다. 아름다운 꽃의 자태와 풍광에 매료되어 걷다보면 무릉도원이 따로 없다. 굽이굽이 길을 따라 한참을 걷다보면 산 중턱 높은 곳에 와룡묘가 있다. 제갈공명의 사당인 와룡묘는 일제강점기 엄 상궁이 무속으로 일제를 멸하려는 염원으로 세운 사당이라 전해진다. 와룡묘에서 조금 더 가면 맛집 목멱산방이 나오고, 안중근의사기념관으로 오르는 높은 계단과 서울역 방향으로 내려가는 도로가 보인다.

목멱산방 한옥에서 즐기는 정갈한 한식

북측 순환로의 정취에 젖어 산책하다가 보면 산 중턱에 자리잡은 깔끔한 한옥 한 채가 눈에 들어오는데, 이곳이 목멱산방이다. 대문으로 들어서면 아담한 마당이 나오고 마당 한쪽에 놓여 있는 야외용 테이블에는 젊은이들이 여유롭게 차를 마시고 있다. 어쩐지 어린 시절 부모님 따라 들어선 어느 친척집 같은 분위기가 정감이 간다. 육회비빔밥을 비롯하여 다양한 비빔밥이 주 메뉴이다. 주문을 하면 밥을 담은 유기와 예닐곱 가지의 나물이 정갈하게 담긴 접시를 내온다. 산방보쌈도 맛있다. 식당에 온 것이 아니라 잔칫날 할머니 댁에 와서 상을 받은 기분이 든다.

주소 중구 남산공원길 125-54 전화 02-318-4790 영업시간 11:00~21:00
휴일 설과 추석 당일 예산 비빔밥 7천원~1만1천원, 전통차와 커피 5천원

월드컵공원

쓰레기 매립장 위에 핀 오아시스

월드컵공원은 2002년 월드컵을 기념하기 위해 마포구 난지도 쓰레기 매립장과 그 주변에 조성한 공원이다. 평화의 공원, 하늘공원, 노을공원, 난지천공원, 난지한강공원으로 이루어져 있다. 난지도蘭芝島는 원래 동쪽은 난지천, 남쪽은 홍제천, 북쪽은 성산천, 서쪽은 한강으로 둘러 싸인, 난蘭 피고 영지가 자라던 아름다운 섬이었다. 김정호의 〈대동여지도〉에는 꽃이 피는 섬 중초도中草島로, 이중환의 〈택리지〉에는 사람이 살기 좋은 땅으로 기록되어 있다. 1960년대까지 유명한 신혼 여행지 가운데 하나였다. 그러나 1978년부터 서울과 경기 북부에서 나오는 쓰레기 트럭 3천대 분량을 매일 내다버리는 매립장으로 쓰였다. 서울시는 2002년 월드컵을 앞두고 이 쓰레기 산을 흙으로 덮어 생태공원 조성에 나섰다. 쓰레기의 영토로만 생각했던 난지도가 생명의 땅으로 회복되어 다시 우리 곁으로 돌아온 사실이 감격스러울 따름이다.

주소 **마포구 월드컵로 243-60** 전화 **02-300-5501~2** 찾아가기 **지하철 6호선 월드컵경기장역 하차** 홈페이지 **http://worldcuppark.seoul.go.kr**

평화의공원
공존의 의미를 담았다

월드컵공원 남쪽에 있다. 월드컵공원을 대표하는 공간으로, 숲이 우거지고 봄이 되면 벚꽃이 만개한다. 강변북로와 월드컵경기장 사이 44만㎡의 평지에 조성되어 있으며, 공원은 '상호 공존'이라는 큰 의미를 담고 있다. 산책하기도 좋을 뿐 아니라 생태 환경과 에너지 학습장으로 활용하기 좋으며, 가족 나들이와 단체 모임 장소로 사랑받고 있다. 한강 물을 끌어다 만든 난지연못을 중심으로 평화의 정원, 유니세프 광장, 평화광장, 피크닉장, 메트로폴리스길, 에너지드림센터, 별자리광장 등이 있다.

이 공원의 하이라이트는 피크닉장과 메트로폴리스길 사이에 있는 평화의 정원이다. 평화의 정원은 평화의공원의 주제인 '상호 공존'을 표현해 놓은 정원이다. 질서를 상징하는 직선과 무질서를 상징하는 사선으로 다양한 식물을 조형적으로 심어 놓아 눈길을 끈다. 유니세프 광장은 자전거나 인라인스케이트를 타기 좋고, 평화광장에는 피크닉장이 있어서 가족 소풍을 즐기기 좋다. 에너지드림센터는 매립장에서 나오는 메탄가스를 활용하여 에너지를 사용하는 '에너지 제로 건물'로 어린이들의 에너지 학습에 도움이 된다. 바닥에 별자리를 그려 놓은 별자리광장도 눈길을 끈다.

찾아가기

❶ 지하철 6호선 월드컵경기장역 1번 출구에서 도보 10분

❷ **평화의공원 주차장** 마포구 성산동 531

하늘공원
매립지 위 낭만 공원

높이 98m에 이르는 난지도 제2매립지에 꾸며진 공원으로, 여러 공원 가운데 하늘과 가장 가까운 곳에 있다. 6만평에 이르는 넓은 초지가 조성되어 있으며, 3분 간격으로 운행하는 맹꽁이 전기차를 타거나, 메타세콰이어가 아름다운 희망의 숲길1.3km을 걸어서, 또는 하늘 계단291개의 계단을 통해서 올라갈 수 있다. 하늘계단으로 오르다 보면 중간 중간에 휴식 공간이 있고, 이곳에서 한강과 어우러진 서울 시가지의 멋진 풍광을 즐길 수 있다. 풍력발전기 다섯 대도 멋진 풍경을 연출해 준다.

하늘공원은 월드컵공원 중에 가장 낭만적인 곳이다. 띠와 억새 같은 키가 큰 풀을 비롯하여 엉겅퀴, 제비꽃 씀바귀, 토끼풀 등 키 작은 풀이 자라고 있다. 봄에는 청보리 밭이 시원하게 펼쳐지기도 한다. 그야말로 쓰레기가 쌓였던 척박한 땅이 어떻게 자연을 회복했는지 고스란히 보여준다. 또 다양한 나비와 곤충이 날아다녀 즐거움을 더해준다. 초여름이 되면 보리가 익어 바람에 흔들리고, 꽃양귀비가 휘어지게 피어난다. 늦여름초가을에는 해바라기 꽃이 강렬하게 피어나며, 늦가을에는 억새 휘날리는 모습이 장관을 이룬다. 공원 남쪽 가장자리 전망대에서 한강과 어우러진 석양을 마음껏 감상할 수 있다.

찾아가기 ❶ 맹꽁이 전기차 매표소 난지천공원 주차장, 노을공원 주차장 운행 간격 약 3분
요금 **어른** 왕복 3천원(편도 2천원) **어린이** 왕복 2200원(편도 1500원) ❷ 난지천공원 주차장 상암동 1538-24

노을공원

노을이 아름다운 곳

하늘공원 서쪽 제1매립지 약 10만 평에 만든 공원이다. 난지천공원주차장과 노을공원주차장난지창작스튜디오 옆에서 맹꽁이 전기차를 이용하면 편하게 올라갈 수 있고, 하늘공원 입구에서 둘레길을 따라 노을계단558계단을 타고 올라 갈 수도 있다. 맹꽁이 전기차가 오르는 길을 따라 걷는 것도 추천한다.

노을공원은 서울에서 노을이 가장 아름다운 곳이다. 공원 서쪽 노을광장이 노을이 지는 풍경을 볼 수 있는 포인트이다. 정면으로 마곡철교와 아치형 방화대교가 한눈에 들어온다. 또 멀리 행주대교와 늠름한 행주산성도 보인다. 다리 아래를 지나 도도히 서해로 흘러가는 한강이 석양빛에 붉게 물든 모습은 그야말로 장관이다. 노을공원엔 파크골프장, 자연물놀이터, 누에생태체험장, 도시농부정원, 노을캠핑장 등 다양한 시설이 들어서 있다. 노을캠핑장에서는 공원에 준비된 텐트를 사용하거나, 텐트를 직접 가져와 캠핑을 즐길 수 있다. 가족이나 친구들과 뛰놀며 즐거운 추억을 만들 수 있는 곳이다. 노을공원주차장에 있는 반디불이 생태관은 아이들과 함께 방문하기 좋다.

찾아가기 ❶ 맹꽁이 전기차 매표소 난지천공원 주차장, 노을공원 주차장 운행 간격 약 3분 요금 **어른** 왕복 3천원(편도 2천원) **어린이** 왕복 2200원(편도 1500원) ❷ 난지천공원 주차장 상암동 1538-24 ❸ 노을공원 주차장 상암동 486-6
시설정보 **파크골프장** 02-304-3212 **노을캠핑장** 02-304-3213 **반딧불이생태관** 02-302-6687

난지천공원
다시 살아난 아름다운 천변 공원

난지천은 난지도 북단을 돌아 한강으로 흘러들던 아름다운 하천이었다. 하지만 쓰레기 매립으로 죽은 하천이 되었다가 2002년 한일월드컵을 계기로 생태 공원화 작업을 통해 기적적으로 생명을 되찾았다. 한강에서 하루 물 300톤을 끌어와 평화의공원에 있는 난지연못에서 사용한 후 다시 난지천으로 흘려보낸다. 난지천 주변 8만9천 평의 땅엔 갈대와 수초, 버드나무, 메타세콰이아, 소나무 등 큰 나무 2천여 그루와 작은 나무 5만여 그루가 숲을 이루고 있다. 이 숲에 만든 공원이 난지천공원이다. 주요 시설로 오리연못, 어린이 놀이터, 잔디 광장, 다목적 구장, 인조 잔디 축구장 등이 있다. 어린이 놀이터에는 오감체험이 가능한 다양한 놀이 기구가 설치되어 있고, 다목적 구장에서는 농구와 축구 같은 단체 운동이 가능하다. 인조 잔디 축구장에서는 어린이 축구 교실이 열린다. 난지천공원 동쪽하늘공원 입구, 맹꽁이 전기차 타는 곳 부근에는 유아숲체험마당이 있다. 징검다리로 개울을 건너고 식물을 관찰하며 숲에서 어린 아이들과 소풍을 즐기기에 좋다.

찾아가기 ❶ 지하철 6호선 월드컵경기장역 1번 출구에서 도보 10~12분
❷ **난지천공원 주차장** 상암동 1538-24

난지한강공원

강바람 맞으며 한강을 즐기자

월드컵공원 건너편 한강 둔치에 있는 공원이다. 면적은 약 22만평이다. 강과 노을과 자연이 있는 서울의 오아시스이다. 산책, 휴식, 캠핑, 자연학습, 운동, 각종 모임이 모두 가능하다. 노을공원과 연결되는 복합 연결 통로, 하늘공원과 연결되는 중앙 연결 브릿지, 또 평화의공원 연결 브릿지를 통해 걷거나 자전거를 타고 자유롭게 이동할 수 있다.

강변 경치를 즐기며 산책할 수 있는 수변 프롬나드산책길, 부모와 함께 온 아이들이 안전하게 자전거를 배울 수 있는 자전거 공원이 있다. 산악 자전거 체험장, 익스트림 레포츠 체험장도 있어 스릴을 만끽할 수 있다. 공원 내 자전거 도로가 한강 자전거 도로와 연결되어 행주대교나 뚝섬공원까지 드라이브가 가능하다. 강변 물놀이장은 7~8월에 개장하여 시민들의 사랑을 받고 있으며, 난지캠핑장에서는 가족이나 친구들과 캠핑과 바비큐 파티를 즐기며 행복한 추억을 만들 수 있다. 그밖에 한강야생탐사센터, 생태습지원, 수변생태학습센터 등이 있어 아이들과 한강의 자연 생태를 관찰하고 체험하기 제격이다. 또 이 공원의 명품 분수인 거울분수 앞 강변에는 유람선 선착장과 리버피아마리나, 요트를 배울 수 있는 한강요트클럽이 있다.

찾아가기 **난지한강공원 주차장** 마포구 한강난지로 22 **난지안내센터** 02-3780-0611~3 **난지캠핑장** 02-304-0061~3

청계천

서울 한복판의 낭만 하천

청계천은 서울 한복판으로 흐르는 물길이다. 부담없이 산책할 수 있어 좋다. 따뜻한 봄날, 등불 축제 기간, 푸른 여름, 그리고 가을과 크리스마스 이브에 걸어도 낭만적이다. 1960년대 말 청계천은 하수구에 다름 없었다. 그 뒤 고가도로가 들어서고 청계천이 복개되면서 이 일대는 자동차로 붐비는 곳이었다. 2005년 고가도로가 헐리고 복개도로가 철거되면서 도심 속 하천 공원으로 다시 태어났다. 발원지는 종로구 청운동의 백운동 계곡이며 남으로 흐르다가 청계광장 부근에서 중학천을 만난다. 이어 동쪽으로 방향을 틀어 서울의 도심지를 가로지르다가 중랑천으로 흘러 든다. 본류의 길이는 10.92km이다. 비록 물을 끌어다 흐르게 하는, 콘크리트로 만든 인공 물길이지만 풀과 나무가 자라고 송사리가 떼지어 헤엄치고 새가 날아드는 서울 한복판의 산책 물길이다.

찾아가기 **지하철 5호선 광화문역 5번 출구에서 도보 1분**

청계광장
청계천 물길이 시작되는 소라 광장

광화문 동아일보사 앞 소라 모양 탑이 있는 곳이다. 다슬기처럼 생긴 탑의 공식 이름은 스프링spring이다. 스웨덴 출신 미국 팝 아티스트 클래스 올덴버그와 그의 부인이자 예술가인 구제반 부루겐의 공동 설치 작품이다. 청계천 물길이 이곳에서 시작된다. 한강에서 취수하여 흘러 내리는 물이 청계천을 따라 도란도란 내려간다. 청계광장에서 세종대왕 동상, 이순신장군 동상, 멀리 북악산까지 보인다. 분주하게 움직이는 인파와 자동차 물결은 잠시의 여유도 보이지 않는다. 이에 반해 청계광장은 피안의 세계로 연결되는 쉼터 같은 곳이다. 청계광장에서 개천 바닥으로 내려가면 물길 따라 산책로가 마련되어 있다. 빌딩 숲 사이로 흐르는 물길이지만 산책로가 도로보다 한참 낮은 곳에 있어서 호젓한 개울가를 걷는 기분이 든다. 청계광장에서는 종종 음악회와 전시 행사, 시위 등이 열린다. 자주 가도 싫증이 나지 않는 곳이다.

찾아가기 ❶ 지하철 5호선 광화문역 5번 출구에서 도보 1분 ❷ 지하철 1·2호선 시청역 4번 출구에서 도보 5분

광통교
가장 오래된 조선시대 다리

청계광장에서 물길 따라 150m 내려가면 광통교廣通橋를 만난다. 조선시대부터 있던 다리로 옛 도성에서 사람들 왕래가 가장 많았던 다리다. 대광통교大廣通橋, 대광교大廣橋, 광교廣橋 등으로도 불렸다. 태조 때에 흙으로 축조되었다가 폭우로 무너지자 1410년태종 10년 8월에 돌로 만들었다. 축조할 때 조선 태조의 계비 강씨의 정릉 석물신장석을 교대석으로 사용하였다. 태종은 강씨가 자신의 소생인 방석에게 왕위를 넘겨주려 한 일을 잊지 않고 있다가, 계모 능의 석물을 다리를 짓는 데 사용하게 하여 복수하였다. 태종은 능의 석물을 사람들이 밟고 다니는 교대석으로 사용하게 했는데, 강씨가 얼마나 미웠는지 일부는 거꾸로 세워 놓았다고 한다. 광통교는 정월 대보름에 다리밟기 놀이를 하던 곳으로 유명하였다. 현재 광통교는 당시의 석물 일부를 사용하여 복원한 것이다.

찾아가기 청계광장에서 도보 3분. 지하철 1호선 종각역 5번 출구에서 도보 3분

삼일교와 베를린 공원

진짜 베를린 장벽이 이곳에 있다

삼일교는 종로의 탑골공원과 남산 1호 터널 사이의 삼일대로를 남북으로 연결하는 다리다. 이 다리 곁에는 1971년 완공되어 1985년 63빌딩이 서기 전까지 서울에서 제일 높았던 삼일빌딩110m이 있다. 장통교를 지나 삼일교로 가는 산책로 벽에는 조선의 유명 화가 김홍도 등이 그린 정조대왕의 능행반차도1795년 윤 2월 정조의 화성행차 장면을 궁중 화가들이 그린 그림와 김정호가 직접 각성刻成한 목판본 서울시가지도인 수선전도首善全圖가 타일 벽화로 꾸며져 있다.

삼일교에서 꼭 보고가야 할 구조물이 있다. 삼일교와 한화빌딩 사이에 독일 정부가 남북통일을 기원하며 기증한 베를린 장벽Berlin Mauer이다. 베를린 장벽은 독일이 통일되면서 1989년에 철거되었는데 이 중 일부를 120여 개로 나누어 40여 나라에 기증했다. 삼일교 사거리의 베를린 장벽도 이중 하나다. 서울시는 2005년 9월 현재 위치에 베를린 공원을 조성하고, 베를린 시의 상징인 푸른 곰과 가로등, 벤치, 갈참나무 등과 함께 베를린 장벽 일부를 설치했다.

찾아가기 지하철 1호선 종로3가역 12번 출구에서 도보 5분. 지하철 2로선 을지로3가역에서 도보 6분

오간수교

서울 성곽이 지나가던 자리

지하철 1호선과 4호선 동대문역과 동대문디지털플라자DDP 사이 청계천에 있는 다리다. 조선시대에 있던 오간수문에서 유래했다. 오간수문은 흥인지문동대문 남쪽 성곽 아래에 있던 청계천의 5칸짜리 수문이었다. 오간수교는 오간수문 위에 놓은 다리이다. 1908년 일제가 오간수문과 오간수교를 헐어버리고 콘크리트 다리로 바꾸었다. 2003년 7월 청계천 역사 유적을 발굴할 때 오간수문의 아래쪽 끝 받침과 홍예虹霓, 무지개 모양의 구조물 기초부, 돌거북 등이 발굴됨에 따라 이를 바탕으로 복원하였다 전통적인 모양을 살려 5개 수문과 무지개 모양 아치를 재현하였다. 오간수교 부근 청계천 일대는 우리나라의 대표적인 의류 시장이다. 전태일로 대표되는 60~70년대 노동운동의 현장이기도 하다. 지금은 황학동 벼룩시장과 동대문시장이 이 지역을 대표하고 있다. 찾아가기 지하철 1·4호선 동대문역 8번출구에서 도보 1분

두물다리와 청혼의 벽

사랑의 자물쇠가 있는 프러포즈 장소

두물다리는 성동구 마장동과 동대문구 용두2동 사이에 있다. 청계천에 들어선 스물 한 번째 다리이다. 다리 바로 아래에서 청계천과 정릉천 두 물줄기가 합해지므로 두물다리라고 한다. 청계천 다리 공모전 당선작으로 다리 모양도 두 물이 만나는 형상으로 이루어졌다. 폭 6m, 길이 43.8m이며 사람만이 다닐 수 있는 보도교이다. 청계천의 유일한 사장교로 주탑이 가운데 있고 곡선 형태의 다리 상판 2개가 주탑을 옆으로 흐르듯 지난다. 전체적인 모양이 부채꼴을 닮았다. 두물다리에는 작은 공원이 있고 연인들을 위해 청혼의 벽도 만들었다. 연인들의 프러포즈 장소로 남산처럼 사랑의 자물쇠가 걸려 있다. 다리 북쪽에는 서울문화재단이 있으며 남쪽에는 성동종합사회복지관, 성동구수화통역센터, 청계천 판자집 테마촌 등이 있다.

주소 성동구 마장동 540 찾아가기 지하철 2호선 상왕십리역 2번 출구에서 마을버스 08번 승차 후 성동종합사회복지관에서 하차. 10분 소요

청계천박물관과 추억의 판잣집
옛날 청계천 삶 들여다보기

청계천박물관은 청계천의 어제와 오늘을 한눈에 살펴 볼 수 있는 전시 공간이다. 건물 정면에 있는 긴 유리 튜브가 눈길을 끈다. 유리 튜브는 청계천의 물길을 상징한다. 복원되기 이전의 청계천 모습부터, 2003년 7월부터 2005년 9월까지 진행되었던 복원 공사, 청계천 복원 이후 도시의 변화된 모습을 전시하고 있다. 청계천박물관 앞엔 한국전쟁 이후 청계천에 들어섰던 판자집을 재현해 놓았다. 수상 가옥처럼 옛날 청계천에 매달려 있던 모습 그대로이다. 판자집 속에 그 당시의 과자와 생활 용품, 개나리와 아리랑을 파는 담배 가게, 연탄을 파는 집, 만화 책방과 야간 교실이 꾸며져 있고 물지게 등이 배치되어 있다. 50~70년대 서울의 생활상을 엿볼 수 있다.

주소 성동구 청계천로 530 전화 02-2286-3410 이용시간 평일 09:00~19:00 찾아가기 ❶ 지하철 2호선 상왕십리역 2번 출구에서 마을버스 08번 승차 후 성동종합사회복지관에서 하차. 10분 소요 ❷ 2호선 용두역(동대문구청역) 5번 출구에서 도보 10분 ❸ 지하철 1호선 제기역 4번 출구에서 청계천 방향으로 도보 15분 ❹ 지하철 2호선·5호선·경의중앙선 왕십리역 7번 출구에서 마을버스 성동 03번, 08번 탑승 후 성동종합사회복지관 하차. 15분 소요

무교동 북어국집 한식 진미 100선에 뽑힌 맛집

시청 뒷골목에 있다. 1968년에 개업한 전통 있는 북어국집이다. 평일에는 늘 손님이 붐빈다. 점심시간 전인데도 사람들이 길게 줄 서서 기다린다. 오래된 식당인데도 실내는 깨끗하다. 배식구 너머로 말끔히 정리된 부엌이 살짝 보인다. 큰 솥에서 북어국이 끓고 있다. 손님이 자리에 앉으면 바로 배식이 된다. 오이무침, 김치, 부추무침이 테이블에 놓여 있어 넉넉히 자유롭게 먹을 수 있다. 북어국은 사골국물을 달여 만든다. 적당한 길이로 찢은 북어포가 푸짐하게 들어가 있다. 곰삭은 새우젓으로 간을 맞추어 먹으면 된다. 시원하고 향긋한 맛이 입속에 오래 남는다. 북어국을 추가로 주문할 수 있는데 요금은 무료이다. '자랑스런 한식 진미 100집'에 선정되었다. 식당 입구 벽에 일본 신문에 소개된 글과 사진이 걸려 있다.

주소 중구 을지로 1길 38 전화 02-777-3891 찾아가기 지하철 시청역 4번 출구와 2호선 을지로입구역 1-1번 출구에서 도보 4분 영업시간 **평일** 07:00~20:00 **토요일과 휴일** 08:00~16:00 예산 7천원

서울숲

센트럴파크 부럽지 않은 아름다운 공원

서울숲은 뚝섬 경마장과 골프장, 유원지를 개발하여 2005년 문을 열었다. 지하철 분당선 서울숲역과 바로 연결되어 찾아가기 편리하다. 중랑천과 한강이 접하는 곳에 위치한 서울숲 자리는 고려시대부터 자연환경이 아름다워 동교東郊라 불리며 나들이 장소로 인기가 많았다. 조선시대에는 임금이 사냥을 하고 무예를 검열하던 곳으로 사용되기도 했고, 백성들에게 술과 노래, 춤을 즐기던 소풍 명소로 사랑받기도 했다. 1908년에는 최초로 뚝도정수장이 준공되었으며, 1954년에는 서울경마장이 들어섰다. 서울숲은 뉴욕의 센트럴파크와 런던의 하이드파크를 모델 삼아 개발하였다. 면적은 35만평으로 테마 공원 다섯 개로 구성되어 있다. 자연 습지를 이용해 초화원과 습지생태학습장을 만들어 다채로움을 더했다.

주소 **성동구 뚝섬로 273** 전화 **02-460-2901**
찾아가기 **지하철 분당선 서울숲역 3번 출구에서 도보 5분, 2호선 뚝섬역 8번 출구에서 도보로 15분** 홈페이지 parks.seoul.go.kr/seoulforest

Park1. 문화예술공원

놀거리와 볼거리가 많다

서울숲 중앙에 위치하고 있다. 지하철 분당선 서울숲역 3번 출구로 나오면 Gate1과 Gate2로 연결된다. 서울숲광장, 뚝섬 가족마당, 장식화단, 방문자 센터, 스케이트 파크, 야외무대, 수변휴게실커뮤니티센터, 숲속의 빈터, 숲속놀이터, 물놀이터 등으로 구성되어 있다. 방문자 센터에서 서울숲에 관한 정보를 얻어 입장하면 군마상과 바닥 분수가 있는 서울숲 광장이 나온다. 군마상은 이곳에 있던 경마장을 기념하기 위해 제작한 것으로 매우 역동적이다. 우리가 기마민족의 후손임이 실감난다. Park1은 서울숲의 여러 공원 중에 가장 아기자기한 곳이다. 볼거리, 놀거리로 다양하게 꾸며져 있다. 특히 어린이들에게 호기심과 모험심을 길러주는 거인상이 흥미를 끈다. 아이들이 거인상에 올라가 노는 모습이 평화롭다. 조각공원은 산책하기 좋은 곳이다. 작품을 감상하고 숲속 길을 산책하며 마음껏 힐링과 사색을 즐길 수 있다. 체육공원과 스케이트 파크는 젊은이들에게 인기가 좋다.

ParK2. 생태숲

자연 속에서 뛰노는 사슴과 고라니

서울숲 남서쪽에 있다. Park1에서 한강수변공원 Park5로 연결된 보행 가교를 걷다보면 만날 수 있다. 바람의 언덕에 세워져 있는 원인종 작가의 작품 '먼 곳에서 오는 바람'을 감상하고 가교를 건너다 보면 아래로 생태숲이 보인다. 생태숲은 동물이 야생 상태에서 머물 수 있도록 꾸며 놓은 공원이다. 호수 주변에 뛰노는 사슴과 다양한 새와 나무들이 한 폭의 그림처럼 다가온다. 사진 촬영을 하면서 건너가는 재미가 있다. 줌렌즈를 장착한 카메라로 숲속을 거니는 꽃사슴과 고라니와 다람쥐, 호숫가 나뭇가지에 앉아 노니는 철새와 텃새를 찍는 즐거움이 쏠쏠하다. 꽃사슴 먹이 주기 행사가 있을 때는 안내자와 함께 우리 안으로 들어가 직접 먹이를 주면서 관찰할 수 있다. 이 모습을 사진에 담을 수도 있다. 서울숲에서만 느껴볼 수 있는 특별한 즐거움이다.

Park3. 체험학습원

공부도 하고, 한강도 즐기고

서울숲 남쪽에 있다. 소원의 폭포, 나비정원, 곤충식물원, 전망데크, 수도박물관 등이 있어 볼거리가 풍성하다. 온실로 꾸며진 곤충식물원은 신기한 열대 식물, 곤충과 나비 등을 마음껏 관찰할 수 있는 곳이다. 나비정원5월~10월까지만 운영은 호랑나비, 산제비나비, 노랑나비 등 다양한 나비가 노니는 정원으로, 나비의 먹이가 되는 식물이 심어져 있고, 또 나비의 성장 과정을 관찰할 수 있도록 꾸며져 있다. 이곳에서 20여 분 숲길을 따라 걸어가면 우리나라 수도 사업의 역사를 배울 수 있는 수도박물관이다. 한강사업본부 옆 승강기를 타고 2층으로 올라가면 강변북로 건너 한강변으로 연결되는 육교가 나오는데, 아름다운 한강 풍경을 마음껏 감상할 수 있다. 한강변 자전거 산책로를 따라 성수대교 밑을 지나면 한강수변공원으로 연결된다.

Park4. 습지생태원

자연을 즐기고 탐구하자

습지생태원은 서울숲 북쪽에 있다. 구 뚝섬정수장의 구조물을 재활용하여 만들었다. 자연을 탐구하고 즐길 수 있는 친환경적인 체험 학습장으로, 곤충식물원, 야생초화원, 테마초화원과 이벤트마당, 지킴이숲으로 구성되어 있다. 여러 가지 수생식물과 수서곤충바다, 호수, 하천 같은 물에서 사는 곤충을 관찰할 수 있으며, 넓은 마당에 계단식 좌석을 마련한 야외 자연 교실도 꾸며져 있다. 이곳에서는 단체 학습이 가능하다. 환경오염 물질을 정화하는 식물들로 꾸며진 정수식물원과 습지초화원습지정원은 관찰 탐구와 친환경적 체험 학습을 하기에 아주 좋은 곳이다. 습지초화원은 습지 위에 나무 난간을 설치하여 관찰하기 좋게 꾸몄다. 조류관찰대에서 습지초화원으로 날아오는 새들을 직접 관찰할 수 있다.

Park5. 한강수변공원

한강변에 펼쳐진 휴식과 레저 공간

한강수변공원은 생태숲Park2을 가로 지르는 보행 가교를 건너서 강변북로를 건너가거나, 체험학습원Park3을 둘러보고 한강사업본부 쪽에서 강변북로 육교 지나 한강변 자전거 도로 옆 산책로를 따라 올라가도 된다. 어떤 방법으로 접근하든 한강의 시원한 풍경을 마음껏 즐기며 갈 수 있다. 한강수변공원은 한강 바로 옆에 꾸며진 공간으로 다양한 행사와 레크리에이션이 펼쳐지는 곳이다. 서울숲 선착장에서 한강유람선을 탈 수 있고, 여름철에는 수상 스포츠를 즐길 수 있다. 강변산책로를 따라 시원한 강바람을 맞으며 산책을 해도 좋다. 한강을 제대로 감상하고 싶다면 한강수변공원을 찾아가면 된다.

비사벌 전주콩나물국밥 뚝배기에서 콩나물 국물이 팔팔

비사벌이란 전주의 옛 이름이다. 주인장이 13년 전 전주에서 상경하여 개업한 집이다. 지하철 분당선 서울숲역 4번 출구 부근에 있는 성동구민종합체육센터 앞에서 길 건너 좁은 골목으로 들어가면 나온다. 골목 중간쯤에 이르면 '전주콩나물국밥'이라는 간판이 눈에 들어온다. 메뉴는 단 한 가지 콩나물국밥이고, 100여 석의 자리는 언제나 만석이다. 그러나 자리가 금방 나므로 오래 기다릴 필요는 없다. 자리에 앉아 주문을 하면 팔팔 끓고 있는 뚝배기가 탁자에 놓인다. 새콤한 깍두기와 김치도 테이블에 놓인다. 뚝배기엔 밥, 두 알의 계란 반숙이 들어 있다. 부순 김과 서리태 콩자반, 새우젓, 청양고추는 테이블에 상시 놓여 있어 각자 기호에 따라 덜어 먹으면 된다. 식당 한편에 계란 판이 산더미 같이 쌓여 있어 풍성한 느낌을 준다.

주소 성동구 왕십리로6길 4 전화 02-464-8704 찾아가기 분당선 서울숲역 1번, 4번 출구에서 도보 5분. 2호선 뚝섬역 7번 출구에서 도보 5분 영업시간 24시간 휴일 설과 추석 연휴 예산 6~7천원

올림픽공원

**산책, 예술 체험,
백제의 숨결을 동시에**

서울 동쪽 송파구에 있다. 지하철 5호선 올림픽공원역과 8호선 몽촌토성역에서 가깝다. 45만평의 넓은 공간에 공원, 경기장, 조각 전시장, 박물관, 미술관, 몽촌토성 등 문화와 스포츠, 역사가 공존하는 독특한 융합 공원이다. 몽촌토성은 풍납토성과 함께 한성 백제의 왕성이었다. 기록으로만 전해오다가 1980년대 중반 올림픽공원 건설 도중 발굴되어 원형대로 복원되었다. 몽촌토성을 중심으로 사이클·역도·펜싱·수영·체조·테니스 경기장이 반원형으로 배치되어 있다. 소마미술관, 한성백제박물관, 조각공원 등 다양한 문화예술 시설이 함께 들어서 있다. 몽촌토성 해자와 성내천, 88호수를 연결한 생태 네트워크를 구성하여 생태공원의 면모도 갖추었다.

찾아가기 ❶ 지하철 8호선 몽촌토성역 1번 출구에서 1분
❷ 지하철 5호선 올림픽공원역 3번 출구에서 도보 1분

©이광회

몽촌토성

한성 백제의 도성

찾아가기 지하철 8호선 몽촌토성역 1번 출구에서 도보 5~7분

몽촌토성은 올림픽공원 안에 있는 백제 초기 한성시대BC18~AD475의 토성사적 제297호, 3~4세기경 축성이다. 한강 지류의 자연 지형을 이용하여 진흙으로 성벽을 만들고 북쪽 벽 외곽에는 해자를 둘렀다. 북쪽으로부터의 외부 침공에 대비해 방어용으로 축성한 듯하다. 야트막한 구릉에 타원형으로 축성되었으며 길이는 2,285m이고 면적은 21만㎡가 넘는다. 토성 내부에서 움집터, 독무덤, 저장 구덩이, 토기를 비롯하여 무기, 낚싯바늘, 돌절구 등 각종 유물이 출토되었다. 성의 당시 이름은 알 수 없으나 성 안에 곰말꿈마을, 즉 몽촌夢村이라는 마을이 있었던 사실에 기초해 지금의 이름을 얻었다.

세계 평화의 문으로 들어와 국기광장에 이르면 몽촌 해자 너머로 소나무, 참나무, 버즘나무, 메타세콰이어가 숲을 이룬 야트막한 언덕이 보이는데 이것이 몽촌토성이다. 몽촌토성에서는 백제 유물 뿐 아니라 고구려 유물도 발견되고 있는데, 이는 백제가 웅진으로 수도를 옮겨가고 나서 고구려 사람들이 이곳에서 살았다는 것을 시사한다. 토성 내 산책길을 걷다보면 서울 동부 지역이 내려다보이는데 서울이 유구한 역사를 가진 국제도시라는 사실에 새삼 감동이 밀려온다.

ⓒ이광희

올림픽조각공원
세계 5대 조각 공원

올림픽조각공원은 88서울올림픽 당시 열린 국제야외조각심포지엄과 국제야외조각대전에 출품된 작품으로 조성한 아름다운 예술 공원이다. 올림픽공원의 제1경 '세계 평화의 문'은 세계 평화를 염원하는 우리 민족의 얼이 담긴 김중업의 작품이다. 이 문으로 입장하여 우측으로 돌아가면 올림픽공원 제2경으로 꼽히는 거대한 조각 '엄지손가락'이 보인다. 이 작품은 프랑스 세자르 발다치니의 작품으로 세계에 7개밖에 없는 대형 엄지손가락 조각상 중 하나이다. 이 작품을 지나면 조각공원이 등장한다. 세계 5대 조각공원으로 꼽히는 곳으로 세계적인 거장들의 작품이 전시되어 있다. 넓은 정원에 적절히 배치되어 있어 작품을 편안한 마음으로 감상할 수 있다. 조각공원에 전시된 작품을 먼저 감상하고 올림픽공원 전체에 흩어져 있는 조각 작품을 찾아다니며 감상하면 서울 도심에 이렇게 훌륭한 문화 공간이 있다는 사실에 자부심을 갖게 된다.

찾아가기 지하철 8호선 몽촌토성역 1번 출구에서 도보 5분

소마미술관
대중 친화적인 문화예술 공간

남측 3문 또는 남측 4문으로 들어가거나, 세계 평화의 문으로 입장하여 조각 작품 '엄지손가락'을 찾아가다 보면 뒤쪽으로 단정하고 간결미 있는 2층 건물, 소마미술관이 나타난다. 소마SOMA는 Seoul Olympic Museum of Art의 영문 머리글자를 따서 만든 이름이다. 미술관 건물은 거친 질감의 노출 콘크리트와 자연미를 살린 목재 마감재를 사용하여 자연 친화적이면서도 현대적 아름다움을 나타내었다. 소마미술관은 올림픽공원 내에 전시되고 있는 모든 조각 작품을 관리하는 일도 맡고 있다. 조형물을 포함하여 미술관과 조각공원 내에 있는 작품이 158점이고 조각공원 외의 지역에 전시된 작품이 61점이다.

전화 02-425-1077 찾아가기 지하철 8호선 몽촌토성역 1번 출구에서 도보 5분 관람시간 10:00~18:00(입장 마감 17:00)
휴관 매주 월요일, 1월 1일, 설날과 추석 당일 홈페이지 www.somamuseum.org

한성백제박물관
서울의 문화 정체성을 재조명하다

서울은 약 500년BC18~AD475 동안 한성 백제의 수도였다. 그 자취가 풍납토성, 몽촌토성, 석촌동 고분군 등에 뚜렷이 남아 있다. 삼국시대에는 고구려와 신라도 이 지역을 차지하기 위해 치열한 쟁탈전을 벌였다. 그 자취가 서울 근교의 아차산 보루군, 아차산성, 하남 이성산성 등에 남아 있다. 한성백제박물관은 서울과 올림픽공원에서 발굴된 유적과 유물을 체계적으로 보존 관리하는 일을 하고 있다. 서울의 선사시대, 백제의 건국과 글로벌 백제의 모습, 삼국 각축기의 모습과 유물을 전시 소개하고 있다. 서울이 유구한 전통과 현대가 공존하는 국제적인 역사 문화 도시임을 확인시켜 주는 박물관이다. 위례성대로 남3문과 남2문 사이에 박물관 입구가 있으며, 올림픽조각공원과 바로 인접해 있어 찾기 어렵지 않다.

전화 02-2152-5800 찾아가기 지하철 8호선 몽촌토성역 1번 출구에서 도보 6분
홈페이지 http://baekjemuseum.seoul.go.kr

한미사진미술관

사진과 공원 감상을 동시에

세계 평화의 문 건너편 한미타워 19층과 20층에 있다. 이름 그대로 사진 전문 미술관이다. 작품 전시뿐 아니라 작가 지원, 학술과 출판, 국제교류를 활발히 하고 있다. 소장품도 제법 가치가 있다. 우리나라 사진사 흐름에 맞춰 체계적으로 수집한 것이다. 1880년대 우리나라 초기 사진의 역사를 보여주는 사진, 대한제국 황실 사진, 천연당 사진관 소장품 등 주로 우리나라 역사와 민중의 생생한 삶을 기록한 작품들이 많다. 또 1900년대 유젠느 앗제Jean Eugene Auguste Atget, 1857~1927의 빈티지 작품 시리즈를 비롯하여, 19세기 말 작가 미상의 기록 사진부터 현대 작가의 작품에 이르기까지, 세계 사진사의 맥을 짚을 수 있는 중요한 작품도 소장하고 있다. 미술관의 넓은 창으로 올림픽 공원 전경이 시원하게 들어온다.

주소 송파구 위례성대로 14 전화 02-418-1315 찾아가기 지하철 8호선 몽촌토성역 2번 출구에서 50m 관람 **평일** 10:00~19:00 **주말** 11:00~18:30 휴관 일요일, 설과 추석

몽촌역사관

2천년 고도 서울을 다시 보다

강동대로 올림픽공원 북1문으로 들어가면 몽촌역사관이 나온다. 한강 유역 백제의 대표적인 유적 및 유물을 한 곳에 모아 전시하고 있다. 올림픽공원을 조성하면서 발굴된 몽촌토성의 한성 백제 유물과 고구려와 신라의 점령 시기 유물이 많다. 또 암사동의 신석기 시대 마을을 비롯하여 명일동, 가락동, 역삼동의 청동기 시대 집터, 한성 백제의 도읍이었던 풍납토성과 몽촌토성, 석촌동·가락동·방이동의 삼국시대 고분군, 아차산의 고구려 보루, 신라의 이성산성 등에서 출토된 다양한 유적과 유물도 만날 수 있다. 이를 통해 서울이 유구한 역사와 문화를 가진 메트로폴리스Metropolis임을 확인할 수 있다. 또한 옛 주거지, 고분군, 몽촌토성의 모형에서 백제의 찬란한 역사와 문화를 확인할 수 있다.

전화 02-424-5138 찾아가기 8호선 강동구청역 3번 출구에서 도보 9~10분 홈페이지 http://baekjemuseum.seoul.go.kr

골든타이 침샘 자극하는 태국 음식

올림픽공원 근처에서 꽤 알려진 맛집이다. 한성백제박물관 길 건너편에 있다. 첫인상부터 동남아시아 분위기가 물씬 풍긴다. 태국인 셰프가 태국 전통의 맛을 내는 곳으로, 태국 정부가 공식적으로 인정하는 타이셀렉트 인증마크를 받은 음식점이다. 아담한 홀과 개방된 주방이 깔끔해 마음이 든다. 닭고기, 돼지고기, 소고기 요리와 해산물, 쌀국수, 디저트 메뉴가 있다. 코스 요리로 주문할 수도 있다. 부드러운 꽃게 요리 '뿌님 팥 남프락 파오'와 볶음 쌀국수 '팥다이'를 먹어보았는데, 맛이 매우 좋았다. 태국 현지에서 먹는 음식과 다를 바가 없었고, 피로가 확 풀렸다. 태국 음식 마니아들의 발길이 끊이지 않는다.

주소 송파구 위례성대로 66번지 전화 02-461-8089
찾아가기 지하철 8호선 몽촌토성역 2번 출구에서 6분
영업시간 11:00~22:00 휴일 연중무휴
추천메뉴 해산물 요리, 볶음 쌀국수 예산 1만4천원~5만원

미우미우 참숯구이 호주산 와규 전문점

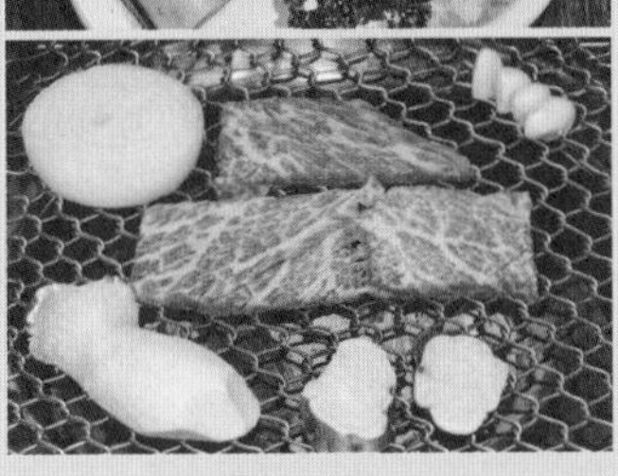

올림픽공원 동문 교차로 코너에 있다. 일본 와규와 호주산 품종 애버딘앵거스를 교배시켜 얻은 송아지를 특별한 사육법으로 키운 호주산 와규를 즐길 수 있다. 메뉴는 와규 생갈비, 와규 안창살, 와규 꽃등심 등이 있다. 와규 생갈비의 마블링은 완벽에 가깝다. 숯불에 구워 한 입 먹으면 육즙이 풍부하고 살이 연해 입안에서 아이스크림 같이 녹아내린다. 사케 한 잔과 곁들여 먹으면 더욱 좋다. 육즙과 양념이 조화를 이룬 양념갈비도 맛이 일품이다. 밑반찬 10여 가지 또한 맛있고 정갈하다. 식사로 나오는 전복 한 마리 들어간 된장찌개는 국물이 시원해 입안이 상쾌해진다. 점심에는 와규 샤브샤브, 갈비탕, 냉면, 김치찌개 등 단품 식사가 가능하다. 와규 샤브샤브는 하루 전에 예약해야 한다.

주소 송파구 양재대로71길 2-27(인텍파크랜드 2층)
전화 02-425-2581 찾아가기 5호선 올림픽공원역 2번·3번 출구에서 도보 6분 영업시간 **점심** 11:30~15:00 **저녁** 17:00~22:00 휴일 설과 추석 연휴에 각 3일간 예산 6천원~4만2천원

양재천

꽃 피고 새 우는 생태 하천

양재천은 자연을 슬기롭게 관리하고 이용하면 우리 생활에 많은 도움을 준다는 것을 잘 보여준다. 원래 양재천은 관악산에서 발원하여 동쪽으로 흐르다 청계산과 구룡산의 물을 받아 동북쪽으로 꺾어 한강으로 유입되던 물길이었다. 그러다 강남이 택지로 개발되면서 방향이 오른쪽으로 틀어져 탄천으로 물이 유입되기 시작했다. 1970년대 이후 과천과 강남이 개발되면서 양재천은 죽은 하천이 되었다. 하지만 1990년대 후반 정비를 시작한 뒤로 꽃이 피고 텃새와 철새가 날고, 물고기가 헤엄치며 노니는 자연 친화적인 생태 하천이 되었다. 산책로와 자전거 도로가 개설되었고, 천변에는 물놀이장, 벼 농사장과 눈썰매장, 생태학습장, 문화예술공원이 있다. 4월이 되면 벚꽃이 만개하여 장관을 이룬다. 양재동과 도곡동 사이 영동 1교부터 영동 2교까지 사이 둑길에 있는 카페 거리는 데이트 코스로 그만이다.

찾아가기 **지하철 3호선 학여울역, 대치역, 도곡역, 매봉역과 분당선 대모산입구역, 개포동역, 구룡역 등에서 접근하기 쉽다.**

탄천합류습지

그대로 두자 아름다운 습지가 되었다

탄천합류습지는 양재천과 탄천이 만나는 지역에 자연스럽게 형성된 습지이다. 탄천합류습지 위로는 동부간선도로가 지나간다. 강남이 개발되면서 양재천은 아파트 단지에서 흘러드는 생활하수로 오염되기 시작했다. 수질이 점점 나빠져 악취가 날 정도였으나 1990년대 후반부터 하천복원사업을 하여 생태 하천으로 변모시켰다. 습지를 조성하고, 하천에 자갈을 깔아주고, 수초를 심자 물이 살아나기 시작했다. 탄천합류습지에는 갈대와 억새 등 220여 종이 넘는 식물과 곤충 80여 종, 어류 10여 종, 양서파충류 10여 종, 조류 40여 종, 포유류 6종 등 모두 190여 종의 동물이 서식한다. 습지 사이로 설치되어 있는 나무 데크를 이용하여 생태공원 중앙까지 들어갈 수도 있다. 습지의 상태를 설명하는 다양한 팻말이 설치되어 있고, 학생들이 단체로 와서 습지에 대해 공부하기도 한다. 양재천과 탄천 합류부의 남쪽 둑에 방문자센터가 있다. 또 양재천 탄천 생태학습 전시관에 가면 양재천의 생태 자료를 관람할 수 있다.

메타세쾨이아 길

아름다운 힐링 산책길

메타세콰이아 길은 학여울역 근처 영동 6교에서 시작된다. 30여 년 전부터 양재천로를 따라 메타세콰이아가 가로수로 심어지기 시작했다. 한 번에 심어진 것은 아니고 구간을 나누어 몇 차례로 나누어 심어졌다. 이제는 도로 양쪽으로 울창하게 자라 제법 주변의 고층 아파트와 조화를 이루고 있다. 특히 영동 5교에서 영동 3교 사이의 나무들이 아주 볼만하다. 이 구간의 메타세콰이아는 수형이 풍성하고 밑동도 굵직굵직하다. 자동차로 드라이브를 즐기며 낭만과 멋스러움을 만끽할 수 있다. 영동 3교를 지나면 줄지어 메타세콰이아가 심어져 있는 길 따라 개성 있는 카페들이 자리 잡고 있다. 서초구에서는 이 거리를 '연인의 길'로 명명했지만 사람들 사이에서는 '카페 거리' 또는 '와인 거리'로 더 많이 불린다. 그밖에 양재시민의 숲과 아파트 단지 사이사이, 그리고 시민의 숲 건너편, 즉 경부고속도로 서쪽에 있는 문화예술공원에도 메타세콰이아가 풍성하다. 특히 문화예술공원에는 100~200m에 걸쳐 메타세콰이아 산책로와 메타세콰이아 숲이 조성되어 있다. 여름에는 강력한 피톤치드를 뿜어내 삼림욕장에 온 느낌을 주며, 가을이 되면 아름다운 갈색 숲으로 변한다.

징검다리
어린 시절 추억이 소곤거리는

징검다리는 양재천 산책의 또 다른 재미이다. 걷다가 징검다리를 이용하여 양재천 이쪽저쪽으로 건너다니며 추억을 만들 수 있다. 또 자전거를 타고 있더라도 종종 구름다리가 있어서 반대편으로 건너갈 수 있다. 양재천 징검다리에서 꼬마들은 물놀이를 하고, 연인들은 추억을 만들고, 사진가들은 작품을 만든다. 징검다리에 서면 하천 물들이 주고 받는 이야기를 도란도란 엿듣는 기분이 든다. 물새들이 사랑을 나누는 모습이 정겹게 다가오고, 헤엄치는 물고기와 눈도 맞출 수 있다. 양재천 징검다리는 도심 속 산책길에서 맛보는 또 다른 즐거움이다. 징검다리마다 조금씩 달라 건너는 느낌도 매번 색다르다. 양재천에 가면 잊지 말고 징검다리를 건너보라. 당신만의 특별한 스토리가 만들어질 것이다.

자전거 도로
자연 속에서 즐기는 자전거 하이킹

자전거 도로는 양재천의 발원지인 과천에서 시작하여 서초구와 강남구 지나 탄천 자전거 도로와 합류한다. 탄천 자전거 도로는 한강 자전거 도로와 연결되고, 남쪽으로는 분당을 지나 용인시 기흥구 마북동까지 연결된다. 과천시에서 서초구 영동 1교까지는 자전거 도로가 산책로와 붙어 있지만, 영동 1교부터 탄천까지는 자전거도로와 산책로가 분리되어 있어 이용하기 편리하다. 중간 중간 만들어 놓은 양재천 진입로에서 곧장 자전거 도로로 진입할 수 있다. 자전거를 현장에서 빌려주기도 하는데, 서초구는 지하철 3호선 양재역과 신분당선 양재시민의숲역에서, 강남구는 수서역에서 빌려준다. 서초구는 하천관리팀, 강남구는 자전거관리팀에 문의하면 자세히 안내받을 수 있다.

자전거 대여 안내 강남구 자전거관리팀(02-3423-6415) 서초구 하천관리팀(02-2155-7154)

양재시민의 숲

휴식과 산책을 위한 숲속 공원

1986년 서울아시안게임과 1988년 서울올림픽을 앞두고 서울의 관문인 양재톨게이트 근처 경부고속도로 동쪽의 넓은 평지에 조성한 공원이다. 시민의 숲은 생김새가 역삼각형 모양인데, 양재인터체인지가 삼각형의 꼭지점이라면 양재천변이 밑변이다. 그 밑변의 양 끝에 경부고속도로와 청계산에서 흘러내린 여의천이 있다. 여의천은 양재천으로 흘러든다. 양재시민의 숲에는 소나무, 느티나무, 단풍나무, 칠엽수, 은행나무, 잣나무 등 43종 10만여 그루가 빽빽하게 자라고 있다. 도심에서 보기 드문 울창한 숲으로 힐링을 위한 산책이나 데이트 코스로 제격이다. 특히 가을에는 감, 모과 등 과일이 열려 풍성한 자연을 만끽할 수 있다. 신분당선 양재시민의숲역 부근 매헌로를 기준으로 공원은 크게 남쪽과 북쪽으로 나뉜다. 북쪽에는 매헌 윤봉길 의사 동상과 기념관, 야외 결혼식장, 맨발공원과 운동시설, 테니스장과 실내 테니스장, 족구장배구장 겸용, 농구 코트, 수영장 등이 있다. 남쪽인 꼭지점 부근에는 6·25 때 활약한 유격백마부대 충혼탑, 대한항공 희생자 위령탑과 삼풍백화점 참사 위령탑이 세워져 있다. 봄이 되면 여의천 변에 피어난 벚꽃이 장관을 이룬다.

찾아가기 신분당선 양재시민의숲역에서 도보 1분

뀌쏭82 CUISSON82 양재천에서 맛보는 프랑스 요리

영동2교에서 양재천을 따라 도곡동으로 조금만 걸어가면 나온다. 다소 이색적인 상호를 새긴 간판이 눈에 들어온다. 'CUISSON 82', 굳이 번역해 본다면 '파리 요리'라는 의미이다. 문을 열고 들어가면 지중해 분위기가 느껴진다. 메뉴는 전채요리와 메인 요리, 디저트로 나뉘어져 있는데, 불란서 요리 이름들이라 더욱 이국적인 느낌이 든다. 메뉴판의 요리 이름 밑에 무엇으로 어떻게 요리하였는지 자세히 설명해 놓았으니 확인해 가며 주문하기 좋다. 메인 요리는 소고기 스테이크, 바삭하게 구운 삼겹살, 생선 요리 등이 있다. 최적의 온도를 유지하기 위하여 프라이팬에 담은 채 요리를 내온다. 홀의 좌석은 18석 규모이며 예약하면 편리하다. 식당 외부에 좌석 네 개가 있는데, 양재천의 운치를 맛보며 식사할 수 있어 더욱 좋다.

주소 강남구 양재천로 167 전화 02-529-3582 영업시간 **점심** 11:50~15:00 **저녁** 17:50~22:00
휴일 매주 월요일, 설과 추석 당일 예산 1만3천원~7만원

부르스리 BRUCE LEE 산책 후에 더 맛있는 중국 음식

영동2교에서 카페 거리 방향으로 조금 올라가면 둑방 길가 단층 건물에 부르스리BRUCE LEE라고 새겨진 노란 간판이 보인다. 이소룡의 이름에서 상호를 따온 중국 음식점이다. 중국인 주방장이 만드는 광동식, 사천식 요리가 주를 이루고 있으며, 양고기 볶음요리는 신장식으로 맛볼 수 있다. 쇠고기 탕수육은 쫄깃쫄깃한 튀김옷에 새콤달콤한 간이 배어있는 것이 특징이다. 튀긴 찻잎을 넣은 소스가 맛을 더해준다. 양상추 닭다리살 튀김은 튀김옷이 유난히 바삭바삭해 식감을 더해준다. 해물과 누룽지 두부탕도 조화로운 맛이 일품이다. 중국 만두 전문 식당이라 딤섬도 맛이 좋다. 하지만 자장면이나 짬뽕은 메뉴에 없다. 종업원이 중국인이라 우리말이 조금 서툴러 이국적인 분위기가 느껴진다. 영동고등학교 앞에 2호점이 있다.

주소 서초구 양재천로 147-1 전화 02-576-8845 영업시간 11:00~22:00 휴일 설과 추석 당일 예산 8천원~3만원

항동 철길과 푸른수목원

나란히 함께 걸으며 행복을 만나다

항동 철길은 구로구 오류동에서 부천시 옥길동까지 이어지는 단선 철도이다. 주택가 바로 옆에 운치 있게 놓여 있는데, 1959년 비료 회사 경기화학이 화물 운송을 위해 설치했다. 아주 가끔 부정기적으로 화물 열차가 다니지만 지금은 걷기 좋은 철길로 더 많이 알려져 있다. 깡통 로봇과 다양한 설치 작품이 있어서 빈티지 풍 철길 이미지가 느껴진다. 항동 철길은 그냥 철길이 아니라 공감의 길이다. 철길을 걷다보면 길이나 기찻길을 소재로 쓴 시들이 떠올라 인생을 돌아보게 된다. 그러다 어느 새 아기자기하고 분위기가 따뜻한 푸른수목원을 만나게 된다. 25개의 테마공원과 북 카페와 숲교육센터를 갖추고 있다. 항동 철길을 걷고, 푸른수목원을 산책하고 나면 가슴 가득 기쁨과 행복이 찾아든다.

주소 **항동 철길** 구로구 항동 125-10 **푸른수목원** 구로구 연동로 240
찾아가기 ❶ 지하철 1·7호선 온수역 2번 출구와 지하철 7호선 천왕역 2번 출구에서 도보 15분 ❷ 지하철 1호선 온수역 2번 출구에서 마을버스 구로07번 탑승 후 푸른수목원 후문에서 하차(10분소요)

항동 철길

사색의 길을 걷다

수목원과 함께 있어서 걷기 좋은 사색 코스로 인기가 많다. 거의 일직선으로 뻗은 철길을 걷다보면 지친 마음이 새로운 활력을 얻는다. 서울에 이런 곳이 있다는 것은 축복이다. 철길은 주택가를 지나 텃밭이나 언덕, 산 사이로 쭉 뻗어 우리를 사색의 길로 안내한다. 철로 침목마다 다양한 글귀나 그림이 그려져 있어 여행자의 마음에 공감을 불러일으킨다. 항리1 건널목에서 우측으로 가면 푸른수목원 정문에 도달한다. 건널목을 지나 계속 철길을 따라가면 난곡천을 건너 500m 정도 더 걸어갈 수 있다. 항동 철길의 길이는 4.5km이다. 항동 철길을 걷다보면 안도현 시인의 시가 저절로 떠오른다.

길은 혼자서 가는 게 아니라는 뜻이다 / 멀고 험한 길일수록 둘이서 함께 가야 한다는 뜻이다 / 철길은 왜 나란히 가는가? / 함께 길을 가게 될 때는 / 대등하고 평등한 관계를 늘 유지해야 한다는 뜻이다 / 토닥토닥 다투지 말고/ 어느 한쪽으로 기울지 말고/ 높낮이를 따지지 말고 가라는 뜻이다.

-안도현의 <나란히 함께 간다는 것은>의 일부

찾아가기 ❶ 지하철 1·7호선 온수역 2번 출구와 7호선 천왕역 2번 출구에서 도보 15분
❷ 지하철 1호선 온수역 2번 출구에서 마을버스 구로 07번 탑승 후 푸른수목원 후문에서 하차(10분 소요)

푸른수목원

자연이 친구처럼 맞아준다

푸른수목원은 사시사철 산책하기 좋은 곳이다. 특히 항동 철길과 연계되어 있어 철길 산책과 수목원 산책을 하나의 코스로 묶어 즐거운 시간을 보낼 수 있다. 철길에서 푸른수목원으로 들어가는 방법은 두 가지이다. 철길을 걷다가 나무 아치문을 통해 후문으로 들어가는 방법과 철길을 따라 걷다가 나오는 첫 번째 건널목인 항리1 건널목에서 우측으로 난 길 따라 정문으로 들어가는 방법이다.

2013년 개원한 친환경 수목원으로, 기존의 지형과 연못을 그대로 살려 조성하였다. 무농약, 무화학비료, 무쓰레기 운동을 전개하여 생태계가 건강하게 유지되도록 관리하고 있다. 수초가 무성한 항동저수지 수면 위에 나무 데크를 설치하여 저수지 깊은 곳까지 들어갈 수 있다. 수목원은 계절별로 다양한 행사를 진행한다. 봄꽃의 향연을 만끽할 수 있는 '봄송아리' 행사, 수목원의 야경과 반딧불이의 만남을 주선하는 '여름하늬' 행사, 식물이 색을 바꾸는 풍경을 감상할 수 있는 '가을아람' 행사, 생명의 순환을 알도록 도와주는 '겨울누리' 행사 등이 있다. 매년 8월에는 '영화 읽어주는 공원' 프로그램을 진행한다. 금요일 오후 5시 반부터 북까페에서 진행한다. 토요일 밤 8시부터는 잔디광장에서 영화를 상영한다.

주소 구로구 연동로 240
전화 02-2686-3200
찾아가기 ❶ 지하철 1·7호선 온수역 2번 출구와 7호선 천왕역 2번 출구에서 도보 15분 ❷ 지하철 1호선 온수역 2번 출구에서 마을버스 구로 07번 탑승 후 푸른수목원 후문에서 하차(10분 소요)

홍릉수목원과 세종대왕기념관

울울창창 숲 속 산책

주소 동대문구 회기로 57
전화 02-961-2651
찾아가기 ❶ 지하철 6호선 고려대역 3번 출구 - 국립산림과학원 안내판 따라 도보 1km - 홍릉수목원 ❷ 지하철 1호선 청량리역 2번 출구 - 버스 1215번 승차 - 홍릉수목원, 세종대왕기념관 앞 하차
관람시간 토·일 10:00~16:00

홍릉수목원은 서울 동쪽 천장산天藏山, 141m 기슭 한국과학기술원 옆에 있는 우리나라 최초의 수목원이다. 대대로 왕가의 묘지로 쓰이던 곳으로, 명성황후의 능이 안장되면서 홍릉이라 불렸다. 일제는 고종이 승하하자 명성황후의 능을 경기도 남양주시에 있는 고종의 능으로 이장해 합장시키고, 홍릉에 임업시험장을 설치하였다. 1922년 수목원으로 이름이 바뀌었다. 침엽수원, 활엽수원, 초본식물원, 관목원, 조경식물원, 약용식물원 등이 있으며, 난대식물원에서는 완도와 보길도, 거제도와 남해도, 울릉도, 제주도의 자생종을 유리 온실에 전시하고 있다. 매주 토요일과 일요일에 무료로 개방하고 있다. 숲 해설사에게 자세한 설명을 들을 수도 있다. 카메라와 식물도감을 준비하면 많은 도움이 된다. 식물을 찾아보고 특징을 확인하는 재미가 쏠쏠하다. 홍릉 근처 세종대왕기념관과 조선 말 왕릉 영휘원과 숭인원도 잊지 말고 찾아보자.

홍릉수목원
식물도감을 준비하면 더욱 좋다

홍릉수목원은 긴 역사만큼이나 숲이 울창하고 수목의 종류도 다양하다. 침엽수원제1수목원, 제2수목원, 제5수목원, 활엽수원제3수목원, 제4수목원, 제8수목원, 초본식물원제6수목원, 관목원제7수목원, 조경식물원, 약용식물원 등 다양한 테마로 구성되어 있으며, 난대식물원은 우리나라의 4개 난대 지역완도-보길도, 거제-남해도, 울릉도, 제주도에서 자생하는 식물을 전시하고 있다. 수목원에는 문배나무 기준 표본목이 있고, 국내에 식재된 모든 두충나무의 모수 2본이 1920년대 중국에서 도입된 이래로 이곳에 있다. 또 우리나라 참나무류 기본종 6종이 있으며, 북한에서만 자생한다고 알려졌던 바늘까치밥나무가 남한에서 발견되어 1986년 이곳에 이식되었다. 그밖에 세계적으로 희귀한 망개나무와 우리나라 특산종인 좁은 단풍, 희귀 멸종 식물로 지정된 산개나리, 만리화 등도 찾아 볼 수 있다. 복수초가 수목원의 봄소식을 가

장 빨리 알린다.

홍릉수목원에는 식물 2,035종국내종 목본 836종, 국외종 목본 388종, 초본 811 종이 자라고 있다. 식물에 전문적인 지식이 없는 사람도 한번쯤 가볼 만한 곳이다. 평일에는 유치원생, 초·중·고 및 대학생의 생태 학습 교육장으로 이용되고 있으며, 매주 토요일과 일요일에는 일반인들에게 무료로 개방하고 있다. 홍릉수목원은 이른 봄 새싹이 돋을 때부터 늦가을 마지막 단풍잎이 떨어질 때까지 어느 때든 산책하기 좋다. 눈 덮힌 나무와 숲길도 매력적이다. 식재된 나무와 풀과 약초에는 표지판이 있어 정확한 이름과 분류를 알 수 있고, 숲해설사가 대기하고 있어서 식물에 대해서 설명을 들을 수 있다. 홍릉 숲을 탐방할 계획이면 카메라를 꼭 준비하는 것이 좋다. 식물도감을 준비하면 더욱 좋다.

찾아가기 ❶ 지하철 6호선 고려대역 3번 출구 - 국립산림과학원 안내판 따라 도보 1km - 홍릉수목원
❷ 지하철 1호선 청량리역 2번 출구 - 버스 1215번 승차 - 홍릉수목원, 세종대왕기념관 앞 하차
관람시간 토·일 10:00~16:00

세종대왕기념관

세종의 위업을 기리다

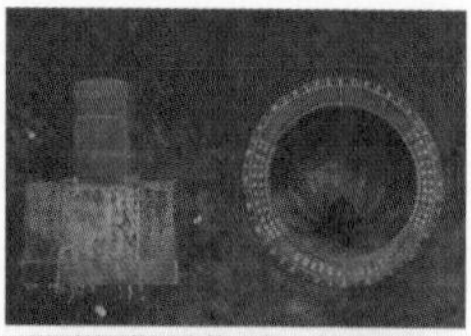

홍릉수목원 정문에서 길을 건너면 세종대왕기념관 후문이다. 세종의 업적을 기리기 위해 1973년에 문을 열었다. 한글실, 과학실, 국악실, 일대기실, 옥외 전시장으로 구성되어 있다. 한글실은 세종 통치기에 펴낸 도서류를, 과학실은 조선 시대의 과학 관련 자료금속활자 판자기, 측우기, 천문도 등를 전시하고 있으며, 국악실은 각종 악기류를 전시하고 있다. 일대기실에는 세종대왕의 어진과 세종대왕 일대기 그림이 전시되어 있어 세종의 치적을 살펴볼 수 있다. 옥외에는 세종대왕 신도비보물 1805호와 구 영릉 석물서울특별시 유형문화재 42호, 수표보물 838호 등이 전시되어 있다. 2012년 7월 17일 세종대왕 탄신 615돌을 맞이하여 덕수궁에 모셔져 있던 세종대왕 동상을 기념관으로 옮겼다. 기념관 강당과 뜰은 전통 혼례 예식장으로 활용하고 있다.

주소 동대문구 회기로 56 전화 02-969-8851 관람시간 09:30~18:30 휴관 매주 월요일

영휘원과 숭인원
근대사 나들이

세종대왕기념관 정문으로 나와 왼쪽으로 조금만 걸어 내려가면 영휘원永徽園 정문이 나온다. 영휘원사적 제361호은 고종의 후궁이자 의민황태자의 생모 순헌황귀비1854~1911 엄씨의 묘이다. 묘역 넓이는 5만5천㎡이고, 묘의 봉분에는 곡장이 둘러쳐져 있다. 부속 건물로 정자각과 홍살문, 비각 등이 있다. 엄귀비는 신교육에 관심이 많아 양정의숙과 진명여학교를 설립하였고, 숙명여학교 설립에도 기부를 하여 우리나라 근대 사학 발전에 많은 업적을 남겼다.

영휘원에는 숭인원崇仁園이라는 묘가 따로 있는데, 숭인원은 조선의 마지막 황태자 영친왕의 큰아들 이진의 묘이다. 이진은 태어난 지 8개월 만에 죽었는데, 순종이 이를 애석히 여겨 할머니인 엄귀비의 묘 옆에 묘를 만들어 주었다. 주소 동대문구 홍릉로 90 전화 02-962-0556

홍릉갈비집 숯불 화로에 구워먹는 갈비

세종대왕기념관에서 청량리 방면으로 조금만 걸어가면 영휘원 교차로 모퉁이에 '홍릉갈비집 본점'이라고 쓴 커다란 네온사인 간판이 보인다. 안으로 들어서면 카운터 벽면에 감사장, 공로상장이 가득 걸려 있다. 50년 넘게 주민들의 사랑을 받으며 성장했다는 증거로 보여, 이 집 음식에 더욱 신뢰가 간다. 메뉴는 양념갈비, 생갈비, 불고기, 육회, 갈비탕 등이 있다. 육회는 한우만 사용하고, 다른 메뉴는 한우, 호주산, 미국산을 섞어서 사용하고 있다. 고기를 주문하면 숯불화로를 내온다. 숯불 요리는 신석기 시대를 연상시키는 인류의 추억이 담긴 요리라 세계인 누구에게나 호감이 갈 것이라고 했던 어느 외국 기자의 평이 생각난다. 고기 한 점 입에 넣으면 육즙이 부드럽게 입안에 퍼진다. 서비스가 좋아 마음도 편안하다.

주소 동대문구 제기로 85 전화 02-965-0420, 02-966-0420 영업시간 09:30~22:30 휴일 연중무휴 예산 1만원~4만원

북서울꿈의숲

서울 북부를 아름답게 장식하다

찾아가기 ❶ **동문으로 갈 경우 지하철 4호선 미아사거리 전철역 1번 출구 앞 정류장에서 마을버스 09번 또는 11번 탑승**
❷ 서문으로 갈 경우 지하철 4호선 미아사거리 전철역 2번 출구 30m 지점의 정류장에서 마을버스 05번 탑승
이용시간 **공원** 24시간 개방 **건물** 09:00~19:00 **레스토랑·까페** 10:00~21:00
전망대 10:00~22:00
전화 **관리사무소** 02-2289-4000~5
아트센터 02-2289-5401

북서울꿈의숲은 강북구 번동 산 28번지 일대 벽오산135m과 오패산123m 사이 20만평의 평탄한 땅에 조성된 아름다운 공원이다. 원래 1989년에 개장한 놀이공원 드림랜드 부지였으나 2009년 북서울꿈의숲으로 다시 태어났다. 자연과 전통 한옥을 주제로 아기자기하게 꾸민 정원, 어린이 놀이터, 일년 내내 공연이 이어지는 아트센터, 산책로, 레스토랑, 전망대 등으로 구성되어 있다. 북서울꿈의숲은 국제 공모를 통해 지형에 맞추어 생태적 조경 공간을 만들었다. 공원 안에 오솔길이 잘 조성되어 있고, 군데군데 운동시설도 갖추고 있다. 소나무, 잣나무, 상수리나무, 아카시나무, 은사시나무 등이 울창한 숲에 다람쥐, 청설모, 꿩, 개구리 같은 동물과 멧비둘기, 쇠박새, 참새, 까치 등 다양한 조류가 서식하고 있다. 개울물과 호수에는 물고기가 헤엄치고 사초, 부들 등 각종 수초도 무성하다.

창녕위궁재사와 이야기정원

한옥이 있는 대나무 숲길

북서울꿈의숲 산책은 동문을 지킴이처럼 버티고 있는 230년 된 우람한 느티나무와 만나면서 시작된다. 안내 지도를 받을 수 있는 방문자 센터는 수초들이 아름답게 자라는 칠폭지 옆에 있다. 방문자 센터를 지나면 소나무 숲이 나오고 이윽고 창녕위궁재사昌寧尉宮齋舍의 고즈넉한 기와지붕이 눈에 들어온다. 창녕위궁재사는 조선 23대 왕 순조의 공주인 복온공주1818-1832와 부마 김병주1819-1853의 묘소 재실제사를 지내려고 지은 집이다. 높은 장대석 기단으로 감싸여 있는 전통 가옥으로 대한민국 등록문화재 제40호이다. 좌측 재사齋舍, 숙소로 쓰던 건물는 1800년대 지어진 건물이고, 안채는 한국 전쟁 때 파괴되어 재건축된 것이다. 사랑채는 인조시대 신경진의 별장이었다가 후에 재사가 되었다. 이곳에서 김병주의 손자인 김석진이 한일합방 후 일본의 남작의 직위를 거절하고 순국 자결하였다. 창녕위궁재사 뒤안길은 대나무 숲이 에워싸고 있다. 지조와 인내, 절개를 뜻하는 대나무를 심어 이 가옥의 애절한 사연을 기리는 듯하다.

대나무 숲을 돌아 나가면 실개천에서 개울물이 도란도란 조잘거린다. 이곳이 이야기정원이다. 저편에 초막 정자가 서 있고 야생화 화단이 꾸며져 있다. 화단에서는 시절 따라 꽃이 피며 산책하는 이들을 맞아준다. 친구나 연인을 옆에 두고 그동안 못 다한 이야기를 나누기 딱 좋은 곳이다.

월영지, 상상톡톡미술관, 청운답원, 창포원

꽃도 보고, 공연도 보고

북서울꿈의숲 중간 지점에는 달이 비치는 연못 월영지가 있다. 연못 주변에는 애월정과 월광폭포, 석교가 어우러져 한폭의 그림 같은 풍경을 연출한다. 낙우송 군락지와 연꽃, 매화꽃도 감상할 수 있으며, 주변에 벚꽃나무가 많아 봄에는 꽃눈이 날린다. 연못 중앙에 분수대가 있어 낮에는 물이 시원하게 솟아오른다.

월영지 서쪽으로 오르면 상상톡톡미술관과 넓은 잔디광장 청운답원에 닿는다. 상상톡톡미술관은 국내 유일의 자연 속에 자리한 어린이 미술관으로 미술 전시, 음악 공연 등이 열린다. 어린이들이 상상력과 창의력을 키울 수 있는 곳이다. 앞뜰엔 물이 얕은 수조가 있어 여름이 되면 나무 그늘에 그늘 막을 치고 가족이 함께 물놀이를 즐기는 풍경을 볼 수 있다.

잔디광장 청운답원은 다양한 놀이와 행사가 가능한 넓고 시원한 곳이다. 경사진 잔디마당을 내려가면 창포가 심어진 정원 창포원이 기다리고 있다. 창포원에는 작은 무대가 마련되어 있어 음악회 등 다양한 공연이 열린다. 또 카페테리아 창가에 앉아 창포원 너머 푸른 잔디밭이 끝없이 펼쳐진 고즈넉한 풍경을 마음껏 감상할 수 있다.

초화원

꽃과 나무가 우거진 정원

애월정 앞에 초화원으로 올라가는 계단이 있다. 계단 꼭대기에 서면 월영지가 한눈에 들어온다. 초화원은 과거에 골프연습장으로 사용하던 땅에 조성한 아름다운 정원이다. 정원 아래쪽에는 300여대를 주차할 수 있는 주차장이 있고, 정원 한 구석에는 태양광 집열판을 설치해 놓았다. 태양광을 통해 얻은 무공해 친환경 재생에너지는 주차장과 방문자센터, 미술관에 공급한다. 초화원엔 억새 등의 지피류, 야생초화류, 자작나무, 계수나무 등이 심어져 있다. 또 장미, 찔레, 해당화, 창포, 나리꽃, 구절초 등 50여종에 이르는 예쁜 꽃도 가득해 사계절 내내 눈이 즐겁다. 빗물 저수조에 빗물을 모아 놓았다가 화단에 물을 줄 때 사용한다. 공원 한 쪽에는 사슴방사장이 설치되어 있으며, 비교적 가까이서 사슴이 노는 것을 관찰할 수 있다.

단풍숲과 문화광장

신해철 추모 벤치에 앉아보자

단풍숲은 서문에서 가깝다. 서문으로 진입하면 사람 두상 모양을 한 조각상이 우리를 맞이한다. 천재형 이마에 오뚝한 콧날, 두툼한 입술, 두드러진 광대뼈가 인상적이다. 단풍숲은 남쪽 도로와 인접한 곳에 있다. 단풍숲 안에 배드민턴장, 조형화분마당, 향기원, 조각원 등이 있다. 나무숲 형상을 한 조형물 희망의 숲이 있고, 조형물을 지나 맑은 개울을 건너면 야외공연장이나 스케이트장으로 이용 가능한 문화광장이 나온다. 문화광장은 아트센터의 앞마당으로 다양한 문화 활동을 지원하는 공간이다. 볼프라자, 상상어린이놀이터, 겨울연못, 점핑분수 등이 있다. 여름이면 어린이를 데리고 온 가족들이 문화광장 주변에 그늘막을 치고 아이들이 뛰어 놀거나 물놀이 하는 모습을 즐겁게 바라본다. 또 문화광장에는 노래로 우리에게 강렬한 메시지를 전해 주었던 고 신해철의 1주기 추모 기념 벤치가 있다. 그를 그리워하는 사람들의 발길이 이어지고 있다.

꿈의숲아트센터와 전망대

갤러리, 북카페, 그리고 전망 좋은 아트센터

서문 쪽 오패산 기슭 경사면에는 꿈의숲아트센터와 전망대가 자리하고 있다. 아트센터 1층에는 전문 작가와 지역 주민들의 작품을 전시하는 드림갤러리가 있고, 2층에는 북카페 까페드림Kids 북까페도 함께 운영한다과 다양한 공연이 펼쳐지는 퍼포먼스홀이 있다. 3층에는 클래식, 재즈, 국악 등 아름다운 선율이 완벽하게 퍼지도록 설계한 콘서트홀이 있다. 콘서트홀에서는 서울시예술단에서 개최하는 다양한 문화행사가 일 년 내내 이어진다. 아트센터의 옥상은 야생화 정원으로 꾸며 놓았다. 옥상에서 꽃구경을 하다 눈을 돌리면 전망대가 북서울꿈의숲의 멋진 자연환경과 어우러져 아름답게 눈에 들어온다.

전망대는 아트센터 2층에서 바로 연결된다. 높이는 해발 139m로 경사면 승강기를 이용해서 올라갈 수도 있고, 걸어서 갈 수도 있다. 3층까지 올라가면 한 눈에 북서울꿈의숲 정원이 모두 보이고 서울 시내도 훤히 눈에 들어온다. 북쪽으로는 북한산, 도봉산, 수락산 봉우리가 우람하게 보이고, 남쪽으로는 언제 봐도 반가운 남산이 보인다. 전망대 안에 카페에서 음료수를 마시며 멋진 풍경을 감상할 수도 있다. 전망대는 드라마 '아이리스'의 촬영지로도 유명하다.

아차산

발 아래 한강이 손에 잡힐 듯 흐르고

아차산峨嵯山은 서울시 중랑구와 광진구, 경기도 구리시에 걸쳐있는 높이 285m의 야트막한 산이다. 아차산에는 백제 때 쌓은 아차산성이 한강 건너 풍납토성과 마주보고 있고, 고구려의 군사 유적인 보루가 20여 개 남아있다. 보루에서는 고구려 유물뿐 아니라 신라 유물도 출토되고 있어, 이곳이 삼국시대에 매우 중요한 군사적 요충지였음을 알 수 있다. 아차산은 온달 장군 관련 이야기를 많이 품고 있는데, 온달장군이 이 산에서 전사했다고 전해진다. 아차산은 산세가 험하지 않아 생태공원에서 가볍게 산행을 시작할 수 있다. 어느 코스로 가더라도 2~3시간 내에 왕복이 가능하다. 정상에 서면 발 아래로 한강이 손에 잡힐 듯 흐르고, 서울 시내는 물론 구리 시가지와 하남시, 검단산 봉우리까지 한눈에 조망할 수 있다. 막힘없이 탁 트여 가슴이 시원해진다.

찾아가기 ❶ 지하철 5호선 광나루역 1번 출구 - 광장초등학교 - 아차산생태공원(광나루역에서 도보 15분)
❷ 지하철 5호선 아차산역 2번 출구 - 영화사 - 동의초등학교 - 아차산 입구(아차산역에서 도보 25분)

아차산생태공원

생물이 어떻게 사는지 궁금해진다면

아차산 진입로 입구에 있는 공원으로 자생식물원, 나비정원, 습지원, 소나무숲으로 구성되어 있다. 자생식물원은 구절초, 꿀풀, 흰줄무늬큰갈대, 돌단풍, 타래붓꽃, 큰꿩의비름 등 주로 우리나라에 자생하는 나무와 풀을 관찰할 수 있는 곳이다. 나비정원엔 곤충의 먹이가 되어주는 식물이 많다. 칠성무당벌레, 긴호랑거미, 꼬마호랑거미, 광대노린재 애벌레, 방아개비 등 다양한 곤충이 모여 산다. 습지원은 수생식물과 물까치를 비롯한 물에 사는 동물과 수생곤충을 관찰할 수 있도록 꾸며져 있다. 생태교육원에서는 아차산생태공원 생물의 모든 자료를 모아 생태 교육을 기획하고 운영한다. 또 생태공원 안에는 아차산역사문화홍보관이 있는데, 아차산 지역의 고구려 사적 자료와 유물을 전시하고 있다.

아차산생태공원은 연중 24시간 무료로 개방한다. 생태교육프로그램은 누구나 무료로 참여할 수 있다. 그동안 '나무들아 뭐하니', '곤충들은 뭐하니', '논세상 밭세상', '지렁이 똥' 등 20여 개 프로그램을 유아 단체, 일반 가족, 유아 동반 가족, 장애우 단체 등을 대상으로 운영해왔다.

생태공원 사무실

주소 광진구 영화사로 145
전화 02-450-1192
운영시간 09:00~18:00
휴관 월요일, 법정 공휴일

광개토대왕길
숲길을 걸으며 시작하는 아담한 등산길

광개토대왕길은 서울 둘레길의 일부이다. 아차산 입구 생태공원에서 친수계곡, 낙타고개를 거쳐 아차산 정상 제4보루, 용마산으로 이어진다. 등산로는 아차산 표지석이 있는 곳에서 시작된다. 관리사무소를 지나면 왼편에 운동시설과 운동장, 상설 공연장이 있고, 오른쪽에는 약수터가 있다. 약수터 지나 길을 오르다 보면 왼쪽에 아담한 계곡이 흐르는데 이곳이 친수계곡이다. 규모가 작아 날이 가물면 물이 흐르지 않는 계곡이다. 친수계곡 옆길은 나무 계단으로 다듬어져 있어 등산하기 좋은데, 이 길을 따라가면 낙타고개가 나온다. 낙타고개는 산 언덕이 낙타의 목과 굽은 등처럼 생겼다 하여 붙여진 이름이다. 아차산 표지석에서 낙타고개까지 거리는 약 600m이다.

낙타고개에서 250m 정도 능선을 따라 오르면 고구려정이 나온다. 고구려정은 암반 위에 세운 2층 누각으로 주변 풍경이 아름답다. 고구려정에서 다시 능선을 따라 200m 정도 더 가면 해맞이광장이다. 21세기 새해맞이 표지석과 경치를 조망할 수 있는 데크가 설치되어 있다. 해맞이광장에서 능선을 따라 약 1km 정도 더 오르면 제4보루가 있는 아차산 정상에 도달한다. 아차산 정상에 서면 한강과 구리시가 한눈에 들어온다.

고구려정

고구려인의 호연지기를 품다

고구려정은 아차산정상길서울 둘레길 광개토대왕길의 일부 좌측 큰 바위 봉우리 위에 당당히 서 있는 팔각정이다. 1984년에 세운 콘크리트 팔각정을 헐고 학자들의 고증을 거쳐, 2009년 7월 고구려 전통 양식을 재현하여 지었다. 기둥은 가운데가 불룩한 배흘림 양식이며, 목재는 300년 이상 된 금강송을 사용하였다. 기와는 평양 안학궁 터와 아차산 홍련봉 보루에서 출토된 기와 유물을 본떠 붉은 색상에 문양을 넣어 제작하였다. 단청 문양은 쌍영총과 강서중묘 등 고구려 고분 벽화에 표현된 문양을 참고하였다. 이렇게 하여 남한 최초로 고구려 전통 정자를 완성했다. 정자에 올라 한강을 내려다보면 고구려인들의 호연지기가 느껴진다. 한강의 수려한 풍광과 송파구, 강남구, 광진구, 성동구 일대는 물론 멀리 남산까지 눈에 들어온다.

대성암

아차산의 작은 안식처

대성암은 고구려정을 지나 해맞이광장으로 가다가 만나는 아담한 사찰이다. 아차산 동쪽 기슭 7부 능선 즈음에 있다. 이 절은 670년신라 문무왕 의상대사가 창건하였다고 하나 정확한 기록이 없어 사실인지는 알 수 없다. 창건 당시 이름은 범굴사였다고 한다. 조선 초기 무학대사가 중건하였고, 그 후 폐사되었다가 1921년 안보광安寶光 화상이 석굴을 발견하고, 범굴사라는 암각문도 확인하여 다시 절을 창건하였다. 법당 뒤편 암굴 천정에 암혈岩穴 바위에 뚫린 굴이 있는데, 이곳에서 쌀이 나와 의상대사가 공양미로 사용했다는 전설이 전해진다. 대성암에서 바라보는 한강 경치 또한 수려하기 그지없다. 뒤쪽 바위산을 오르면 아차산 정상으로 가는 등산로와 만나게 된다. 주소 경기도 구리시 아천동 산 40-6

해맞이광장과 보루

서울에서 손꼽히는 전망 명소

고구려정을 지나 조금 더 오르면 이윽고 해맞이광장이다. 광장 데크에 서면 구리시와 한강 건너 하남의 아파트 단지까지 보인다. 한강을 가로 지르는 다리도 보이는데, 앞에 보이는 아치 다리는 중부고속도로와 강일 IC로 연결되는 구리암사대교이고, 뒤에 보이는 다리는 강동대교이다. 또 한강 건너 동남쪽으로 멀리 고덕산과 예봉산, 검단산이 그림처럼 펼쳐져 있다. 새해 첫날에는 4~5만 명이 일출을 맞으러 이곳으로 모여든다. 하지만 언제나 아름다운 일출을 볼 수 있는 것은 아니다. 일기 변화에 따라 보지 못하는 날도 많으므로 행운을 빌며 등산하는 것을 잊지 말자.

해맞이광장에서 1km 정도 더 오르면 아차산 정상이다. 정상으로 올라가는 길목에 고구려 보루堡壘 여섯 개가 나온다. 보루란 규모가 작은 참호로 일종의 성곽이다. 지금으로 치면 철책선 GP 같은 곳이다. 이 보루들은 고구려 남진정책의 전초 기지 역할을 하였다. 아차산 정상에는 제4보루가 있다. 제4보루에서는 건물 터와 군사들이 사용할 물을 보관하는 작은 저수지 등이 발굴되었다.

서울 도성 순례

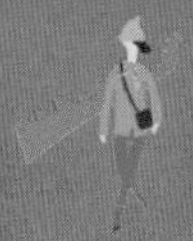

남산 도성길
낙산 도성길
북악산 도성길
인왕산 도성길

©김용

남산 도성길

유려한 곡선이 아름다운 길

남산 도성길은 백범광장에서 광희문까지 이어지는 4.2km의 길로 남산 능선을 따라 조성되었다. N서울타워를 북극성 삼아 오르다 적당히 지칠 즈음 잠두봉 포토 아일랜드가 나온다. 포토 아일랜드는 남산 도성길 전망대 가운데 백미다. 능선에서 살짝 앞으로 도드라져 나와 시야 가릴 것 없이 서울 도심은 물론 북악산과 인왕산이 눈 앞 한 뼘 거리까지 다가오는 듯하다. 조금 더 오르면 케이블카 타는 곳이 나오는데, 건물 옥상과 울타리엔 연인들이 사랑을 맹세한 자물쇠가 꽃봉오리처럼 주렁주렁 달려있다. 장충체육관으로 이어진 도성길은 잠시 도심 속으로 사라졌다가 반얀트리호텔 주차장과 남쪽 건물 사이로 들어서면 다시 등장한다. 이곳에서는 성벽 바깥쪽 길을 걸어야 도성을 옆에 두고 오랫동안 걸을 수 있다. 도성의 유연한 곡선미를 느끼고 성돌에 새겨진 각자刻字까지 음미하며 걸어 보자. 이 길은 도성길 중에서 내가 가장 좋아하는 구간이다.

찾아가기 지하철 4호선 회현역 4번 출구에서 도보 6분

백범광장
민족의 정기가 서려있다

백범광장은 김구 선생의 업적과 정신을 기리고자 조성된 곳으로 남산 중턱에 있다. 원래는 이승만의 동상이 있던 곳이었으나 4.19 의거 이후 동상이 철거되었고, 1968년 백범광장으로 다시 조성되었다. 이듬해 김구 동상을 세웠는데, 재질은 청동이며 높이는 10m에 달한다. 동상은 한손을 높이든 채 남쪽을 보고 서 있다. 동상 아래 기단부에는 대만의 장개석 총통이 쓴 동상 건립 기념 글이 새겨져 있다. 최근 회현동 부근 도성이 일부 복원되면서 백범광장은 넓은 잔디광장으로 바뀌었다. 광장에는 항일독립투사이자 초대 부통령이었던 이시영의 좌상도 있다. 광장 바로 위엔 안중근의사기념관이 있다. 독립투사의 혼이 모여 있는 곳은 한때 일본의 신사가 있었던 자리라 더 의미가 깊다. 일제의 잔재를 털어내고 민족 정기를 바로 세우고자 한 마음이 느껴진다.

주소 중구 회현동 1가 100-115 찾아가기 지하철 4호선 회현역 4번 출구에서 도보 6분

남산케이블카
서울을 한눈에 담다

남산케이블카는 중구 회현동 승강장에서 남산타워 근처까지 605m를 운행하는 우리나라 최초의 승객용 케이블카이다. 1962년에 개통되었으며, 고저高低 차는 138m로 적당한 스릴을 맛볼 수 있다. 벚꽃 화사한 봄이나 단풍으로 산 전체가 불타는 가을이라면 꼭 타보길 권한다. 이때는 남산이 알록달록한 누비이불처럼 보여 설사 케이블카에서 뛰어내려도 전혀 다치지 않을 것 같은 착각까지 든다. 어둠이 내린 뒤라면 어느 계절이든 서울 야경을 감상하기에 좋다. 케이블카에서 내려다보는 화려한 서울의 야경은 사람의 마음을 빼앗는 흡입력이 강하다. 고층 빌딩의 불빛과 자동차 행렬이 만들어 내는 불빛이 마치 씨줄과 날줄처럼 서로 엉켜 서울 토박이도 전혀 본적 없는 새로운 서울을 보여준다.

주소 중구 소파로 83 전화 **주간** 02-753-2403 **야간** 02-757-1308 찾아가기 지하철 4호선 회현역 1번 출구에서 도보 12분, 백범광장에서 걸어서 13분 운행시간 10:00~23:00 요금 **대인** 왕복 8500원(편도 6000원) **65세 이상 및 36개월~초등학생** 왕복 5500원(편도 3500원) 홈페이지 www.cablecar.co.kr

안중근의사기념관

안중근 의사의 정신을 품자

백범광장을 지나 조금 올라가면 네모난 상자 같은 푸른 색 건물이 보인다. 안중근의사기념관이다. 기념관 앞쪽은 일제의 신사가 있었던 곳으로, 남산식물원의 분수대로 바뀌었다가 현재는 철거되었다. 안중근 의사는 1909년 하얼빈 역에서 민족의 원흉인 이토 히로부미를 처단하였으며, 1910년 뤼순 감옥에서 순국하였다. 재판을 받는 동안 의연하고 당당한 태도로 자신의 주장을 펼쳐 일본인들조차 감복하였다고 한다. 기념관은 중앙홀과 다섯 개의 전시실로 이루어져 있다. 중앙홀에는 안중근 의사의 대형 좌상이 태극기를 배경으로 앉아있다. 제1전시실에는 사진과 부조가, 제2전시실에는 해외활동과 의병활동에 대한 기록, 제3전시실에는 하얼빈 의거와 법정투쟁 등에 대한 자료가, 기획전시실에는 옥중 유묵이 전시되어 있다. 체험전시실은 유묵 스탬프 찍기와 같은 체험 활동을 할 수 있는 곳이다. 기념관 앞에는 그의 사상과 정신을 알 수 있는 글들을 새긴 바위가 오래된 나무 아래 숲을 이루고 있다. 글을 읽다보면 그가 얼마나 나라를 사랑했는지 깊이 느낄 수 있다.

주소 중구 소월로91 전화 02-3789-1016, 1026
찾아가기 지하철 4호선 회현역 4번 출구에서 도보 7분
관람시간 **하절기**(3월~10월) 10:00~18:00 **동절기**(11월~2월) 10:00~17:00
관람료 무료 휴관일 매주 월요일, 1월 1일, 설날(당일), 추석(당일)
주차 남산공원 주차장 이용(주차문의 02-318-5575) 홈페이지 www.ahnjunggeun.or.kr

잠두봉 포토아일랜드
남산 도성길 최고의 전망 명소

백범광장에서 남산까지 이어지는 도성길은 경사는 다소 심하지만 길이 넓고 편안하다. 이끼 낀 도성을 바라보며 걷다 보면 이마에 땀이 송글송글 맺힌다. 잠시 쉬어갔으면 좋겠다는 생각이 들 즈음, 잠두봉 포토아일랜드가 보인다. 잠두봉은 누에의 머리를 닮았다는 뜻이다. 처음에는 아무리 봐도 누에의 모습을 찾을 수 없었다. 남산에서 남산의 형상을 보려 하니 보일 리가 있겠는가. 대학로 낙산에 갔다가 그곳에서 남산을 바라보니 커다란 누에가 누워있는 형상이 눈에 들어왔다. 남산의 서쪽은 이름 그대로 누에머리를 닮은 봉우리, 잠두봉이었다. 누에머리에 올라서면 서울 도심이 발아래에 있고, 멀리 인왕산과 북악산, 그 너머 북한산까지 훤히 보인다. 시원한 바람과 눈이 시릴 만큼 청량한 하늘까지 모두 나의 것이 된다. 낮에 보는 풍경이나 밤에 보는 야경이나 어느 것 하나 소홀히 볼 것이 없다.

찾아가기 백범광장에서 걸어서 15분

팔각정과 국사당터
남산 정상에서 휴식을

케이블카 승강장을 지나면 봉수대가 있고, 그 앞쪽에 국사당터 비석과 팔각정이 있다. 조선 태조는 남산 산신을 목멱대왕으로 봉작직위를 부여함하고 국태민안을 기원하는 제사를 지냈는데, 제를 올리던 곳이 국사당이다. 그러나 1925년 일제가 남산 중턱에 신궁을 세우면서 자신들의 신사보다 더 높은 곳에 있는 국사당을 철거하였다. 국사당은 인왕산 아래 무악재로 이전하게 되었다. 국사당 자리에 세워진 팔각정은 원래 1958년 이승만 대통령을 기리기 위해 지은 것으로 그의 호를 붙여 '우남정'이라고 하였으나, 4·19의거 이후 철거되었다가 1968년 '팔각정'이라는 이름으로 다시 건립되었다. 팔각모임지붕과 겹처마로 된 정자인데 탑골공원의 팔각정과 거의 같은 모양으로 지어졌으나 처마가 다소 밋밋하다. 남산 정상에 올라 피로를 잠시 식히기 좋다.

찾아가기 백범광장에서 걸어서 20분

남산봉수대

아주 오래된 아날로그 통신

남산팔각정 옆에는 검은 벽돌로 된 다섯 개의 굴뚝이 있다. 서울시 기념물 14호인 남산봉수대이다. 봉수대는 변방의 급박한 상황이나 위급한 사태 발생 시, 중앙에 알리기 위한 통신수단이었다. 조선시대에는 전국에 봉수대 673개가 있었는데, 남산봉수대는 전국에서 올라오는 소식이 최종적으로 전해지는 곳이었다. 봉수대에 불을 피우는 개수에 따라 의미가 달랐다. 평상시에는 한 개, 국경 부근에 적이 나타나면 두 개, 해안에 적이 나타나면 세 개, 적이 국경을 침범하거나 병선과 접전을 하면 네 개, 적이 영토에 상륙하거나 국경을 넘어와 접전을 벌이면 다섯 개였다. 이런 방법으로 전국 어디든 하루면 변방의 소식을 한양까지 전할 수 있었다. 현재의 봉수대는 청구도 등 관련 자료를 고증하여 복원한 것이며, 봉수대에 불을 붙이는 거화의식과 봉수대를 지키는 수위의식, 봉수대 주변을 순찰하는 순라의식을 지금도 실시하고 있다.

주소 중구 문학의집길 11-1 문의처 02-210-1234 찾아가기 백범광장에서 걸어서 20분 의식행사 **관람 거화의식** 화~일 12:00 **수위의식과 순라의식** 화~일 11:30~12:30

국립중앙극장

남산의 품에 안긴 종합 공연장

©김용순

국립중앙극장은 1950년 아시아 최초로 설립된 국립극장이다. 설립 당시엔 현재의 서울시의회 건물에 있었으나 6·25때 대구로 이전하였다가 1957년 다시 서울로 이관했다. 현재의 건물은 1973년에 개관하였다. 뉴욕의 링컨센터를 벤치마킹하여 건축했다. 높은 기단과 사찰에서 본 듯한 기다란 기둥, 그리고 독특한 형태의 지붕과 광장을 갖추고 있다. 세련된 맛은 부족하지만 나름대로 예술적 감각을 자랑하며 남산의 품안에 아늑하게 안겨 있다. 국립중앙극장엔 다목적 공연장인 해오름극장과 연극 및 창극 전문 공연장인 달오름극장, 실험무대인 별오름극장, 청소년 전용 극장인 하늘극장이 있다. 그리고 우리나라 최초의 공연예술박물관이 있는데, 1950년부터 현재에 이르기까지 다양한 공연 예술 자료가 소장되어 있다.

주소 중구 장충단로 59 전화 02-2280-4114 찾아가기 지하철 3호선 동대입구역 6번 출구에서 20분 홈페이지 www.ntok.go.kr

N서울타워

360도 회전하는 서울의 랜드마크

N서울타워는 남산의 높이까지 합하면 해발 480m에 이른다. 한국 최초의 타워로 방송사 전파 송출탑으로 탄생했지만, 1980년 일반 시민에게 공개되면서 서울의 명소로 자리매김하였다. 2005년 N서울타워로 재탄생하면서 계절에 따라 서울타워 외관의 색상과 패턴이 바뀌는 '빛의 예술'이 펼쳐져 복합예술공간으로 사랑받고 있다. 원기둥 형태의 타워로 2층과 3층은 전망대이다. 2층엔 하트코인을 넣으면 사랑이 이루어진다는 사랑 연못과 우리나라에서 가장 높은 곳에 위치한 화장실이 있다. 5층엔 사전 예약이 필수인 회전식 레스토랑이 있어 식사를 하면서 서울 시내를 자연스럽게 조망할 수 있다. 날씨가 청명한 날에는 인천까지 볼 수 있으며, 특히 저녁 무렵 노을이 한강 하구를 물들일 때면 나누던 담소도 멈춘 채 저절로 그림 같은 석양 속으로 빠져드는 경험을 할 수 있다.

주소 용산구 남산공원길 105 전화 02-3455-9277, 9288
찾아가기 백범광장에서 걸어서 22분 이용시간 연중무휴
전망대와 박물관 패키지 요금 **대인** 9천원~1만5천원 **소인** 7천원~1만1천원
홈페이지 www.nseoultower.com

평양면옥 평양냉면 본래의 맛

우리나라에서 알아주는 평양냉면 전문점이다. 지하철 2·4·5호선 동대문역사문화공원역 5번 출구로 나와 광희동 사거리에서 장충체육관 방향으로 횡단보도를 건너 50m 직진하면 된다. 3호선 동대입구역에서도 멀지 않다. 식당은 다른 건물 뒤편에 숨어있지만 들어가는 입구에 간판이 있어 찾기 쉽다. 대형 주차 타워도 갖추고 있다. 이 집의 대표적인 메뉴는 냉면이다. 면발의 찰기가 좋으면서도 질기지 않다. 가위로 자르지 않아도 될 만큼 부드럽다. 냉면 국물은 자극적이지 않고 심심한 편이다. 평양냉면 본래의 맛을 잘 살렸다고 소문이 나 실향민과 냉면 애호가들에게 큰 인기를 얻고 있다. 또 다른 인기 메뉴는 만두다. 어른이 한입에 먹기 힘들만큼 속이 꽉 차 있고 크기도 크다. 특히 숙주가 많이 들어 있어 아삭아삭 씹히는 맛이 즐겁다.

주소 종로구 장충단로 207
전화 02-2267-7784
찾아가기 지하철 2·4·5호선 동대문역사문화공원역 5번 출구 또는 3호선 동대입구역 2번 출구에서 도보 3분
영업시간 11:00~21:00(연중무휴)
예산 1만1천원~8만원

평안도족발집 허영만의 식객에 나오는 바로 그 족발

지하철 3호선 동대입구역 3번 출구에서 광희사거리 방면으로 100m 내려가다 두 번째 골목으로 들어가면 제일 안쪽에 있다. 주변에는 원조 이름을 건 족발집이 많으나 사실은 이 집이 원조 중의 원조이다. 가게 안으로 들어가면 왼쪽 벽에 2대 주인의 사진과 신문 기사가 걸려 있고, 그 옆으로 빛바랜 흑백 만화가 줄지어 있는데, 허영만 화백이 평안도족발집을 주제로 그린 만화 식객의 일부이다. 이곳은 40여 년을 사용해 온 솥에다 족발을 삶는다. 껍질은 마치 방금 졸인 조청 같은 맑은 갈색이 나고 윤기가 좔좔 흐른다. 살코기는 맑고 깨끗한 빛깔이다. 꼬들꼬들한 껍질은 씹을수록 쫄깃하고 부드럽다. 살코기는 퍽퍽하지 않고 담백하다. 결을 따라 곱게 썬 고기는 전체적으로 간이 알맞게 되어 있고, 잡냄새가 나지 않아 많이 먹어도 물리지 않는다.

주소 중구 장충단로 174-6 전화 02-2279-9759 찾아가기 지하철 3호선 동대입구역 3번 출구에서 도보 1분
영업시간 11:00~23:00 예산 6천원~5만원

낙산 도성길

서울의 아름다움을 가득 품고

낙산 도성길은 서울의 좌청룡에 해당하는 낙산124m을 따라 광희문에서 혜화문까지 이어진다. 광희문에서 시작되지만 본격적인 성벽은 동대문을 지나면서 나타난다. 길은 도성 안쪽과 바깥쪽 두 갈래로 나뉜다. 바깥쪽은 60~70년대 동대문시장의 배후지였던 봉제 골목 창신동을 품으며 오르는 길이다. 오후의 햇살 같은 불그스름한 집들이 모여 있는데, 그 처마 아래 어디에선가 어린 여공의 재봉틀 소리가 아직도 들리는 듯하여 언뜻 처연함이 느껴진다. 도성 안쪽 길로 오르면 서울 시내를 굽어보며 시원한 광경을 가슴에 품을 수 있다. 이화동 벽화마을을 구석구석 살펴볼 수 있어 좋고, 남산과 서울 풍경을 찬찬히 즐기기에도 그만이다. 낙산 정상에서 조금 내려오면 바깥 길을 걸어야 한다. 내려가면서 바라보는 삼선동 풍경은 꽤 이국적이다. 올망졸망한 집들이 파도처럼 일렁이며 펼쳐져 있다. 성벽에 가로막힌 반대편 세상이 궁금해질 즈음 혜화문이 길 건너편에서 손을 흔든다.

찾아가기 지하철 1·4호선 동대문역 하차, 도보 2분

광희문
그 빛나는 이름은 어디가고

동대문역사문화공원역 3번 출구로 나오면 길 건너편으로 광희문이 보인다. 4소문小門 중 하나로 서울의 동남쪽으로 난 문이다. 서울 사람들이 죽으면 이곳으로 시체가 나간다고 하여 시구문屍口門이라 불리기도 했다. 오랫동안 방치되어 오다가 1975년 도성 복원 공사 때 현재의 모습을 찾게 되었다. 인조 2년1624년, 이괄이 난을 일으켰다가 패하여 이 문을 통해 도망갔고, 병자호란1636년 때에는 임금이 이 문을 지나 남한산성으로 피신하는 등 '광희'光熙라는 이름과 어울리지 않는 사연을 간직한, 귀한 대접 한 번 받지 못한 문이다. 그러다 보니 숙종 때 개수가 이루어진 이후로 계속 방치되었으며, 1915년엔 문루가 자연 붕괴되기도 하였다. 광희문은 '빛나는' 이름과는 달리 고단하고 서러운 세월을 살아왔다. 이제라도 동대문 패션 타운의 불빛 받으며 제 이름을 되찾길 소망한다.

주소 중구 퇴계로 344 찾아가기 지하철 2·4·5호선 동대문역사문화공원역 3번 출구에서 2분, 4번 출구에서 3분

동대문역사문화공원
역사와 디자인이 공존하다

동대문운동장은 1925년 일본 왕세자의 결혼을 기념하기 위해 지어진 경성운동장이 그 전신이다. 이후 서울운동장으로 개칭되었다가 1988년 서울올림픽 이후 동대문운동장이라는 이름을 얻어 한 시대를 풍미하였다. 1970년대 온 국민을 열광케 하였던 고교야구를 비롯하여 국제 축구대회 때마다 흥분된 아나운서들이 주문처럼 여러 번 내뱉은 까닭에 마치 우리 동네 운동장처럼 친근한 곳이었으나 2007년 아쉽게도 역사 속으로 조용히 사라졌다. 운동장을 철거하는 과정에서 땅 속에 묻혀 있던 한양 도성의 일부와 문헌으로만 존재하였던 치성과 이간수문, 그리고 훈련도감의 별영으로 추정되는 건물 유구 등이 모습을 드러냈다. 이때 출토된 유물들은 공원 내 '동대문역사관 1398'에 전시되어 있다. 동대문역사문화공원은 역사와 디자인이 공존하는 장소이다. UFO 같은 DDP와 성곽을 비롯한 유적들, 동대문운동장을 비추던 조명탑과 성화대 모형이 과거와 현재를 아울러 보여준다.

주소 중구 을지로 281
찾아가기 지하철 2·4·5호선 동대문역사문화공원역 1번과 2번 출구에서 2분

이간수문
다시 세상의 빛을 받다

이간수문은 일제강점기에 경성운동장을 건설하면서 멸실되어 문헌으로만 존재하던 유적이었다. 동대문운동장을 허물고 디자인플라자 조성 공사를 하던 중, 축구장 부지에서 치성과 이간수문이 발견되어 비로소 빛을 보게 되었다. 이때 동대문에서 광희문까지 연결된 구간 중 약 123m 정도의 성벽도 발견되었는데, 내벽 높이 약 4m, 폭은 약 8~9m다. 이간수문은 남산에서 흘러온 물을 도성 바깥으로 빼내기 위한 시설로 높이 약 5.4m, 길이 약 7.4m의 아치형으로 된 2개의 수문이다. 발견 당시 윗부분의 석재는 멸실되었으나 현재는 모두 복구를 해놓아 거의 완벽한 형태를 보여주고 있다. 이간수문을 사이에 두고 동대문디자인플라자와 동대문역사문화공원이 있는데, 이간수문이 있어 나머지 시설들이 더 의미를 얻게 되었다. 거짓말처럼 오랜 세월을 보내고 다시 우리 곁으로 온 이간수문이 너무 반가워 가슴이 벅차오른다.

주소 중구 을지로 281 찾아가기 지하철 2·4·5호선 동대문역사문화공원역 1번 출구에서 3분. 지하철 1·4호선 동대문역 6번, 8번 출구에서 3~4분

흥인지문
서울 동쪽의 관문

흥인지문은 한양 도성의 4대문 중 동쪽 관문으로, 동대문으로 더 많이 알려져 있다. 한양 도성의 문 중 유일하게 네 글자로 된 이름을 가졌다. 애초 이름은 흥인문태조 7년, 1398이었는데, 고종 때 개축하면서 낙산한양의 동쪽의 지세가 마주보는 인왕산에 비해 약하여 그것을 보완하려는 목적으로 산맥풍수에서는 용맥이라 한다.처럼 생간 '之'자를 넣어 네 글자로 바꿨다고 전해진다. 동대문이라는 이름은 일제강점기부터 불리기 시작했다. 흥인지문 옆으로 이어진 성곽은 도성 중 유일하게 옹성으로 이루어져 있다. 이 또한 도성 동쪽의 약한 지세를 북돋우기 위해 산을 상징하는 옹벽을 세운 것이다. 동대문은 남대문과 비슷한 외양을 가졌지만 그것보다 화려하고 가냘픈 듯하여 여성적인 미가 돋보인다. 보물 1호이지만 처지는 안타깝기 그지없다. 1907년에는 좌우 성벽이 헐리는 고난을 당했고, 지금은 자동차의 파고 속에 외로운 섬처럼 떠있다. 팔만 뻗으면 손에 닿을 듯 길 건너편으로 도성이 펼쳐져 있지만, 갈 수 없는 흥인지문의 꿈이 화려한 불빛 속에 저물어간다.

주소 종로구 종로 288 찾아가기 지하철 1·4호선 동대문역 하차

이화마을
그야말로 유명한 벽화마을

낙산은 풍광이 좋아 조선 태종 때 좌의정을 지낸 박은, 태종의 외손 남이, 한성부판사 이석형, 우암 송시열 등이 낙산에 의지해 살았다. 현재 이화장이 있는 곳은 명종 때 좌찬성을 지낸 신광한의 집터인데, 많은 사람들이 즐겨 찾던 명승지로 신대申臺라 불렸다. 이화장에서 낙산으로 오르면 이윽고 이화벽화마을이다. 예전엔 성벽 안쪽의 작은 마을에 불과하였으나 2006년부터 젊은 예술가들이 건물의 외벽에 그림을 그리고 조형물을 설치하는 공공미술프로젝트를 진행하면서 새 생명을 얻게 되었다. 마을 전체가 거대한 하나의 예술작품이 되면서 이곳을 찾는 사람들은 마치 자신도 이화마을의 작은 소품이 된 듯 즐겁게 걷는다. 마을 꼭대기까지 올라가면 이화마을을 아늑하게 감싼 낙산 도성이 든든한 배경처럼 서 있다. 도성에 오르면 서울 시내과 남산타워가 손에 잡힐 듯 가까이 보인다.

주소 종로구 이화장1길 32
찾아가기 지하철 4호선 혜화역에서 2번 출구에서 6~7분

낙산공원
서울의 몽마르트 언덕

낙산 도성길 중간 지점에 있다. 낙산은 화강암으로 이루어진 산으로 그 높이가 124m에 불과하며 서울의 내사산 중 가장 낮다. 일제강점기와 근대화를 겪으면서 숲과 성곽이 소실되고 파괴되었으나 1999년부터 복원사업을 시작하여 2002년 약 6만여 평에 이르는 공원으로 새롭게 태어났다. 낙산공원은 서울의 몽마르트 언덕이라 불릴 만큼 탁 트인 전망이 일품이다. 오후에 공원 산책을 시작하면, 낮게 깔린 석양을 받아 빛나는 서울 전경을 가까이서 볼 수 있다. 어둠이 깔리면, 세계 여느 도시와 견주어도 뒤지지 않는 서울의 야경이 파노라마처럼 펼쳐진다. 낙산공원에서는 서로 다른 두 개의 서울을 만날 수 있다. 하나는 화려한 서울 시내의 모습이고, 다른 하나는 성곽 너머 삼선동 방향으로 내려다 볼 수 있는 소박한 풍경이다. 서울의 멋진 빌딩과는 다른 고만고만한 집들이 산비탈을 온통 뒤덮고 있어 이국적인 느낌마저 든다.

주소 종로구 낙산길 41
찾아가기 지하철 4호선 혜화역 2번 출구에서 8분

창신동 매운족발집 삶은 족발을 숯불에 다시 한 번

지하철 1호선 동대문역 3번 출구로 나와 은행 건물을 끼고 왼쪽으로 들어서면 창신시장이 나온다. 처마가 맞닿을 듯 좁은 골목길에는 순대와 각종 분식집, 족발집이 쭈욱 늘어서 있다. 조금 더 들어가면 유난히 시끌벅적한 가게가 나오는데 그곳이 창신동 매운족발집이다. 삶은 족발을 숯불에 한 번 더 구워 내오는데, 한입 베어 물면 처음엔 숯불갈비 맛이 난다. 점차 숯불 맛에 익숙해지면 비로소 족발 본연의 맛이 살아나기 시작한다. 쫄깃쫄깃하고 부드러운 족발이 매운맛과 어우러져 입안에서 불꽃의 향연을 펼친다. 너무 매워 콩나물국으로 입안을 헹구면서도 강렬하고 달콤한 매운 맛 즐기기를 멈출 수가 없다. 허름하고 낮은 천장 아래 원형 탁자에 앉아 땀을 흘리며 먹는 매운 족발은 서민적인 풍미가 있어 더 매력적이다. 막걸리가 절로 당긴다.

주소 종로구 종로51길 23 전화 02-3675-9689 찾아가기 지하철 1호선 동대문역 3번 출구에서 2~3분
영업시간 10:00~24:00 예산 1만2천원~3만5천원

혜화칼국수 깔끔한 국물, 부드러운 면발

지하철 4호선 혜화역 4번 출구로 나와 혜화동 로타리를 따라 반쯤 돌다가 연우소극장으로 가는 골목길로 들어서면 이윽고 혜화칼국수이다. 오래된 가옥을 개조한 듯, 내부는 좁고 방 구조는 비정형적이다. 빈 탁자에 아무렇게나 앉아도 되는 서민적인 식당이다. 이곳엔 혼자 앉아서 칼국수를 먹는 사람을 심심찮게 볼 수 있다. 이 집의 칼국수는 면이 얇고 길다. 하얀 사기그릇에 가득 담겨 나오는데, 면 위에 양념간장이 얹어져 나오므로 별도로 간을 하지 않아도 된다. 칼국수에는 잘게 썬 호박과 굵직굵직한 대파가 많이 들어가 있어 칼국수의 매끄러운 면발에 악센트를 준 느낌이며 리듬감 있게 씹힌다. 국물은 단순하고 깔끔하다. 곁들여 나온 김치는 적당히 깊은 맛이 있어 칼국수와 잘 어울린다.

주소 종로구 창경궁로 35길 13
전화 02-743-8212 찾아가기 지하철 4호선 혜화역 1번, 4번 출구에서 3~4분
영업시간 11:00~22:00(연중 휴무)
예산 8천원~3만원

북악산 도성길

경복궁을 내려다보며
걷는 하늘길

서울 성곽은 1395년태조 4년 1월에 착공되었다. 북악산서울의 주산으로, 남산과 대칭하는 산이라 하여 북악이라는 이름을 얻었다. 정상에서 시작하여 낙산, 목멱산, 인왕산을 거쳐 다시 백악산북악산의 또 다른 이름의 서쪽에서 끝을 맺는다. 도성의 길이는 약 12km에 이른다. 북악산 도성길은 혜화문에서 창의문에 이르는 길로, 아래로 경복궁을 품고 있다. 북악산 구간은 1968년 1·21 사태 이후 약 40여 년간 폐쇄되었다가 2007년에 다시 개방되었다. 도성길 중에서 유일하게 신분 확인을 거친 후 출입증을 받아야 오를 수 있다. 북악 도성길엔 도성의 사대문 중 하나인 숙정문이 있다. 청운대에 오르면, 경복궁 건물 배치가 조감도를 보듯 또렷하게 보인다. 도성길의 길이는 4.7km이고, 소요 시간은 3시간 내외이다. 난이도는 높은 편이다.

찾아가기 **혜화문 출발 시** 지하철 4호선 한성대입구역 5번 출구에서 도보 4분 **창의문 출발 시** 지하철 3호선 경복궁역 3번 출구에서 7212번, 1020번, 7022번 승차 후 자하문 고개 하차

혜화문
사연 많은 한양 동쪽의 작은 문

지하철 4호선 한성대입구역 5번 출구로 나와 언덕길을 조금 오르면 혜화문이 보인다. '혜화惠化'는 은혜를 베풀어 교화한다는 뜻이다. 한양의 사소문四小門 중 하나로, 1394년태조 5년에 세워졌다. 한양에서 원산으로 이어진 경원가도의 출발 지점이며, 주로 오랑캐라 여기던 여진족 사신이 출입하였다. 서울 동쪽에 있다고 해서 동소문이라 불리기도 했고, 건립 당시의 이름은 홍화문이었다. 1484년성종 15년에 건립된 창경궁의 정문을 홍화문으로 명명하면서, 1511년중종 6년에 지금의 이름을 얻었다. 1939년에는 혜화동과 돈암동 사이에 전찻길을 내면서 자취도 없이 사라지는 설움을 당하였다. 원래 혜화문은 혜화동 로타리에서 돈암동으로 이어지는 도로 언덕에 있었으나 1992년 북쪽으로 이동하여 복원하였다. 혜화문은 다른 문과 달리 문루에 용이 아닌 봉황이 그려져 있다. 이 일대에 새가 많아 새 중의 왕인 봉황을 그려 넣은 것이다.

찾아가기 지하철 4호선 한성대입구역 5번 출구에서 도보 4분

와룡공원
도성길에서 만나는 편안한 쉼터

서울과학고에서 시작한 오르막길은 천천히 그 높이를 더해간다. 얕은 성곽 너머로 성북동이 보이고, 성곽 안쪽으로 쭉 늘어선 단풍나무의 우아함에 발걸음이 가볍다. 그렇게 걷다가 숨이 차오고 몸에 땀이 솟기 시작할 즈음 와룡공원이 나온다. 용이 길게 누워 있는 형상이라 와룡이라는 이름을 얻었다. 와룡공원은 성곽 오르막길 옆에 배드민턴장을 비롯한 체력 단련 시설과 정자, 각종 편의시설을 갖추고 있다. 성균관대 후문 방향으로 조금 내려가면 '서울우수조망소'라는 표지판과 함께 데크 위에 망원경 두 대가 있다. 이곳은 북악산 도성길을 가기 위해 잠시 쉬어가기 좋은 곳으로, 망원경으로 보지 않아도 시원한 서울 도심 풍경을 감상할 수 있다. 이곳에서 삼청공원으로 이어진 길을 따라 벚꽃이 심어져 있어 봄이 오면 아름다운 꽃길을 걸을 수 있다.

주소 종로구 와룡공원길 192 찾아가기 서울국제고등학교에서 도보 10분

숙정문
소나무가 울창한 한양의 북대문

와룡공원을 지나면 성벽 바깥으로 도성길이 나있다. 도성都城이라기보다는 산성山城의 느낌이 물씬 나는 곳으로, 5m 높이 성벽이 산등성이를 따라 선명하게 부드러운 곡선을 그려 놓고 있다. 높은 성벽을 왼쪽에 끼고 이어지는 길을 걷다보면 조선시대로 돌아간 듯 고색창연한 느낌이 그대로 살아난다. 말바위 안내소를 지나 5분 정도 걸으면 소나무 숲 사이로 숙정문이 보인다. 서울 사대문 중 북대문이며, 음양오행 가운데 음에 해당한다. 음은 상서롭지 못한 기운으로 여겨져 항상 조심하고 경계를 하였는데, 이런 기운을 누르기 위해 '엄숙히 다스린다'는 뜻을 붙여 '숙정'이라 이름지었다. 하지만 조선시대 여성들에게 유난히 인기 있던 문이다. 정월대보름 전 숙정문에 세 번 놀러오면 액운이 사라진다는 속설이 있었기 때문이다. 여인들이 이곳을 많이 찾다보니, 남성들의 발길도 덩달아 많아져, 좋은 데이트 장소가 되어주기도 했다.

찾아가기 와룡공원에서 도보 20분

촛대바위와 곡장
민족 발전을 기원하며 촛대를 세운 곳

숙정문을 지나 400m 정도 오르면 촛대바위가 나온다. 무성한 소나무 숲에 가려져 한여름에는 신경 써서 보지 않으면 자칫 그냥 지나칠 수 있다. 길 왼쪽 데크가 있는 곳으로 가야 안내판과 촛대바위를 볼 수 있다. 청운대에 도착하여 바라보면 촛대바위가 더 잘 보인다. 일설에 의하면 일제강점기에 이 바위 상단부에 쇠말뚝을 박아 놓았는데, 광복 후 쇠말뚝을 제거하고 우리 민족의 발전을 기원하는 촛대를 세우며, 촛대바위라 이름 붙였다고 한다. 바위의 높이는 약 13m 정도다.

곡장은 성곽 시설의 하나로 방어적으로 중요한 지점에 성곽 일부분을 둥글게 돌출시킨 것을 말하는데, 한양 도성에는 현재 2개의 곡장이 남아 있다. 하나는 북악산 도성길에 있고 또 하나는 인왕산 도성길에 있다.

청운대
경복궁과 광화문을 한눈에

청운대는 해발 293m 지점에 있다. 북악산 도성길 중 전망이 가장 좋은 곳이다. 남으로는 경복궁과 광화문, 북으로는 북한산의 여러 봉우리를 감상할 수 있다. 특히 그림에서나 볼 수 있는 경복궁의 배치를 마치 조감도를 들여다보듯이 조망할 수 있다. 청운대는 북악산의 전면 개방을 기념하는 뜻에서, 서울의 진산인 북한산의 정상 이름 백운대836m에 대칭하는 뜻으로 지은 이름이다. 성인 무릎 높이 정도의 화강암에 한자로 '靑雲臺'라 새겨진 비석이 소나무 아래 서 있다. 잠시 쉴 수 있는 벤치 몇 개가 청운대 곁을 지켜주고 있는데, 이곳에 앉아 잠시 숨을 고르며 건너편 산을 바라보면 거대한 촛대바위의 몸통이 제대로 드러난다.

1·21사태 소나무
총탄 15발의 흔적

청운대에서 북악산 정상으로 가다보면 빨간 눈알 같은 무늬가 새겨진 소나무가 있다. '1·21사태 소나무'이다. 1·21 사태는 반공의 시대를 살아온 세대에겐 잊을 수 없는 사건이다. 1968년 김신조 외 무장 공비 30명이 청와대를 습격하기 위해 침투한 사건이다. 어떻게 그 많은 인원이 청와대 뒷산까지 올 수 있었는지, 한편으로는 아찔하고, 다른 한편으로는 우리의 국방이 형편없었음을 보여주는 듯하여 한심한 생각이 든다.

1·21사태 당시 무장 공비와 교전 중에 소나무에 15발의 총탄 흔적이 남았는데, 그 소나무를 '1·21사태 소나무'라고 부른다. 총탄 흔적마다 시멘트로 구멍을 메우고 빨간색과 흰색의 원을 그려놓아, 소나무에 추상화를 그려 놓은 것 같다. KBS의 예능 프로그램 '1박 2일'에 소개되면서 탐방로 구간 중 가장 인기 있는 명소가 되었다.

백악마루
북악산의 정상

백악산북악산의 정상이다. 백악산342m은 동쪽의 낙산125m, 서쪽의 인왕산338m, 남쪽의 남산262m과 함께, 서울의 내사산內四山의 하나이자 한양의 주산이다. 남산에 대칭적으로 이름 붙여 북악산이라 칭하였으며 백악산, 면악산, 공극산이라 불리기도 했다. 정상은 백악마루라 불리는데, '마루'는 정상, 꼭대기를 뜻하는 순우리말이다. 백악마루로 오르는 길은 무척 가파르다. 도성길이라고 하여 산책로처럼 평탄할 것이라 생각했다면 큰 오산이다. 한양의 주산으로서의 위용을 한껏 뽐내고 있어 경사가 예사롭지 않다. 출입이 통제되던 시기에는 백악산 정상에 대공포 진지가 있었으나 지금은 원래대로 복원해 놓았다. 넓은 공터에 표지석이 세워져 있고 그 옆에는 커다란 바위가 있어 기념사진 찍기에 좋다. 정상에 서면 경복궁과 세종로가 보이고, 청명한 날이면 한강 건너 여의도까지 조망할 수 있다.

창의문
자하문의 원래 이름

백악마루에서 창의문에 이르는 급경사길을 3, 40분쯤 내려오면 이윽고 창의문이 나온다. 창의문은 한양 도성의 4소문 중 하나로 서대문과 북대문숙정문 사이에 있는 북소문이다. '올바른 것을 드러나게 한다'는 뜻을 담아 지은 이름인데, 자하문紫霞門이라는 별칭으로 더 많이 불린다. 전형적인 성곽 문루이며, 서울의 4소문 중 유일하게 옛 모습을 잘 간직하고 있다. 또한 빗물이 잘 흘러내리도록 문루 바깥쪽에 설치한 한 쌍의 누혈구멍을 뚫은 돌 장식은 연잎 모양으로 조각되어 건축의 맵시를 살짝 더해준다. 1956년 보수공사 때 묵서가 발견되었는데, 그 묵서를 통해 1741년영조 17년에 세운 것으로 밝혀졌다. 인조반정 때 '의려'義旅, 즉 '인조를 도와 거사에 가담한 군대'가 창의문을 통해 들어왔다고 한다. 그 당시의 사연과 공신들의 이름을 기록해 놓은 현판이 지금도 문루에 걸려있다. 찾아가기 지하철 3호선 경복궁역 3번 출구에서 7212번, 1020번, 7022번 승차 후 자하문 고개 하차

나폴레옹 과자 서울의 3대 베이커리

지하철 4호선 한성대입구역 5번 출구에서 50m 지점에 있다. 5층 규모의 최신 건물로, 1층에는 매장과 공장이 있고, 2층에는 모던한 분위기의 깔끔한 카페가 있다. 1968년에 창업한 전통 있는 제과점으로 리치몬드, 김영모과자점과 더불어 서울 3대 빵집 중 하나라 일컬어진다. 1층에 들어서면 케이크 진열장이 눈에 들어온다. 각종 빵을 비롯한 과자들이 벽면을 따라 배치되어 있어 마치 빵 공장에 견학 온 느낌이 든다. 이곳은 빵을 가장 맛있게 먹을 수 있는 시간인 상미 기간을 중요하게 생각하여 당일 생산, 당일 판매를 원칙으로 한다. 팔고 남는 빵은 사회단체에 기부한다. 케이크와 빵, 쿠키, 초콜릿 등 다양한 제품군을 갖추고 있다. 생크림빵, 크림빵, 사라다빵, 통팥빵 등이 인기가 많다. 대체로 맛이 부드럽고 달지 않아 많이 먹어도 속이 편하다.

주소 성북구 성북로 7 전화 02-744-7422 찾아가기 지하철 4호선 한성대입구역 5번 출구에서 도보 1분 이내
영업시간 08:00~22:00(연중 휴무)

자하손만두 정갈하고 담백한 맛

서울에서 손꼽히는 만두집이라 식사 시간이면 문전성시를 이룬다. 자하문 고개 클럽에스프레소 뒤쪽 언덕에 있다. 환기미술관 쪽으로 가는 오른쪽 길 초입이다. 2층 양옥집을 개조하여 만들었는데, 입구 돌계단을 오르면 빼곡히 들어선 정원수와 꽃들이 올망졸망하게 심어져 있어 아늑한 느낌을 준다. 식당 내부는 깔끔하고 조용한 분위기가 감돈다. 음식 또한 식당 분위기와 같이 정갈하다. 그릇 속에 담긴 만두조차 단정해 보인다. 이곳 손만두는 자극적인 맛에 길들여진 사람에게는 심심할 수 있다. 고기보다는 두부가 많이 들어 있고 맛은 담백하다. 짜거나 맵지 않아 음식 본래의 맛에 집중할 수 있다. 구수한 사골국물이 그 맛을 더해준다. 식사 시간을 피해가면 조금 여유롭게 음식을 먹을 수 있다.

주소 종로구 백석동길 12 전화 02-379-2648
찾아가기 자하문 고개에서 도보 2분 영업시간 11:00~21:30 예산 1만원~2만원

인왕산 도성길

겸재의
예술혼을 느끼다

인왕산 도성길은 강북삼성병원 입구 돈의문 터에서 출발하여 인왕산을 넘어 윤동주 시인의 언덕까지 이어지는 4km의 길이다. 또 260여 년의 시간을 거슬러 겸재 정선을 만나러 가는 길이기도 하다. 겸재는 화가와 문인들이 고전 속 상상의 산수를 관습에 젖어 그릴 때, 눈앞에 펼쳐진 실제 풍경을 과감히 화폭에 옮긴 화가이다. 산수화의 새로운 지평을 연 혁명가라 해도 과언이 아니다. 인왕산 아래에서만 평생을 산 까닭에 산 곳곳에 겸재의 눈길이 닿지 않은 곳이 없다. 인왕산은 근육질의 남자를 닮았다. 잔뜩 힘을 준 울뚝불뚝한 바위가 금방이라도 근육처럼 꿈틀거릴 듯하다. 바위길이 끝나고 편안한 마음으로 걷다보면 윤동주 시인의 언덕에 다다른다. 연희전문대 재학 시절 종로구 누상동에서 하숙을 할 때, 시상을 떠올리기 위해 산책을 하던 곳이다. 잠시 바쁜 걸음 내려놓고 잠자고 있는 시심을 꺼내고 싶어진다.

찾아가기 지하철 5호선 서대문역 4번 출구에서 4분, 광화문역 7번 출구에서 도보 7분

사직공원
농사의 신에게 제사를 지내던 곳

사직단은 토지의 신 '사'社와 곡식의 신 '직'稷에게 제사를 지내는 곳으로, 종묘와 함께 조선시대 국가 존립의 상징적 공간이었다. 사극을 보다보면 종묘사직이라는 말이 자주 등장하는데, 종묘는 조상의 위패를 모신 곳이고 사직은 농경신을 모시는 제단을 말한다. 사직단은 조선 건국 철학의 기초가 되는 곳이었다. 그래서 일제는 사직단의 해체를 통해 왕조의 흔적을 지우고자 하였다. 이에 1911년에 사직대제땅과 곡식의 신에게 올리는 국가적인 제사를 폐지하였고, 1922년에는 사직단을 공원으로 조성하여 그 지위를 격하시켰다. 공원 정문으로 들어서면 사직단이 있고, 사직단 우측에는 어린이도서관과 놀이터가 있다. 뒤편으로는 운동장과 단군성전, 황학정이 있다. 천천히 걸으며 사색하기에 좋은 곳이다.

주소 종로구 사직동 1-48 전화 02-731-0536 찾아가기 지하철 3호선 경복궁역 1번 출구에서 도보 5분

범바위
인왕산 호랑이 이야기

인왕산은 호랑이와 관련된 이야기가 많이 전해지는 산이다. 실제로 연산군 때1505년까지 인왕산의 호랑이가 종묘에 출몰했다는 기록이 있다. 범바위는 짝을 잃은 숫호랑이가 슬픔에 울부짖다 바위에 머리를 부딪쳐 죽은 사연을 품고 있다. 이곳에 오르면 가슴을 치고 지나가는 바람소리가 마치 슬픔에 빠진 숫호랑이의 울부짖음처럼 느껴진다. 범바위는 인왕산 도성길의 첫 번째 고비가 시작되는 오르막길에 불끈 솟아 있다. 범바위에 다다르고 나면 등에 땀이 주르륵 흘러내리고 다리에 핏줄이 불끈 솟아난다. 발걸음은 무겁지만, 바위 위에 서면 서울 풍경이 한눈에 들어와 호랑이 등에 올라탄 듯 상쾌한 기분을 맛볼 수 있다. 게다가 북악산 도성에서 제대로 볼 수 없었던 곡장성곽의 방어 시설의 온전한 곡선미를 하늘에서 내려다보듯 감상할 수 있어 더욱 좋다.

인왕산 정상과 삿갓바위

정상에 부는 바람 맞으며

인왕산338m은 내사산 중 우백호에 해당하는 산으로, 조선시대에 경복궁 서쪽에 있는 산이라 하여 서산으로 불리기도 했다. 풍수지리학적으로 오른쪽은 '음'陰을 의미하며, 또 기품 있는 여인의 정숙함을 상징한다. 하지만 실제로는 우락부락한 근육질의 남성이 연상되는 산이다. 인왕산 정상에 서면 경복궁과 청와대가 손에 닿을 듯 보이고, 북한산과 안산연세대 뒷산, 남산이 지척이다. 정상에는 바위산이라 불리는 인왕산의 명성에 걸맞게 몰락한 양반이 썼을 법한 찌그러진 갓 모양 바위가 덩그러니 놓여있다. 이 바위가 바로 삿갓바위다. 정상에서 한숨 돌리고 있노라면 삿갓바위에 올라가 만세 포즈를 취하며 사진 찍는 사람들을 쉽게 만날 수 있다.

치마바위

사랑을 전해주는 바위

치마바위는 인왕산 정상에서 동쪽으로 80m 가량 흘러내린 바위로, 조선시대 중종과 단경왕후 신씨의 슬픈 사랑 이야기가 서려 있다. 중종이 반정에 성공하자 그의 아내 신씨는 왕비가 되었다. 그러나 신씨는 아버지가 연산군의 처남이라는 이유로 7일 만에 폐위되어 사가로 돌아오게 되었다. 중종과 신씨는 금슬이 좋은 부부였다. 그러나 함께 할 수 없는 처지가 되어 서로를 그리워하며 살 수밖에 없었다. 중종이 신씨의 집이 있는 방향을 바라보며 한숨 지으니, 신씨는 자신이 궁궐에서 입던 치마를 인왕산의 커다란 바위 위에 펼쳐 놓고 그 마음에 화답하였다고 전해진다. 이 바위가 치마바위이다. 산 정상에서는 바위의 모습을 온전히 보기 쉽지 않지만 서촌이나 인왕산의 측면에서는 치마바위의 진면목을 볼 수 있다. 그 모양이 마치 주름 잡힌 치마와 흡사하다.

청운문학도서관
단아한 한옥 도서관

인왕산 도성길이 끝나는 윤동주 시인의 언덕 아래에 단아한 자태로 뒤돌아 앉아있다. 정문으로 들어가는 길도 있지만 서시정 쪽에서 내려가면 오솔길을 걷어가듯 운치를 느낄 수 있어 좋다. 출입문부터 내부까지 양반 가옥처럼 단아하다. 댓돌에 신발을 벗고 마루에 올라서면 양 옆으로 방들이 있다. 창작실, 세미나실, 열람실이 마루를 중심으로 양 옆으로 배치되어 있다. 이곳에서는 무엇을 하기보다 마루에 걸터앉아 한옥의 정취를 느껴보거나 꽃무늬가 새겨진 담장과 그 너머 하늘을 바라보는 것만으로도 한없이 행복해진다. 지하에는 열람실과 찻집이 있다. 찻집에서는 보기에 아름답고 건강에도 좋은 꽃차를 맛볼 수 있다. 청운문학도서관에서는 시인이라도 된 듯 좋은 시 한 구절 떠오를 것 같다.

주소 종로구 자하문로36길 40 전화 070-4680-4032
운영시간 10:00~19:00(매주 월요일 휴관)
찾아가기 3호선 경복궁역 3번 출구 경복궁역 버스정류장 또는 5호선 광화문역 2번 출구 KT광화문지사 버스정류장에서 7212번, 1020번, 7022번 버스 탑승 후 자하문고개, 윤동주문학관에서 하차. 도보 5분 이내

청운공원
윤동주 시인의 언덕과 윤동주문학관

인왕산 정상에서 창의문자하문 방향으로 내려오다 보면 경사가 완만해지면서 공원이 하나 나오는데, 이 공원이 청운공원이다. 국내의 첫 아파트단지였던 청운시민아파트를 헐어내고 조성된 공원으로 윤동주 시인의 언덕, 서시정, 윤동주문학관 등이 있다. 윤동주 시인의 언덕은 윤동주가 연희전문학교현 연세대 재학 시절 인왕산 아래 누상동에서 하숙을 하면서 시序詩를 구상할 때 거닐 던 곳이다. 시인의 발길을 따라 조용히 산책하기 좋고, 또 북악산의 가파른 능선과 도성을 볼 수 있어 더욱 좋다. 좌우로 고개를 돌리면 남산, 서울 도심, 그리고 부암동까지 조망할 수 있다. 언덕 아래로 내려오면 윤동주의 문학정신을 기리는 문학관이 있다. 문학관 뒤편 카페에 들러 커피 한 잔에 마음을 띄우면, 도성길을 걸으며 쌓인 피로가 어느새 사라져버린다. 주소 종로구 청운동 7-4

체부동 잔칫집 맛도 좋고 가격도 착하고

경복궁역 2번 출구에서 자하문로1길을 따라 형성된 세종마을 음식거리를 80m쯤 올라가면 된다. 남녀노소 가리지 않고 찾아오는 집으로 서촌에서는 꽤 유명세를 타고 있다. 유명세를 증명이라도 하듯 체부동 잔칫집에 들어서면, 유명인의 사인이 벽에 다닥다닥 붙어 있다. 메뉴가 많아 선택의 폭도 넓은데 안주와 면류가 자그마치 22가지나 된다. 그 외에 계절 음식까지 포함하면 숫자는 더 늘어난다. 만물상 같은 메뉴를 갖춘 식당 겸 주점이다. 국수를 주문하면 반찬으로 김치가 나오는데, 시원하고 맛이 깊어 먹을수록 감칠맛이 돈다. 특히 들깨국수는 국물이 찐득하지 않고 매끄러우며, 부드러운 면발과 고소한 들깨 냄새가 입맛을 유혹한다. 선술집 같은 분위기에서 가볍게 막걸리 한잔하기에 제격이다. 무엇보다 저렴한 가격이 매력적이다. 주소 종로구 자하문로1길 16
전화 02-730-5420 영업시간 연중무휴 24시간 영업(일요일은 24:00까지) 예산 3천원~1만 5천원

홍천수 풀과 나무와 사진을 좋아하는 의사이자 여행작가이다. 경북 영주에서 태어났고, 청소년기를 포항에서 보내며 의사의 꿈을 키웠다. 서울에서 대학을 나온 후 줄곧 서울에서 살고 있다. 의과대학에서 알레르기 내과 교수를 지냈으며, 정년퇴임한 후 전공 분야를 정리할 목적으로 전국의 풀과 나무를 촬영해 <한국 꽃가루 알레르기 도감>을 출간했으며, 생태 사진작가로 발전하는 계기가 되었다. 현재는 전공을 살려 건강 진단 상담을 하며 틈틈이 전국으로 촬영 여행을 다니고 있다. 앞으로 사람과 자연이 어울려 공존하는 모습을 글과 사진으로 아름답게 담아내는 일에 집중할 계획이다. <하루쯤 성당 여행>의 공동저자이며, 이 책에서 '행복한 걷기 여행' 전체를 집필했다.

김용순 자연과 그림, 특히 꽃 그림을 좋아하는 여행작가이자 간호학 박사이다. 대전에서 태어났으나 어린 시절 상경하여 줄곧 서울에서 자랐다. 대학에서 간호학을 전공한 후 간호학과 교수로 일하였다. 그동안 <간호관리학>, <전문 간호사의 역할과 정책>, <간호 윤리와 법> 등 10여 권의 저서와 간호 윤리를 비롯한 간호학 관련 논문 수십 편을 발표하였다. 정년퇴임 후 식물원을 찾아다니며 주로 꽃을 카메라에 담고 있다. 이를 계기로 사물과 깊이 소통하는 즐거움을 알게 되었다. 앞으로 사물과 공간, 장소가 품은 객관적 사실과 개별적인 스토리를 글과 사진으로 아우르는 작업을 이어갈 계획이다. <하루쯤 성당 여행>의 공동 저자이며, 이 책의 '하루쯤 문화 산책' 전체를 취재했다.

이영명 마음으로 세상을 바라보고 싶은 여행작가이다. 이른 새벽 어둠이 걷히지 않은 한강을 바라보면 가슴이 찡해지는 감성 깊은 여자이다. 대구에서 어린 시절을 보냈지만 서울과 일산에서의 추억을 더 많이 간직하고 있다. 국내에서 사회복지학을 전공한 후 요리에 관심이 많아 일본으로 건너가 제과학교를 졸업했다. 사회복지법인 '조이 하트'의 사외이사로 적을 두고 있으며, 봉사 활동을 하며 세상과 더불어 사는 즐거움을 깊이 느끼고 있다. 소소한 일상을 담은 포토 에세이와 아버지의 이야기를 쓰고 싶은 꿈을 가지고 있다. <하루쯤 성당 여행>의 공동 저자이며, 이 책의 '오래된 동네 산책' 중에서 삼청동, 북촌, 안국동과 인사동, 계동과 원서동 편을 취재했다.

이학균 나랏말씀을 사랑하여 어문학자의 꿈을 키웠으나 술과 시, 그리고 여행을 더 좋아했다. 문학을 기웃거리며 살다가 인생을 알 만한 나이에 여행작가가 되었다. 새로운 곳을 찾기보다 같은 곳을 더 깊이 보고 느끼기를 즐기며, 아직은 머물기보다는 걷는 것을 좋아한다. 어디로 가느냐보다 누구와 가느냐를 중요하게 생각하며, 무엇을 보고 고민하느냐보다 내 마음에 어떤 물결의 파장이 일어나는가에 초점을 맞춘다. 여행은 특별하지도 부산할 것도 없지만 늘 살아있음을 느끼게 해주는 놀이라고 생각한다. 글 속으로 걸어가는 날, 비로소 진정한 여행자가 된 것을 실감한다. <하루쯤 성당 여행>의 공동 저자이며, 이 책의 '서울 도성 순례' 모두를 집필했다.

서경옥 자유와 낭만을 꿈꾸는 간호사이자 여행작가이다. 경남 진주에서 태어나 청소년기를 보냈고, 부산에서 대학을 졸업했다. 지금은 세브란스병원 간호사로 일하고 있다. 서울에서 생활한지 3년이 넘었지만 여전히 남쪽 도시를 그리워한다. 학창시절은 주변의 기대에 맞춰 모범생처럼 살았으나 스무 살부터는 나를 찾기 위해 살고 있다. 해본 것 보다는 하고 싶은 것이 더 많기에 지금도 끊임없이 도전한다. 직장인이라는 현실의 벽에 부딪혀 가끔 여행의 꿈이 좌절되기도 하지만 균형 감각을 잃지 않고 즐겁게 살아가려고 노력하고 있다. 저녁이 있는 삶을 꿈꾸며 치열하게 살아가는 청춘이다. <하루쯤 서울 산책>의 창덕궁, 창덕궁 후원, 덕수궁, 경희궁 편을 취재했다.

홍송이 고단한 배낭여행을 사랑하는 여행작가이다. 창원에서 유년기를 보내고 줄곧 김해와 부산에서 살았다. 스무 살 무렵 지도 한권 들고 국도를 따라 간절곶부터 정동진까지 걸었다. 그후 걷기의 매력에 푹 빠져버렸다. 연구원이라는 정적인 직업이 따분해서였을까? 잘 다니던 직장을 때려치우고 혼자서 유럽 일주 여행을 다녀온 뒤로 도통 한 곳에 오래 정착하지 못하고 있다. 수없이 많은 길들을 기억하고 있지만 가장 강력한 향기로 남은 것은 산티아고 순례길이다. 닳고 닳은 무릎 연골이 조금 더 견뎌준다면, '순례 10주년'이 되는 해에 다시 도전해 볼 참이다. 언제나 Buen Camino! <하루쯤 서울 산책>의 가로수길, 성수동, 이태원, 경리단길 편을 집필했다.

박재희 달과 고양이, 팻 매스니를 좋아하는 에세이시트. 대학에서 정치외교학을, 대학원에서 경영학을 전공했다. 굴지의 대기업을 거쳐 더 민주적일 거라는 오해를 품고 외국계 기업 마케터가 됐다. 민주는 개뿔! 하지만 백만 마일러가 될 만큼 출장 여행의 달인이 되었다. 보스톤 벤의 아시아태평양 마케팅을 총괄하며 커리어의 정점을 찍던 무렵 생의 열망을 잃은 자신을 구하겠다며 인생 리셋을 결정했다. 스스로 길을 찾고, 때로는 타자를 위한 길을 만들어 내겠다는 소망을 품고 여행에 몰두하고 있다. 조직 생활의 소셜 센서빌리티에 관한 책 <그 여자 정치적이다>, 인생 리셋을 위한 트레킹 여행기 <숲에서 다시 시작하다>의 저자이자 여행 에세이 <어디로 가야할지 알 수 없을 때 비로소 여행은 시작된다>의 공동 저자이다. 이 책의 창경궁, 성북동, 북정동 편을 집필했다.

최석구 영화, 술, 신해철을 좋아하는 방송 PD이자 여행작가. 더 클래식의 '노는 게 남는 거야'라는 노래를 긍정하는 여행 쾌락주의자이다. 15년째 케이블TV 프로듀서로 일하고 있다. '해피투어, 여행이 좋다', '골목에서 서울을 만나다' 등 다수의 여행 프로그램 연출했다. 방송 제작을 하면서 전국을 두 눈에 담고, 가슴에 새겼다. 여행은 가능하면 혼자 떠나야 한다는 생각을 가지고 있다. 결혼 후 여행 결핍을 캠핑으로 수혈하고 있다. 직장은 쫓겨날 때까지 다녀야 하고, 여행은 눈치껏 가야하고, 글은 죽을 때까지 써야 한다고 생각하는 여행자이자 글쟁이다. 여행 에세이 <어디로 가야할지 알 수 없을 때 비로소 여행은 시작된다>의 공동 저자이며, <하루쯤 서울 산책>의 정동길, 서촌, 이화동을 집필했다.

서정희 숲, 걷기, 바람, 미선나무를 좋아하는 여행작가이자 예술학교 교사이다. 아버지 직장을 따라 광주와 전북 군산에서 어린 시절을 보냈다. 10살 이후부터는 줄곧 서울에서 인생을 살아내며 예원학교 교사로 재직 중이다. 모든 여행 중에서 독일 숲 여행을 최고로 꼽는다. 특히, 세계의 숲 애호가들이 평생 한번은 가고 싶어 한다는 독일 흑림black forest 여행을 잊을 수가 없다. '두 번째 인생을 사는 것처럼 오늘을 살겠다'는 허황된 꿈을 가지고 매일 실패하고 매일 기도하며 도전하고 있다. 사람이 꽃보다 아름답기를 바라면서 풀과 꽃과 나무, 바람을 벗 삼는 여행을 하고 있다. 여행 에세이 <어디로 가야할지 알 수 없을 때 비로소 여행은 시작된다>의 공동 저자이며, <하루쯤 서울 산책>의 경복궁, 종묘, 운현궁 편을 취재했다.

정은주 미켈란젤로, 로마, 아프리카 아이들을 편애하는 여행작가. 대전에서 태어나 줄곧 서울에서 자랐다. 서양화를 전공한 후 어려서부터 동경했던 프랑스 파리로 떠났다. 파리에스모드ESMOD PARIS를 졸업하고, 베르사유 미술학교를 수료했다. 그곳에서 서양의 문화와 예술, 장엄한 역사에 눈을 뜨게 되었다. 파리에 살면서 유럽 구석구석을 여행하고 감각했다. 여행의 기억과 경험이 오늘을 살아가게 하는 자양분임을 확신하며, 딸아이와 함께 세계 곳곳을 누비며 40여 개국을 여행했다. 행복한 이 여정이 계속되길 소망하며 또 떠나기를 꿈꾼다. 여행 에세이 <어디로 가야할지 알 수 없을 때 비로소 여행은 시작된다>의 공동 저자이며, <하루쯤 서울 산책>의 한강과 여의도 편을 취재했다.

진미금 커피, 맥주, 사진을 좋아하는 여행작가. '무계획이 계획'이라며 닥치고 '고'go를 외치는 긍정 마인드의 소유자이다. 어릴 적 아빠와 함께 배를 타고 섬 투어를 다니면서 여행의 매력에 빠져들었다. 땅을 밟아야 한다는 생각에 성난 파도와 싸우며 정신력을 키웠다. 극한 배멀미에도 끄떡없는 강철 체력도 이때 탑재했다. 대학에서 경영학을 전공했으나 여행의 마력을 잊지 못해 비행기를 타는 직업을 가져야 한다고 결심하지만 이른 결혼으로 꿈이 좌초하고 만다. 연년생 사내 둘을 키우면서 현모양처는 내 길이 아님을 깨닫고 직업을 여행작가로 수정하였다. '보는 만큼 안다'는 생각으로 학원을 보내는 대신 아이들과 여행을 다니고 있다. <하루쯤 서울 산책>의 부암동과 평창동 편을 취재했다.

김동국 연휴와 미식을 좋아하고 비일상을 꿈꾸는 직장인이자 여행작가이다. 대학 진학을 위해 서울로 떠날 때까지 부산에서 자랐다. 대학시절 전공 공부를 위해 유럽으로 건축 기행을 떠났던 첫 배낭여행을 아직도 잊지 못하고 있다. 졸업 후 '3년만'을 외치며 건설회사에 들어갔으나 여전히 같은 직장을 다니고 있다. 짬짬이 여행을 다니는 보기 드문 자발적 연차 완전 소진자이다. 배낭여행과 해외 건설 현장 출장 덕에 그동안 일본, 유럽, 동남아시아, 중동, 아프리카 등 30여 나라를 돌아다녔다. 첫해부터 넣어둔 마음 속 사직서는 여전히 유효하며, '한 달에 한 나라 여행하기'를 꿈꾸는 여행 중독자이다. <하루쯤 서울 산책>의 홍대 앞과 연남동 편을 집필했다.